丛书编审委员会

国家中等职业教育改革发展示范学校建设项目系列教材

钳工工艺与技能训练

王传宝　吴木财　主　编

张彩红　曾海波　胡广平　副主编

葛步云　主　审

化学工业出版社

·北京·

本书根据“校企双制，工学结合”人才培养模式的要求，以岗位技能要求为标准，以典型工作任务为载体来组织编写。

主要内容有划线、錾削、锯削、锉削、钻孔、扩孔、锪孔、铰孔、矫正和弯曲、铆接、粘接、攻螺纹、套螺纹、刮削、研磨、测量、钳工常用设备的使用等。本书突出职业教育的特点，以任务驱动来组织实训教学，将教学内容置于真实的职业岗位实践情境中，进行体验式学习，强调实用性和先进性。书中采用大量实物图片，图文并茂，直观明了，便于教师讲解和学生学习。全书概念清晰，通俗易懂，既便于组织课堂教学和实践，也便于学生自学。

本书可作为高职、高专、中职院校、成人院校钳工教材，也可作为培训用书，还可供相关技术人员参考。

图书在版编目（CIP）数据

钳工工艺与技能训练/王传宝，吴木财主编. —北京：化学工业出版社，2013.7（2023.3重印）
国家中等职业教育改革发展示范学校建设项目系列教材
ISBN 978-7-122-17793-3

Ⅰ.①钳… Ⅱ.①王…②吴… Ⅲ.①钳工-工艺学-中等专业学校-教材 Ⅳ.①TG9

中国版本图书馆 CIP 数据核字（2013）第 137790 号

责任编辑：韩庆利
责任校对：边 涛　　　　装帧设计：刘丽华

出版发行：化学工业出版社（北京市东城区青年湖南街 13 号　邮政编码 100011）
印　　装：北京印刷集团有限责任公司
787mm×1092mm　1/16　印张 11　字数 282 千字　2023年3月北京第1版第7次印刷

购书咨询：010-64518888　　　　售后服务：010-64518899
网　　址：http://www.cip.com.cn
凡购买本书，如有缺损质量问题，本社销售中心负责调换。

定　　价：28.00 元

序

中等职业教育是我国教育体系的重要组成部分，是全面提高国民素质、增强民族产业发展实力、提升国家核心竞争力、构建和谐社会以及建设人力资源强国的基础性工程。

广东省机械高级技工学校是国家级重点技工院校，是广东省人民政府主办、省人力资源和社会保障厅直属的事业单位，是首批国家中等职业院校改革发展示范项目建设院校、也是国家高技能人才培训基地、首批全国技工院校师资培训基地、第42届世界技能大赛模具制造项目全国集训基地、一体化教学改革试点学校。多年来，该校锐意进取、与时俱进，坚持深化改革、提高质量、办出特色，为国家培养了大批生产、服务和管理一线的高素质劳动者和技能型人才，为广东经济发展和产业结构调整升级做出了巨大努力，为我国经济社会持续快速发展做出了重要贡献。

为进一步发挥学校在中等职业教育改革发展中的引领、骨干和辐射作用，成为全国中等职业教育改革创新的示范、提高质量的示范和办出特色的示范，学校精心策划了《国家中等职业教育改革发展示范学校建设项目系列教材》。此系列教材以“基于工作过程的一体化教学”为特色，通过设计典型工作任务，创设实际工作场景，让学生扮演工作中的不同角色，在老师的引导下完成不同的工作任务，并进行适度的岗位训练，达到培养提高学生的综合职业能力、为学生的可持续发展奠定基础的目标。

此外，本系列教材还体现了学校“养习惯、重思维、教方法、厚基础”的教育理念，不但使学习者能更深切地体会一体化课程理念和掌握一体化教学内容，还为教育工作者、教育管理者提供不错的一体化教学参考。

前言

《钳工工艺与技能训练》一书是根据“国家中等职业教育改革发展示范学校建设计划”的要求，在广东省工业设备安装公司的帮助与指导下，结合作者多年的专业教学和企业工作实践经验编写而成的一体化教材。

本书以学生就业为导向，以企业用人标准为依据。在专业知识的安排上，紧密联系培养目标的特征，坚持够用、实用的原则，摈弃“繁难偏旧”的理论知识，同时力争做到工作过程导向的教学模式，实现理论知识与技能训练的有机结合，通过配套的技能训练来加强学生操作技能的培养。本书的学习将使学生具备钳工基本知识与技能操作的能力，为从事模具制造与维修等相关专业奠定基础。

本书由王传宝、吴木财任主编，张彩红、曾海波、胡广平任副主编。李明、王华雄、李锦胜、刘育良、马建斌、刘自甫、黄辉明、谭健、罗卫科、饶顶华、曾承伟、关百强、欧阳伟光、刘腾腾、吴浩、梁志成参加编写。葛步云审阅了此书，并提出了许多宝贵意见和指导性建议，在此表示衷心感谢。

由于时间仓促，且编者水平有限，书中难免有错误或不妥之处，恳请广大读者批评指正。

编　者

2013 年 6 月

目 录

任务一　钳工入门知识与安全

任务情境描述

钳工主要使用手工工具或设备，按技术要求对工件进行加工、修整、装配，是机械制造业中的重要工种之一。由于钳工设备简单、操作方便、技术成熟，能制造出高精度的机械零件，所以在当今先进制造业中，即使已经大量采用高科技设备、设施以及各种先进的加工方法，但仍然有很多工作需要由钳工来完成。如在单件、小批量生产中加工前的准备工作，毛坯表面的清理以及工件表面划线等；产品零件装配成机器之前的錾削、锉削、攻螺纹、钻孔等；某些精密零件的加工，如配刮、研磨、锉配等；设备的装配、调试，将零件或部件按图样技术要求组装成机器的工艺过程；对机械、设备进行维修、检查、修理等。

教学目标

1. 了解钳工工作场地
2. 了解钳工的基本知识
3. 了解钳工常用设备的操作、保养知识
4. 熟悉钳工实习场地的规章制度及安全文明生产要求
5. 熟悉“8S”管理模式

知识要求

1.1　基础知识

1.1.1　钳工的工作范围

1. 钳工技术的内容

钳工技术的内容广泛，有划线、錾削、锯削、锉削、钻孔、扩孔、锪孔、铰孔、矫正和弯曲、铆接、粘接、攻螺纹、套螺纹、刮削 、研磨 、测量、简单的热处理等基本操作，此外，还有机器设备的装配、修理等工作。

2. 钳工岗位分类

普通钳工、工具钳工、模具钳工、装配钳工和机修钳工。

温馨提示

总之，无论是哪种钳工，都离不开钳工的基本操作。钳工基本操作是各种钳工的基本功。其熟练程度和技术水平的高低，直接影响到机器制造的工作效率、装配和修理的质量。因此，学习钳工的理论知识和基本操作技能是十分必要的。

1.1.2　钳工常用的长度单位

1. 公制长度的进位、名称和代号

1米(m)＝10分米(dm)　　1分米(dm)＝10厘米(cm)

1厘米(cm)＝10毫米(mm)　　1毫米(mm)＝1000微米(μm)

2. 英制长度的进位、名称和代号

1英尺(ft)＝12英寸(in)　　1英寸(in)＝8英分　　1英分＝4个嗒(或称角)

1 英寸＝1000 英丝　　1 英分＝125 英丝

英制长度单位以英寸为基本长度单位。

例如：1.5 英尺写作 18 英寸，5 英分写作 5/8 英寸等。

3. 公制与英制单位换算

1英寸(in)＝25.4毫米(mm)，1英尺(ft)＝0.3048米(m)＝304.8毫米(mm)

提问

1 (mm)＝? (in)

温馨提示

公制长度单位在机械工程中常用毫米为基本单位，图纸上不另标单位名称。例如：1.5 米写作 1500，2.5 分米写作 250 ，1.6 厘米写作 16，9 微米写作 0.009。

1.1.3　钳工常用的工、量具

1. 钳工常用工具

(1) 划线用的划针、划规、样冲、划线平台等。

(2) 錾削用的錾子和手锤。

(3) 锉削用的各种锉刀。

(4) 锯削用的手锯。

(5) 其他工具：钻头、铰刀、丝锥和板牙、刮刀以及螺丝刀、钢丝钳、活动扳手等。

2. 钳工常用量具

在基本操作中常用的量具有：钢直尺、钢卷尺、内外卡钳、游标卡尺、百分表、千分尺、万能角度尺、塞尺（厚薄规）、正弦规和水平仪等。

1.1.4　钳工常用设备和工作场地的组织

1. 钳工常用设备

常用设备有钳桌、台虎钳、砂轮机、钻床等设备。

(1) 钳桌　用来安装钳台虎钳，放置工具、量具和工件等。中间应设有安全网，使用的照明电压不得超过36V。工具在钳桌上摆放时，不能伸出钳桌边缘，以免其被碰落而砸伤人脚。

(2) 台虎钳　用来夹持工件的通用夹具，有固定式、回转式两种结构类型。

(3) 砂轮机　用来刃磨錾子、钻头和刮刀等刀具或其他工具等。砂轮机主要由砂轮、电动机、机体组成，砂轮质地硬而脆，工作时转速较高，可达 2800 转/分钟。因此，使用时，应遵守操作规程，严防发生因砂轮碎裂而造成伤人事故。

(4) 钻床　用来对工件进行孔加工，有台式钻床、立式钻床和摇臂钻床。

2. 钳工工作场地的组织

合理组织钳工的工作场地，是提高劳动生产率，保证产品质量和安全生产的一项重要措施。

钳工的工作场地一般应当具备以下要求：常用设备布局安全、合理，光线充足，远离震源，道路畅通，起重、运输设施安全可靠等。

在现代工业生产中，作为一名钳工，要增强“安全第一，预防为主”的意识，严格遵守安全操作规程，养成文明生产的良好习惯，避免疏忽大意而造成人身事故和国家财产的重大损失。

1.1.5　8S 管理

8S 就是整理（SEIRI）、整顿（SEITON）、清扫（SEISO）、清洁（SEIKETSU）、素养（SHITSUKE）、安全（SAFETY）、节约（SAVE）、学习（STUDY）八个项目，因其罗马文拼写中均以“S”开头，简称为 8S。

1. 1S——整理（SEIRI）

定义：区分要用和不用的，不用的清除掉。

目的：把“空间”腾出来工作用。

要求：把物品区分要和不要，不要的坚决丢弃。

（1）把工作场所任何东西区分为有必要的与不必要的；

（2）把必要的东西与不必要的东西明确地、严格地区分开来；

（3）不必要的东西要尽快地处理掉。

2. 2S——整顿（SEITON）

定义：要用的东西依规定定位、定量摆放整齐，明确标示。

目的：不用浪费时间找东西。

要求：将整理好的物品明确地规划、定位并加标识。

（1）对整理之后留在现场的必要的东西进行分门别类放置、排列整齐；

（2）明确数量、有效标识。

3. 3S——清扫（SEISO）

定义：清除工作场所内的脏污，并防止污染的发生。

目的：消除“脏污”，保持工作场所干净、明亮。

要求：经常清洁打扫，保持干净明亮的工作环境。

（1）将工作场所清扫干净；

（2）保持工作场所干净、明亮。

4. 4S——清洁（SEIKETSU）

定义：将上面 3S 实施的做法制度化，规范化，并维持成果。

目的：通过制度化来维持成果，并显现“异常”之所在。

要求：维持成果，使其规范化、标准化。

将整理、整顿、清扫实施的做法制度化、规范化。

5. 5S——素养（SHITSUKE）

定义：人人依规定行事，从心态上养成好习惯。

目的：改变“人质”，养成工作讲究认真的习惯。

要求：养成自觉遵守纪律的习惯。

6. 6S——安全（SAFETY）

（1）管理上制定正确作业流程，配置适当的工作人员监督指示功能；

(2) 对不合安全规定的因素及时举报消除；

(3) 加强作业人员安全意识教育；

(4) 签订安全责任书。

目的：预知危险，防患未然。

要求：采取系统的措施保证人员、场地、物品等安全。

(1) 消除隐患，排除险情，预防事故的发生；

(2) 保障劳动者人身安全和生产的正常进行，减少经济损失。

7. 7S——节约（SAVE）

定义：节约为荣、浪费为耻。

目的：养成降低成本习惯，加强作业人员减少浪费意识教育。

8. 8S——学习（STUDY）

定义：学习长处、提升素质。

深入学习各项专业技术知识，从实践和书本中获取知识，不断完善自我，提升自我综合素质。

知识扩展

5S起源于日本，是指在生产现场对人员、机器、材料、方法、信息等生产要素进行有效管理。这是日本企业独特的管理办法。因为整理（Seiri）、整顿（Seiton）、清扫（Seiso）、清洁（Seiketsu）、素养（Shitsuke）是日语外来词，在罗马文拼写中，第一个字母都为S，所以日本人称之为5S。近年来，随着人们对这一活动认识的不断深入，有人又添加了“安全（Safety）、节约（Save）、学习（Study）”等内容，分别称为6S、7S、8S。

无论是几S管理，都不能把它们分开来实施，它们是一个整体，相互补充，相互牵连，又相互制约。

【思考与练习】

1. 在机械生产中，钳工主要担负哪些工作任务？
2. 钳工工作有哪些特点？
3. 通过学习“8S”，谈学习体会。

1.2　技能训练：参观钳工实训场地

操作准备：台虎钳、钻床、附件等。

操作步骤：

(1) 参观钳工实训场地，认识主要钳工设施，如台虎钳、钳工工作台、钻床、常用电动工具、砂轮机等。

(2) 学习钳工安全文明生产要求。

(3) 学习台虎钳的正确使用和安全要求。

① 工作时，夹紧工件要松紧适当，只能用手扳紧手柄，不得借助其他工具进行加力；

② 进行强力作业时，应尽可能使用作用力朝向固定钳身；

③ 不允许在活动钳身和光滑平面上进行敲击作业；

④ 对丝杠、螺母等活动表面应经常清洗、润滑上油，以防生锈。

（4）检查钳工工位高度。检查的方法如图 1-1 所示。

注意事项：

（1）进入实习车间应穿戴劳保用品；

（2）不允许在车间追逐打闹。

知识扩展

装拆、保养台虎钳

台虎钳是钳工主要用到的工具之一，图 1-2 所示为回转式台虎钳。装拆、保养时，首先要了解台虎钳的结构、工作原理，准备好训练需用的工具，如螺丝刀、活络扳手、钢丝刷、毛刷、油枪、润滑油、黄油等。注意拆卸步骤正确，拆下的零部件排列有序并清理干净、涂油。装配后要检查是否使用灵活。具体步骤如下：

（1）拆下活动钳身 1。逆时针转动手柄 12，托住活动钳身并慢慢取出。

（2）拆下丝杠 13。依次拆下开口销钉 9、挡圈 10、弹簧 11，将丝杠从活动钳身取出。

（3）拆下固定钳身 4。转动手柄 6 松开锁止螺钉，将固定钳身从转盘座 8 上取出。

（4）拆下丝杠螺母 5。用活络扳手松开紧固螺钉，拆下丝杠螺母 5。

（5）拆下两个钳口 3。用螺丝刀（或内六角扳手）松开钳口紧固螺钉 2。

（6）拆下转盘座 8 和夹紧盘 7。用活络扳手松开紧固转盘座和钳桌的三个联接螺栓。

（7）清理各零部件。用毛刷清理各零部件以及钳桌表面。一些积留在钳口、转盘座和夹紧盘上的切屑可用钢丝刷清除。

（8）涂油。丝杠、螺母涂润滑油，其他螺钉涂防锈油。

（9）装配。按照与拆卸相反的顺序装配好台虎钳，装配后检查活动钳身转动、丝杠旋转是否灵活。

注意事项：

（1）安装活动钳身 1 时，应先对准转盘安装孔和夹紧盘上的两个螺孔，再装入锁止螺钉。

（2）安装螺母 5 时要用扳手拧紧紧固螺钉，否则当用力夹工件时，易使螺母 5 毁坏。

（3）安装活动钳身 1 时，丝杠应对准螺母孔位置，一手转动手柄，一手托住活动钳身 1。

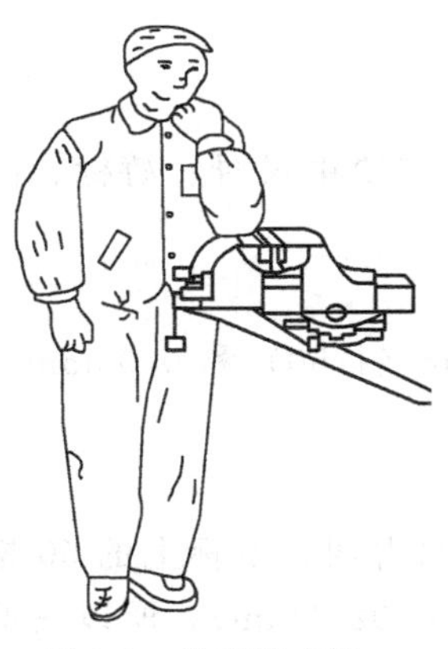

图 1-1　检查的方法

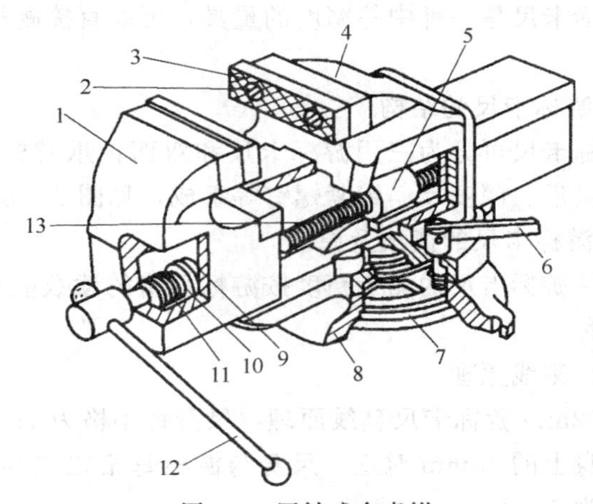

图 1-2　回转式台虎钳

1—活动钳身；2—螺钉；3—钳口；4—固定钳身；5—螺母；6—手柄；7—夹紧盘；8—转盘座；9—销钉；10—挡圈；11—弹簧；12—手柄；13—丝杠

任务二　钳工常用量具的使用

任务情境描述

量具是生产加工中测量工件尺寸、角度、形状的专用工具，一般可分为通用量具、标准量具和专用量具。钳工在制作零件、检测设备、安装和调试等各项工作中，都需要使用量具对工件的尺寸、形状、位置等进行检查。常用的通用量具有游标卡尺、千分尺、万能角度尺、百分表；常用的标准量具有量块、正弦规；常用的专用量具有塞尺、塞规。

熟悉量具的结构、性能、原理，能正确使用量具，准确测量出工件尺寸、形状，并能按要求保养量具是钳工一项重要的基本操作技能。

本任务主要介绍游标卡尺、千分尺、万能角度尺、百分表、塞尺和塞规。

教学目标

1. 掌握游标卡尺、千分尺、万能角度尺的读数方法
2. 掌握塞规和塞尺的正确使用方法
3. 能用量具对工件进行正确测量
4. 量具使用注意事项

知识要求

2.1 基础知识

2.1.1 游标卡尺

游标卡尺是一种中等精度的量具，可以直接测量出工件的内径、外径、长度、宽度、深度等。

1. 游标卡尺的结构

游标卡尺可分为三用游标卡尺和双面量爪游标卡尺两种，其主要由尺身、游标、内量爪、外量爪、深度尺、锁紧螺钉等组成，见图 2-1 所示。

2. 游标卡尺的读法及原理

常用游标卡尺的测量精度按游标每格的读数值分类有 0.02mm（1/50）和 0.05mm（1/20）两种。

（1）刻线原理

0.02mm 游标卡尺刻线原理：尺身每小格为 1mm，当两量爪合并时，游标上的 50 格刚好与尺身上的 49mm 对正。尺身与游标每格之差为：1－49/50＝0.02（mm），所以它的测量精度为 0.02mm。

0.05mm 游标卡尺刻线原理：尺身每小格为 1mm，当两测量爪合并时，游标上的 20 格刚好与尺身上的 19 mm 对正。尺身和游标相对一格之差为 1－19/20＝0.05（mm），所以它

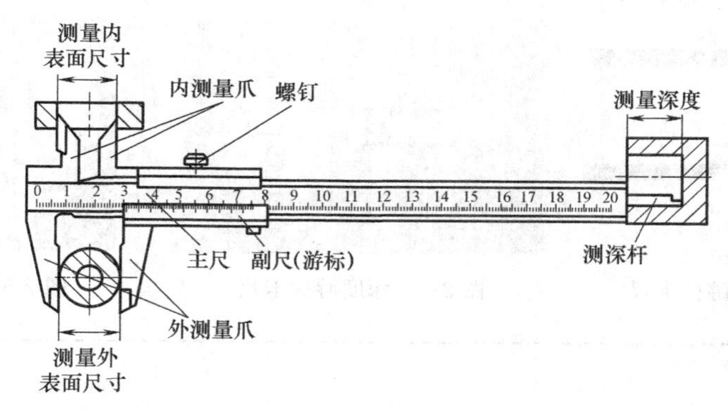

图 2-1　游标卡尺

的测量精度为 0.05mm。

（2）读数方法

读数时，首先读出游标零线左面尺身上的整毫米数，其次看游标上哪一条刻线与尺身对齐，乘以游标卡尺的测量精度值，读出小数部分。最后把尺身和游标上的尺寸相加。图 2-2 所示为 0.02mm 游标卡尺实例。

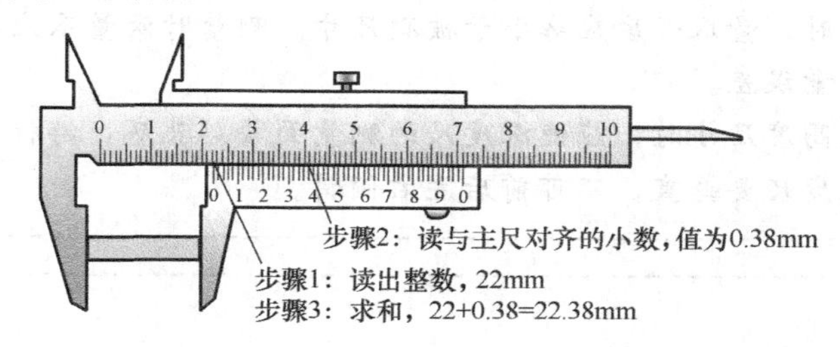

图 2-2　游标卡尺的读数方法

（3）游标卡尺的测量范围和精度

三用游标卡尺测量范围有 0～125mm 和 0～150mm 两种；双面量爪游标卡尺测量范围有 0～200mm 和 0～300mm 两种。表 2-1 为游标卡尺的适用范围：

表 2-1　游标卡尺的适用范围

测量精度/mm	适用范围
0.02	IT11～IT16
0.05	IT12～IT16

3. 其他游标卡尺

（1）电子数显游标卡尺（见图 2-3 所示）

特点：读数直观准确，使用方便而且功能多样。当电子数显游标卡尺测得某一尺寸时，数字显示部分就清晰地显示出测量结果。使用米制英制转换键，可用米制和英制两种长度单位分别进行测量。

（2）深度游标卡尺（见图 2-4 所示）　用来测量高度、孔深和槽深。

（3）高度游标卡尺　用来测量零件的高度和划线。

（4）齿厚游标卡尺（见图 2-5 所示）　用来测量齿轮（或蜗杆）的弦齿厚或弦齿高。

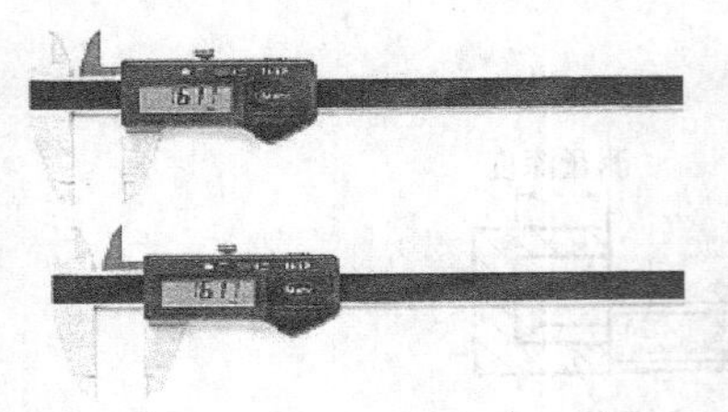

图 2-3　电子数显游标卡尺

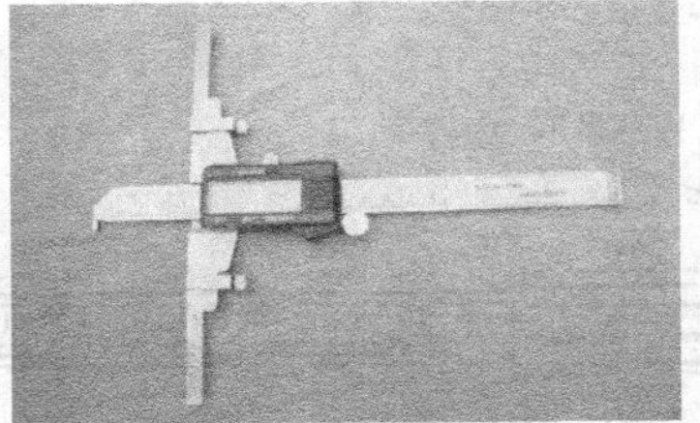

图 2-4　深度游标卡尺

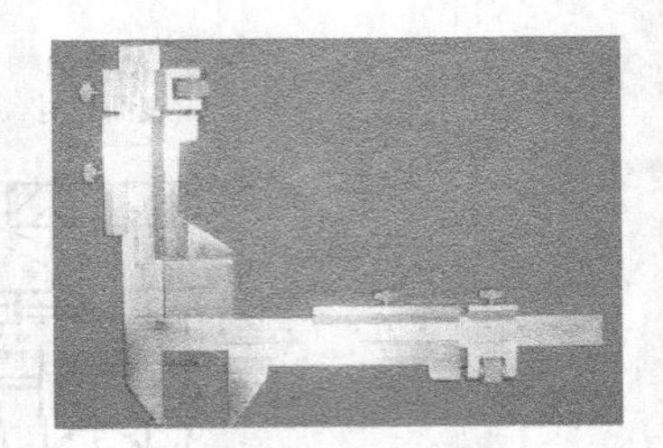

图 2-5　齿厚游标卡尺

温馨提示

(1) 测量前，要校对游标卡尺零位，检查量爪是否平行、两量爪贴合时无漏光现象，若有问题应及时检修。

(2) 测力要适当，读数时应与尺面垂直。不允许测量运动中的工件。长工件应多测几处。

(3) 测量外尺寸时，量爪应张开到略大于被测尺寸，以固定量爪贴住工件，用轻微压力把活动量爪推向工件，卡尺测量面的连线应垂直于被测量表面，不能偏斜。

(4) 测量内尺寸时，量爪开度应略小于被测尺寸。测量时两量爪应在孔的直径上，不得倾斜，以免造成测量误差。

(5) 测量孔深或高度尺寸时，应使深度尺的测量面紧贴孔底，游标卡尺的端面与被测件的表面接触，且深度尺要垂直，不可前后左右倾斜。

练一练

0　1　2　3　4　5　6 cm

0　1　2　3　4　5　6　7　8　9　0

你能读出数值是多少吗？

2.1.2　千分尺

1. 千分尺的结构

千分尺由尺架、固定测砧、测微螺杆、固定套管、微分筒、测力装置和锁紧装置等组成(见图 2-6 所示)。

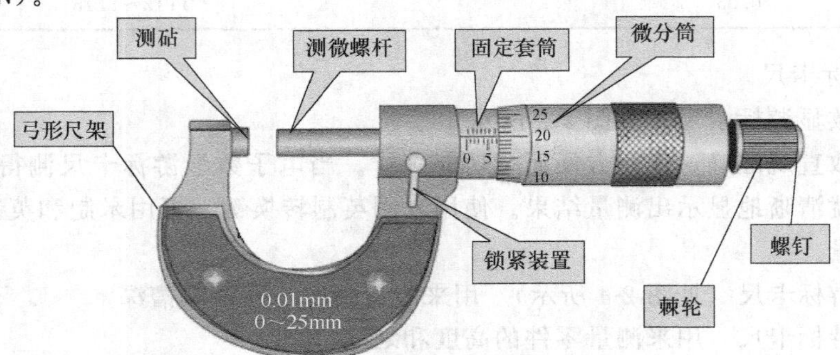

图 2-6　千分尺的结构

2. 千分尺的刻线原理与读数方法

千分尺是生产中最常用的精密量具之一，其测量精度比游标卡尺高，应用广泛。在测量前，要校正零位。

刻线原理：微分筒的外圆锥面上刻有50格，测微螺杆的螺距为0.5mm。微分筒每转动一圈，测微螺杆就轴向移动0.5mm，当微分筒每转动一格时，测微螺杆就移动0.5÷50=0.01mm，所以千分尺的测量精度为0.01mm。

读数方法（见图2-7所示）：

（1）先读出固定套筒上露出刻线的整毫米数和半毫米数。

（2）看准微分筒上哪一格与固定套管基准对准，读出小数部分。

（3）将整数和小数部分相加，即为被测工件的尺寸。

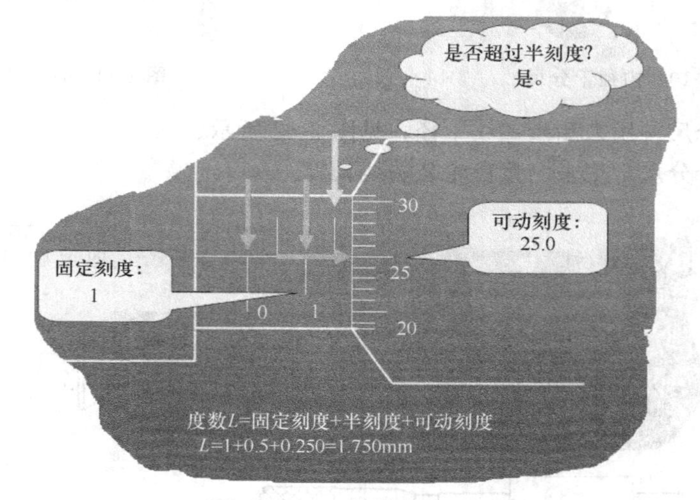

图2-7 读数方法

图2-8所示尺寸为12.24mm。

图2-9所示尺寸为32.65mm（图中小数部分大于0.5mm，所以微分筒圆周刻线上读得0.15mm之外，还应加上0.5mm）。

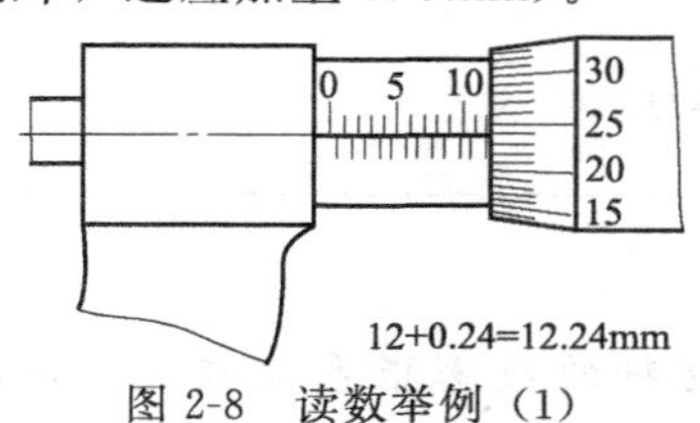

图2-8 读数举例（1）

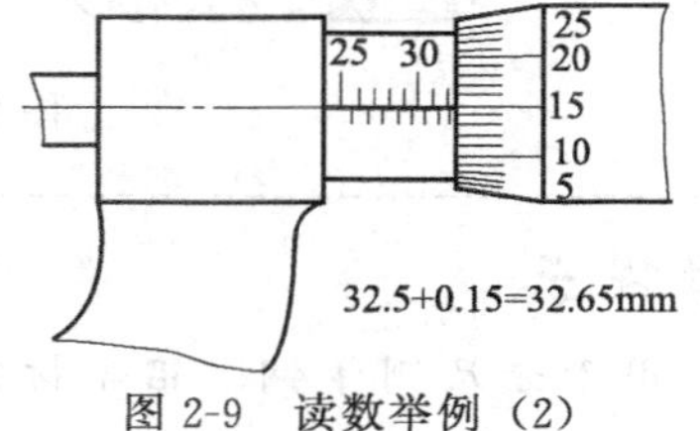

图2-9 读数举例（2）

3. 千分尺的测量范围和精度

千分尺的测量范围在500 mm以内时，每25 mm为一档，如0～25 mm，25～50 mm等；测量范围在500～1000mm时，每100mm为一档，如500～600mm，600～700mm等。

千分尺按制造精度分为0级、1级和2级，其适用范围见表2-2。

表2-2 千分尺适用范围

级别	适用范围
0级	IT6～IT16
1级	IT7～IT16
2级	IT8～IT16

4. 其他千分尺

（1）内径千分尺　用来测量内径及槽宽等尺寸，刻线方向与外径千分尺的刻线方向相反，见图 2-10 所示。

（2）深度千分尺　用来测量孔深、槽宽等，见图 2-11 所示。

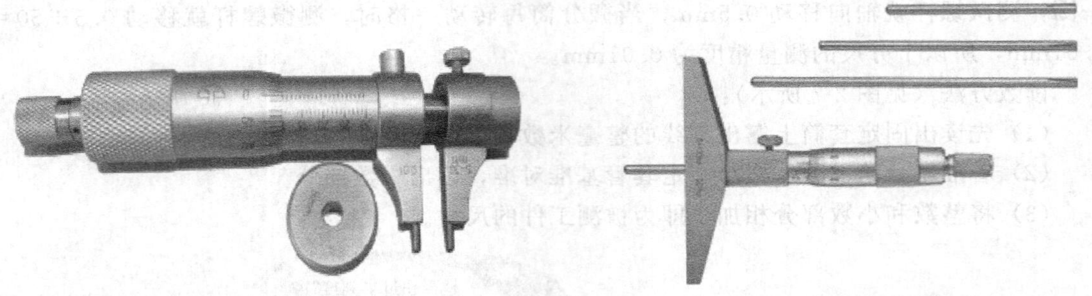

图 2-10　内径千分尺　　　图 2-11　深度千分尺

（3）螺纹千分尺　用来测量螺纹中径，见图 2-12 所示。

（4）公法线千分尺　用来测量齿轮公法线长度。

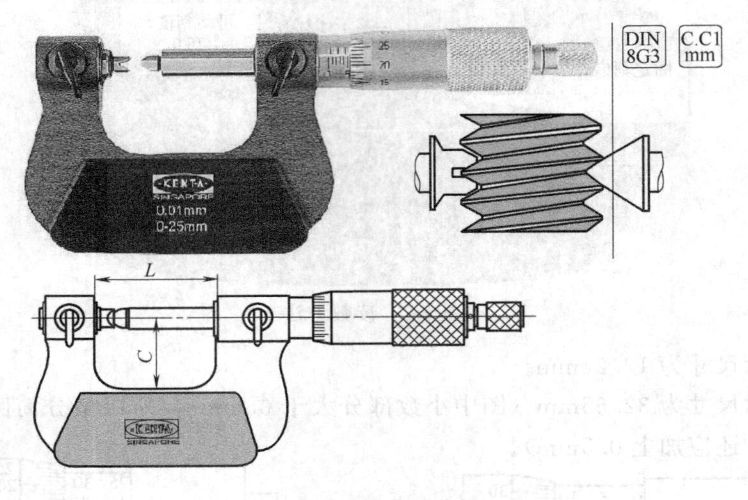

图 2-12　螺纹千分尺

温馨提示

（1）用千分尺测量铜、铝等材料时，由于材料的线膨胀系数较大，应冷却后再测量。

（2）读数时，最好不要取下千分尺进行读数，应尽量直接读出。如需要取下读数，应锁紧测微螺杆，然后轻轻取下千分尺，防止尺寸变动。

（3）测量时，应保持测量面干净，使用前应校对零位。

（4）测量时，先转动微分筒，当测量面接近工件时，改用棘轮，直到棘轮发出“咔咔”声为止。

（5）不能用千分尺测量毛坯或转动的工件。

（6）根据不同公差等级的工件，正确合理地选用千分尺。

练一练

你能读出数值是多少吗?

2.1.3 万能角度尺

万能角度尺用来测量工件和样板的内、外角度及角度划线。

1. 万能角度尺的结构

主要由尺身、90°角尺、游标、制动器、基尺、直尺、卡块等组成，见图 2-13 所示。

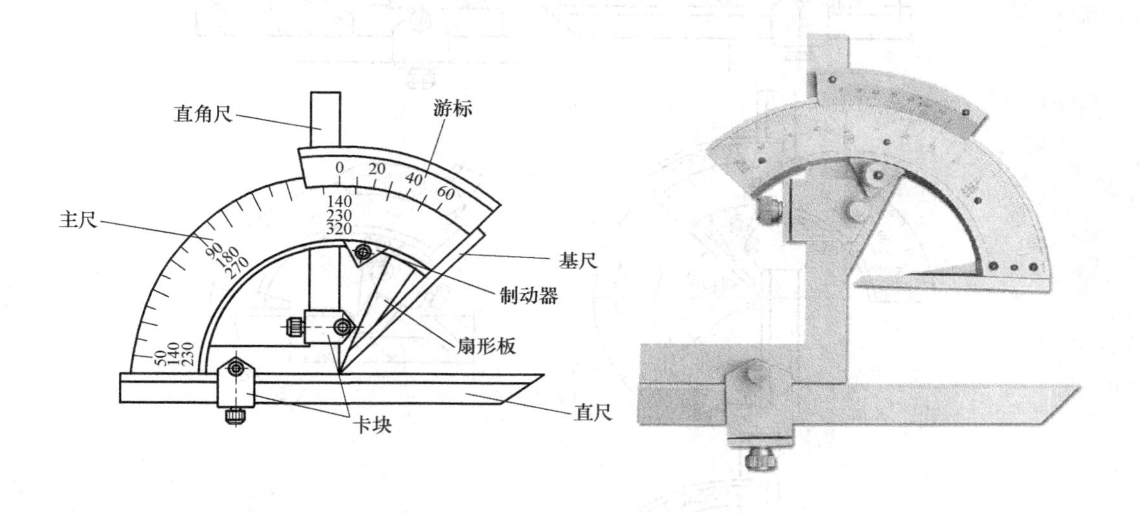

图 2-13 万能角度尺的结构

2. 万能角度尺的刻线原理与读数方法

万能角度尺的测量精度有 5′和 2′两种。

精度为 2′万能角度尺刻度原理：尺身刻度每格 1°，游标刻线是将尺身上 29°所占的弧长等分为 30 格，即每格所对的角度为（29/30)°，因此游标 1 格与尺身 1 格相差：$1^\circ-\left(\frac{29}{30}\right)^\circ=\left(\frac{1}{30}\right)^\circ=2'$，即万能角度尺的测量精度为 2′。

万能角度尺的读数方法与游标卡尺的读数方法相似。即先从尺身上读出游标零刻线左边的刻度整数，然后在游标上读出分的数值（格数×2′)，两者相加就是被测工件的角度。见图 2-14 所示。

3. 万能角度尺的测量范围

游标万能角度尺有Ⅰ型、Ⅱ型两种，其测量范围分别为 0°～320°和 0°～360°。Ⅰ型万能角度尺的测量范围及方法，见图 2-15 所示。

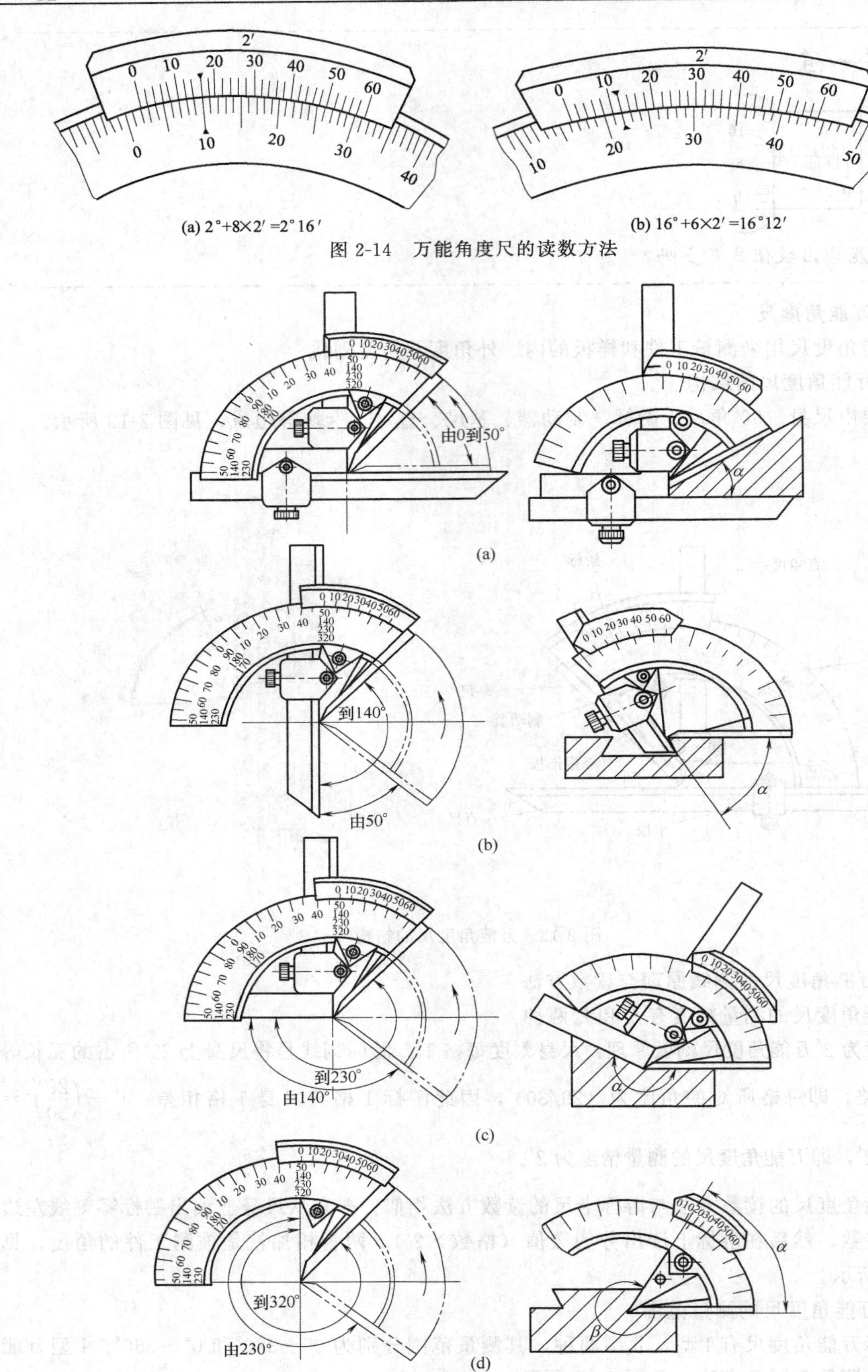

图 2-14　万能角度尺的读数方法

图 2-15　万能角度尺的测量范围

温馨提示

(1) 根据测量工件的不同角度正确选用直尺和 90°角尺。

(2) 使用前要检查尺身和游标的零线是否对齐，基尺和直尺是否漏光。

(3) 测量时，工件应与角度尺的两个测量面在全长上接触良好，避免误差。

练一练

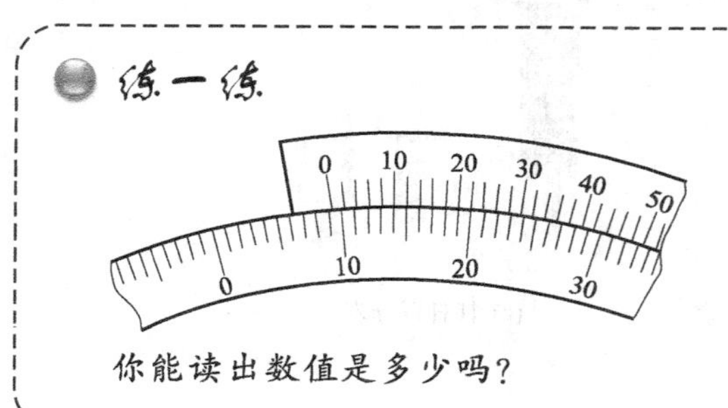

你能读出数值是多少吗？

2.1.4 塞规与塞尺

1. 塞规（见图 2-16 所示）

塞规是用来检验工件内径尺寸的量具，它有两个测量面，小端尺寸按工件内径的最小极限尺寸制作，在测量内孔时应能通过，称为通规；大端尺寸按工件内径的最大极限尺寸制作，在测量内孔时不通过工件，称为止规。用塞规检验工件时，如果通规能通过且止规不能通过，说明该工件合格。

2. 塞尺

塞尺（见图 2-17 所示）是用来检验两个贴合面之间间隙大小的片状定值量具。它有两个平行的测量平面，每套塞尺由若干片组成。测量时，用塞尺直接塞入间隙，当一片或数片能塞进两贴合面之间时，则一片或数片的厚度（可由每片上的标记值读出），即为两贴合面的间隙值。

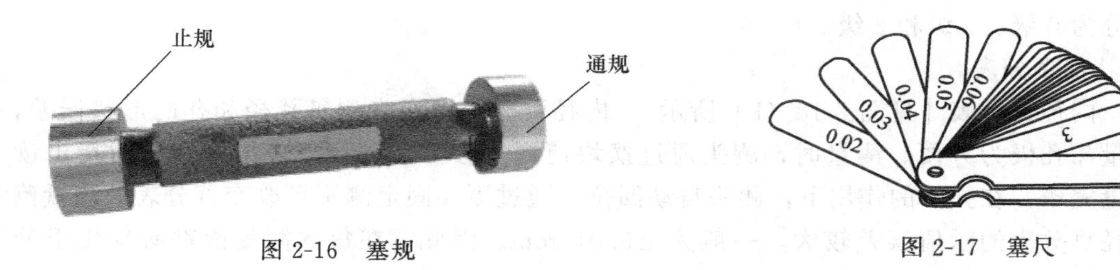

图 2-16 塞规　　图 2-17 塞尺

温馨提示

塞尺可单片使用，也可多片叠起来使用，但在满足所需尺寸的前提下，片数越少越好。塞尺容易弯曲和折断，测量时不能用力太大，也不能测量温度较高的工件，用完后要擦拭干净，及时合到夹板中。

2.1.5 百分表

百分表（见图 2-18 所示）是一种指示式量仪，主要用来测量工件的尺寸、形状和位置误差，也可用于检验机床的几何精度或调整工件的装夹位置偏差。

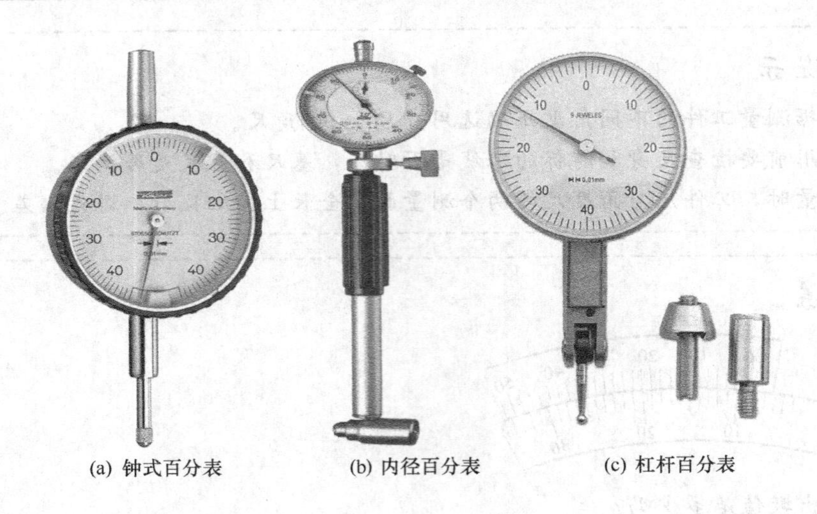
(a) 钟式百分表　(b) 内径百分表　(c) 杠杆百分表

图 2-18　百分表

1. 百分表的结构

百分表主要由测头、量杆、大小齿轮、指针、表盘、表圈等组成。

2. 百分表的刻线原理与读数

百分表量杆上的齿距是 0.625mm。当量杆上升 16 齿时（即上升 0.625×16＝10mm），16 齿的小齿轮正好转一周，与其同轴 100 齿的大齿轮也转一周，从而带动齿数为 10 的小齿轮和长指针转 10 周。即当量杆上移动 1mm 时，长指针转一周。由于表盘上共等分 100 格，所以长指针每转 1 格，表示量杆移动 0.01mm。故百分表的测量精度为 0.01mm。

测量时，量杆被推向管内，量杆移动的距离等于小指针的读数（测出的整数部分）加上大指针的读数（测出的小数部分）。

3. 百分表的测量范围和精度

百分表的测量范围一般有 0～3mm，0～5mm 和 0～10mm 三种。按制造精度不同，百分表可分为 0 级、1 级和 2 级。

4. 其他百分表

(1) 内径百分表［见图 2-18（b）所示］ 内径百分表可用来测量孔径和孔的形状误差，对于测量深孔极为方便。测量时，测头通过摆块使杆上移，推动百分表指针转动而指出读数。测量完毕，在弹簧的作用下，测头自动回位。通过更换固定测头可改变百分表的测量范围。内径百分表的示值误差较大，一般为±0.015mm。因此，在每次测量前都必须用千分尺进行校对。

(2) 杠杆百分表［见图 2-18（c）所示］ 杠杆百分表常用于车床上校正工件的安装位置或用在普通百分表无法使用的场合。

温馨提示

(1) 百分表使用时应安装在相应的表架或专门的夹具上。

(2) 测量平面或圆形工件时，百分表的测头应与平面垂直或与圆柱形工件中心线垂直，否则百分表量杆移动不灵活，测量结果不准确。

【思考与练习】

1. 试述游标卡尺的读数方法。
2. 如何对量具进行维护和保养？

2.2　技能训练1：游标卡尺、千分尺、万能角度尺测量尺寸精度练习

操作准备：游标卡尺、千分尺、万能角度尺、工件等。

操作步骤：

（1）准备要测量的工件；

（2）将工件倒角去毛刺；

（3）用游标卡尺来测量工件的外形尺寸、深度尺寸及槽宽（测尺寸1、3、4），并将测得的数值写入表中；

（4）用千分尺来测量工件的外形尺寸（测尺寸2、5），并将测得的数值写入表中；

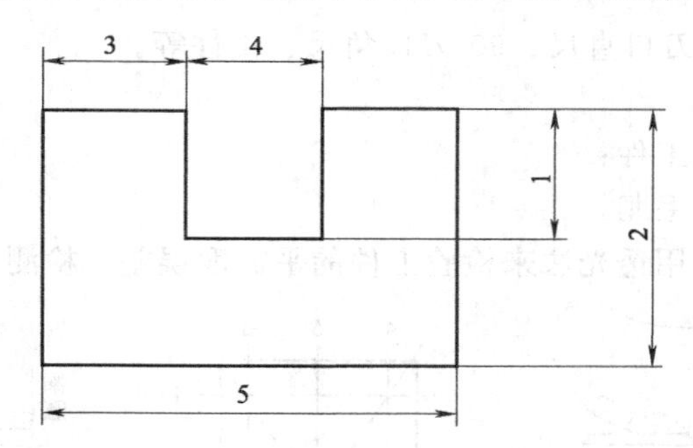

将各点测出的数值写入以下表格中						
序号	1	2	3	4	5	
数值						

（5）用万能角度尺来测量角度1、2、3，并将测得的数值写入表中。

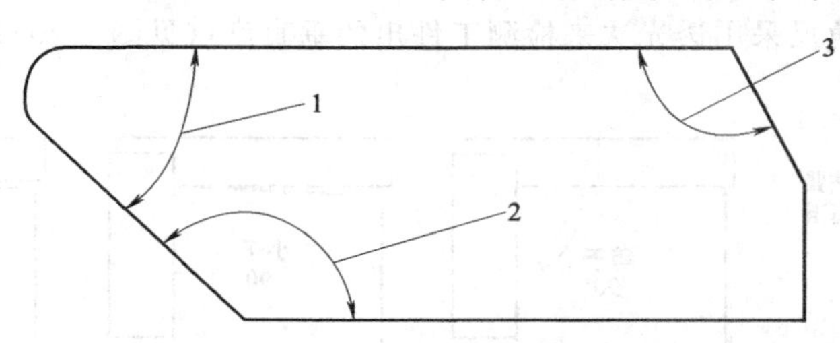

将测出的角度数值写入以下表格中						
序号	1	2	3			
数值						

温馨提示

测量时，分组进行，测完后，教师给出标准答案。

注意事项：

(1) 测量前应将量具的测量面和工件的被测表面擦干净，并校正量具零位；

(2) 量具在使用过程中，不能与刀具、工具等堆放在一起；

(3) 量具不能当工具使用；

(4) 不要把量具放在磁场附近，以免量具磁化；

(5) 量具应经常保持清洁，量具使用后应及时擦干净，并涂防锈油放入量具盒内，存放于干燥处。

2.3　技能训练 2：用光隙法测量工件形位精度练习

操作准备：塞尺、刀口直尺、90°刀口角尺、工件等。

操作步骤：

(1) 准备要测量的工件；

(2) 将工件倒角去毛刺；

(3) 用刀口直尺采用透光法来检验工件的平面度误差，检测方法见图 2-19 所示；

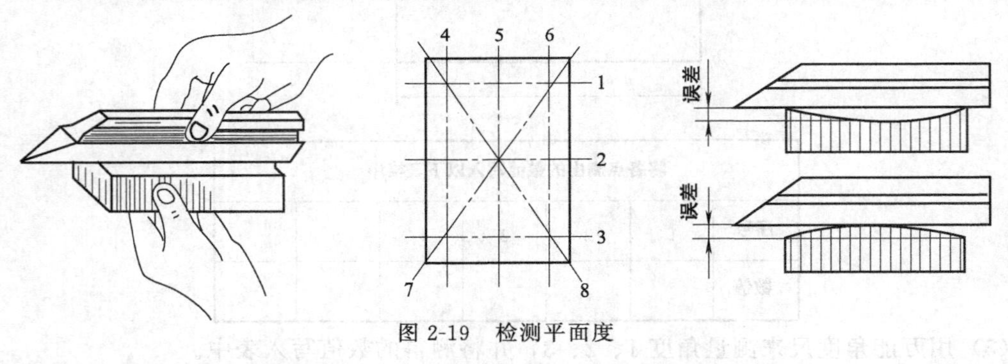

图 2-19　检测平面度

(4) 用 90°刀口角尺采用透光法来检测工件出的垂直度（见图 2-20）；

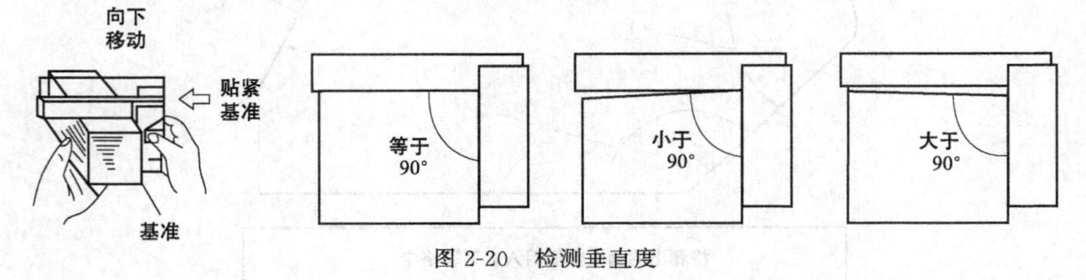

图 2-20　检测垂直度

(5) 用塞尺检查工件平面度及垂直度误差值（测图 2-19 平面度误差值，测图 2-20 垂直度误差值）。

注意事项：

(1) 测量前应将量具的测量面和工件的被测表面擦干净；

（2）量具在使用过程中，不能与刀具、工具等堆放在一起；

（3）量具不能当工具使用；

（4）刀口直尺、刀口角尺在测量时不能在工件上拖动；

（5）塞尺在测量时不能用力过大，也不能测量温度较高的工件，用后要擦拭干净，及时合到夹板中。

2.4　技能训练3：用百分表来检查工件平面度要求

操作准备：平板、杠杆百分表、表座、工件等。

操作步骤（见图2-21）：

（1）准备要测量的工件；

（2）将工件倒角去毛刺；

（3）安装杠杆百分表在表座上；

（4）用百分表测量工件平面度。

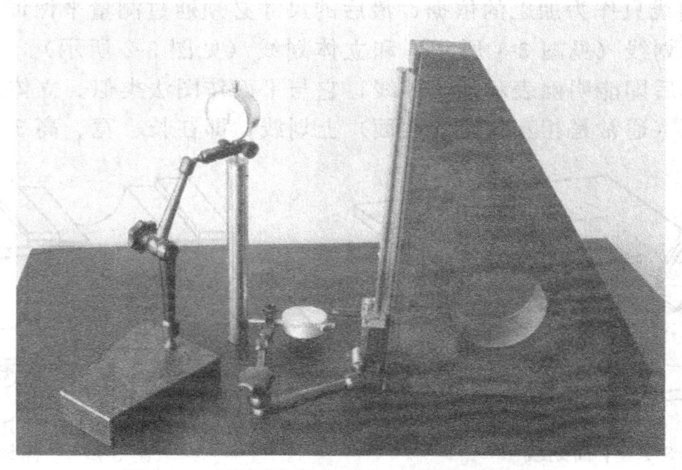

图2-21　用百分表来检查工件平面度要求

注意事项：

（1）将表固定在表座或表架上，应稳固可靠；

（2）应调整表的测杆轴线垂直于被测尺寸线，对于平面工件，测杆轴线应平行于被测平面；对圆柱形工件，测杆的轴线要与过被测母线的相切面平行，否则会产生很大的误差；

（3）测量前调零位，调零位时，可借助量块为零位基准，先使测头与基准面接触，压测头到量程的中间位置，转动刻度盘使0线与指针对齐，然后反复测量同一位置2～3次后检查指针是否仍与0线对齐，如不齐则重调；

（4）测量时，用手轻轻抬起测杆，将工件放入测头下测量，不可把工件强行推入测头下；

（5）凹凸不平的工件不能用杠杆表测量，不要使杠杆表突然撞击到工件上，也不可强烈震动、敲打杠杆表；

（6）测量时注意表的测量范围，不要使测头位移超出量程；

（7）不使测杆做过多无效的运动，否则会加快零件磨损，使表失去应有精度；

（8）当测杆移动发生阻滞时，须送计量室处理。

任务三　划　线

任务情境描述

划线是根据图样或实物尺寸，在毛坯或工件上用划线工具划出待加工部位的轮廓线或作为基准的点、线的操作。

在工件上划出清晰的加工界线，不仅可以明确工件的加工余量，还可作为工件安装加工的依据。在单件或小批量生产中，用划线来检查毛坯或半成品的形状和尺寸，通过借料合理分配各加工表面的余量，及早发现不合格品，避免造成后续加工工件不合格，造成工时的浪费。

划线是一项复杂、细致的重要工作。线若划错，就会造成加工工件的报废。所以划线直接关系到产品的质量。因此，要求所划的线条尺寸要准确、线条清晰均匀。划线精度一般为0.25～0.5mm，划线只作为加工的依据，最后的尺寸必须通过测量来保证。

划线分为平面划线（见图 3-1 所示）和立体划线（见图 3-2 所示）。平面划线是在工件的一个平面上划线后即能明确表示加工界线，它与平面作图法类似。立体划线是在工件的几个不同角度的表面（通常是相互垂直的表面）上划线，即在长、宽、高 3 个方向上划线。

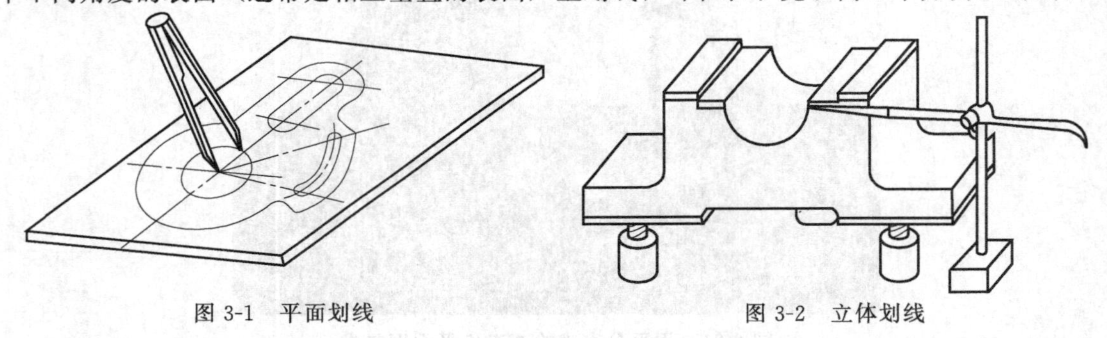

图 3-1　平面划线　　图 3-2　立体划线

教学目标

1. 掌握划线工具的种类和使用方法
2. 正确使用划线工具，掌握平面划线和立体划线方法
3. 能够根据零件图纸正确选择划线基准
4. 能用分度头进行分度划线
5. 对铸锻件毛坯能正确找正和借料

知识要求

3.1 基础知识

3.1.1　常用划线工具和涂料

1. 划线工具按其用途分类

（1）基准工具：包括划线平板、方箱、V形铁、三角铁、弯板（直角板）以及各种分度头等。

（2）量具：包括钢板尺、量高尺、游标卡尺、万能角度尺、直角尺以及测量长尺寸的钢卷尺等。

（3）绘划工具：包括划针、划线盘、高度游标卡尺、划规、平尺、曲线板以及手锤、样冲等。

（4）辅助工具：包括垫铁、千斤顶、C形夹头和夹钳以及找中心划圆时打入工件孔中的木条、铅条等。

2. 常用划线工具及应用

（1）划线平板（见图3-3所示）　一般由铸铁制成。工作表面经过精刨或刮削，也可采用精磨加工而成。较大的划线平板由多块组成，适用于大型工件划线。它的工作表面应保持水平并具有较好的平面度，是划线或检测的基准。

（2）方箱　（见图3-4所示）　用灰铸铁制成的空心立方体或长方体。划线时，可用C形夹将工件夹于方箱上，再通过翻转方箱，便可以在一次安装的情况下，将工件上互相垂直的线全部划出来。方箱上的V形槽平行于相应的平面，它用于装夹圆柱形工件。

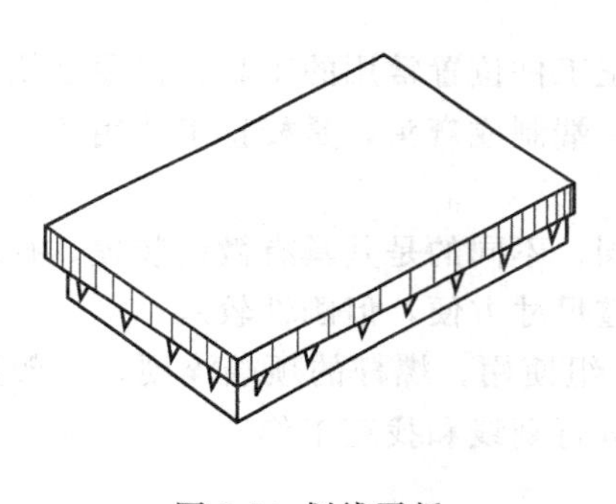

图3-3　划线平板

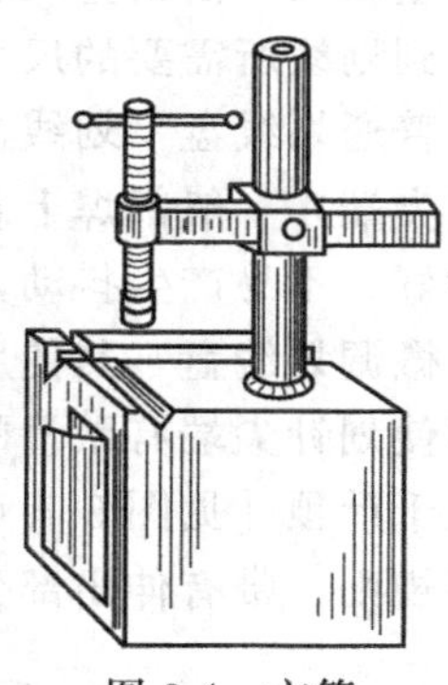

图3-4　方箱

（3）划规（见图3-5所示）　划规由工具钢或不锈钢制成，两脚尖端淬硬，或在两脚尖端焊上一段硬质合金，使之耐磨。常用来划圆和圆弧、等分线段、等分角度及量取尺寸等。

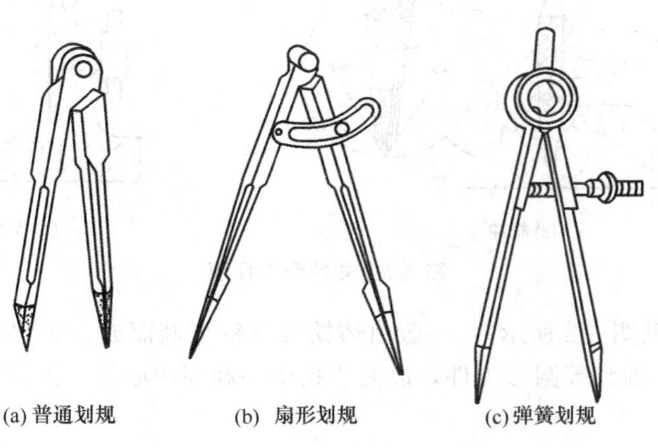

(a) 普通划规　(b) 扇形划规　(c) 弹簧划规

图3-5　划规

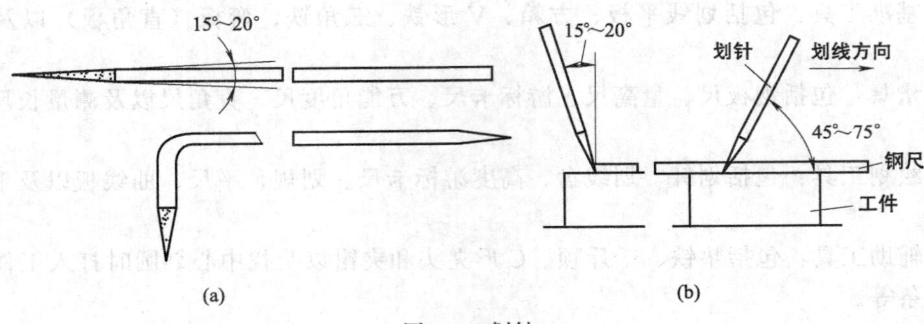

图 3-6 划针

(4) 划针［见图 3-6（a）所示］ 一般由 4～6 mm 弹簧钢丝或高速钢制成，尖端淬硬，或在尖端焊接上硬质合金。划针是用来在被划线的工件表面沿着钢直尺、角尺或样板进行划线的工具，有直划针和弯头划针之分。使用方法见图 3-6（b）所示。

(5) 样冲 用于在已划好的线上冲眼，以保证划线标记、尺寸界限及确定中心。样冲一般由工具钢制成，尖梢部位淬硬，也可以由较小直径的报废铰刀、多刃铣刀改制而成，见图 3-7（a）所示。

(6) 量高尺 由钢直尺和尺架组成，拧动调整螺钉，可改变钢直尺的上下位置，因而可方便地找到划线所需要的尺寸。

(7) 普通划线盘 划线盘是在工件上划线和校正工件位置常用的工具。普通划线盘的划针一端（尖端）一般都焊上硬质合金作划线用，另一端制成弯头，是校正工件用的。普通划线盘刚性好、不易产生抖动，应用很广。

(8) 微调划线盘 其使用方法与普通划线盘相同，不同的是其具有微调装置，拧动调整螺钉，可使划针尖端有微量的上下移动，使用时调整尺寸方便，但刚性较差。

(9) 千斤顶［见图 3-7（b）所示］ 通常三个一组使用，螺杆的顶端淬硬，一般用来支承形状不规则、带有伸出部分的工件和毛坯件，以进行划线和找正工作。

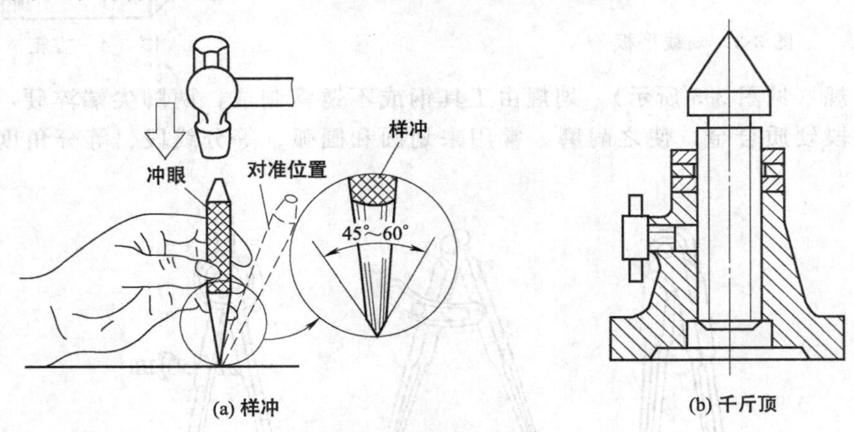

图 3-7 样冲和千斤顶

(10) V 形铁（见图 3-8 所示） 一般由铸铁或碳钢精制而成，相邻各面互相垂直，主要用来支承轴、套筒、圆盘等圆形工件，以便于找中心和划中心线，能保证划线的准确性，同时保证了稳定性。

(11) C 形夹钳（见图 3-9 所示） 在划线时用于固定工件。

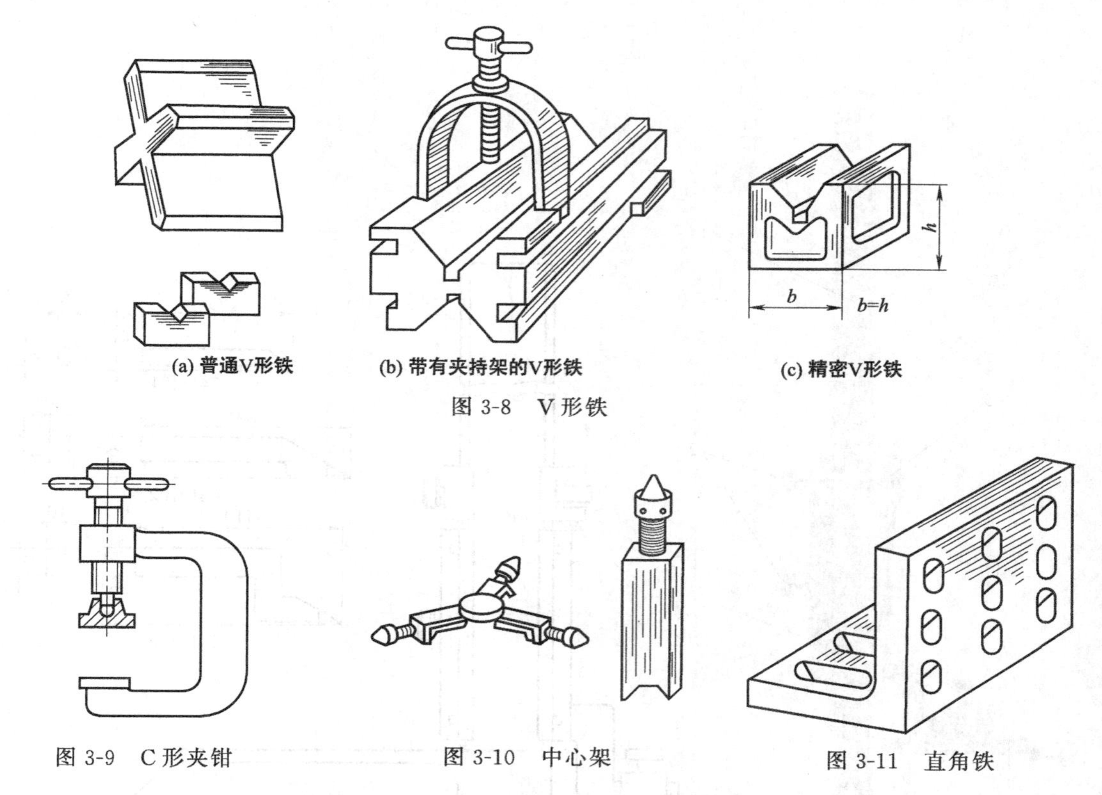

(a) 普通V形铁 (b) 带有夹持架的V形铁 (c) 精密V形铁

图 3-8 V 形铁

图 3-9 C 形夹钳 图 3-10 中心架 图 3-11 直角铁

（12）中心架（见图 3-10 所示） 在划线时，它用来对空心的圆形工件定圆心。

（13）直角铁（见图 3-11 所示） 一般由铸铁制成，经过刨削和刮削，它的两个垂直平面垂直精度很高。直角铁上的孔或槽是搭压工件时穿螺栓用的。它常与 C 形夹钳配合使用。在工件上划底面垂线时，可将工件底面用 C 形夹钳和压板压紧在直角铁的垂直面上，划线非常方便。

（14）垫铁 见图 3-12 所示。

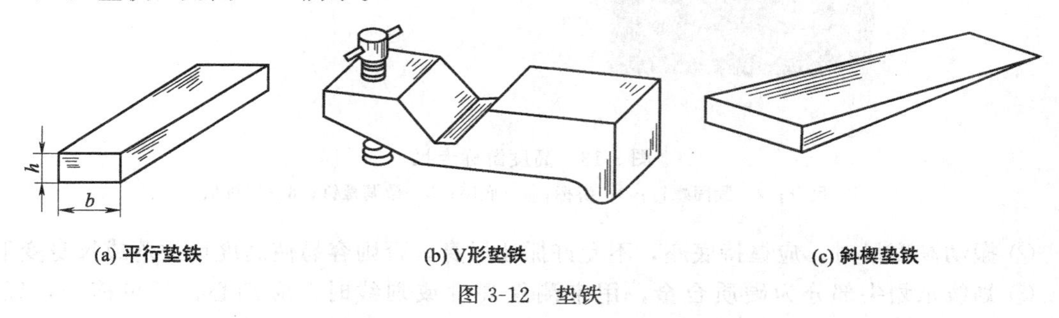

(a) 平行垫铁 (b) V形垫铁 (c) 斜楔垫铁

图 3-12 垫铁

（15）高度游标卡尺 高度游标卡尺测量范围一般有 0～300、0～500mm 等，其结构主要由尺身、游标、紧固螺钉、划线爪、底座、微调螺钉几部分组成，见图 3-13 所示。

高度游标卡尺的测量工作是通过尺框上的划线爪沿着尺身相对于底座位移进行测量或划线，其主要用于测量工件的高度尺寸、相对位置和精密划线。

高度游标卡尺的使用注意事项：

① 测量高度尺寸时，先将高度尺的底座贴合在平板上，移动尺框的划线爪，使其端部与平板接触，检查高度尺的零位是否正确。

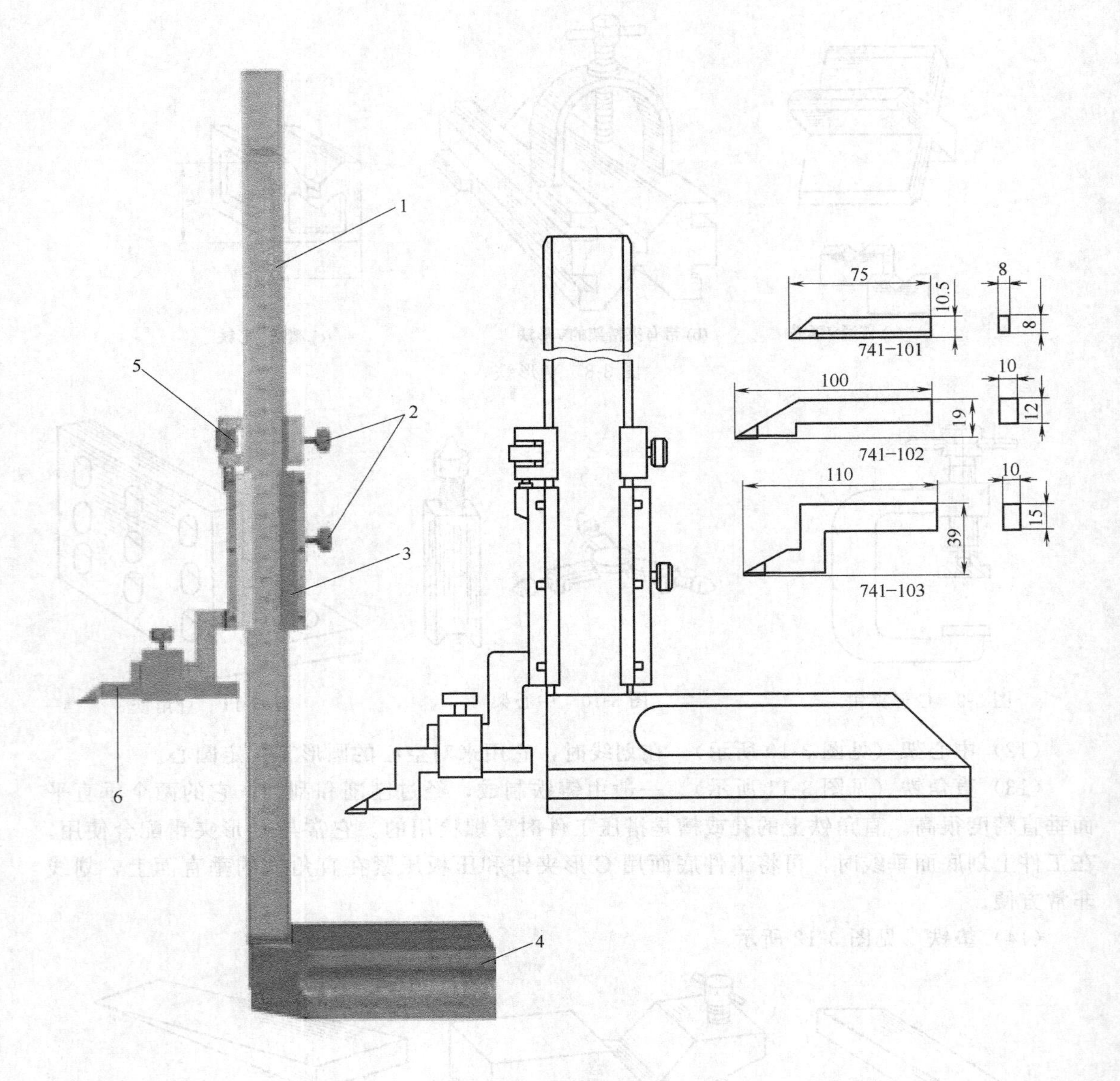

图 3-13 高度游标卡尺

1—尺身；2—紧固螺钉；3—游标；4—底座；5—微调螺钉；6—划线爪

② 搬动高度尺时，应握持底座，不允许抓住尺身，否则容易使高度尺跌落或尺身变形。

③ 划线爪划尖部分为硬质合金，用来测量高度或划线时，应细心，不可撞击，以防崩刃。

3. 划线用的涂料

为使工件表面上划出的线条清晰，一般在工件表面的划线部位上涂上一层薄而均匀的涂料。常用的涂料有以下几种。

(1) 石灰水 应用于铸件、锻件毛坯。

(2) 蓝油 应用于已加工表面。

(3) 硫酸铜溶液 应用于形状复杂的工件。

3.1.2 划线基准的选择原则

1. 划线基准的概念

基准：是指图样（或工件）上用来确定其他点、线、面位置的依据。

设计基准：在零件图上用来确定其他点、线、面位置的基准。

划线基准：是指在划线时选择工件上的某个点、线、面作为依据，用它来确定工件的各部分尺寸、几何形状及工件上各要素的相对位置。

2. 划线前的准备工作

（1）应先分析图样，找出设计基准。

（2）使划线基准与设计基准尽量一致。

（3）能够直接量取划线尺寸，简化换算过程。

（4）划线时，应从划线基准开始。

（5）清理工件，对铸、锻件应将型砂、毛刺、氧化皮除掉，并用钢丝刷刷净，对已生锈的半成品，将浮锈刷掉。

（6）在工件孔中安装中心塞块。

（7）擦净划线平板，准备好划线工具。

3. 划线基准的一般选择原则

划线基准一般可根据以下三个原则来选择：

（1）以两个互相垂直的平面（或线）为基准 。见图 3-14 所示。

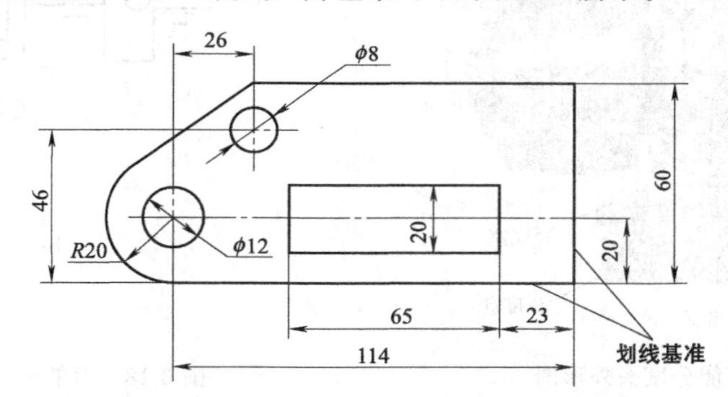

图 3-14 以两个互相垂直的平面（或线）为基准

（2）以两条互相垂直的中心线为基准。见图 3-15 所示。

（3）以一个平面和一条中心线为基准。见图 3-16 所示。

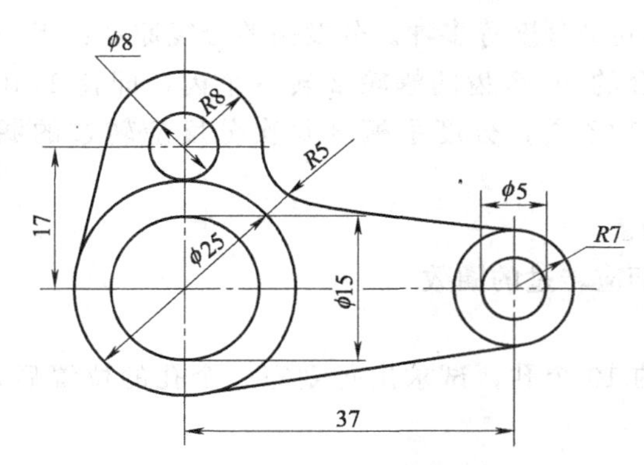

图 3-15 以两条互相垂直的中心线为基准

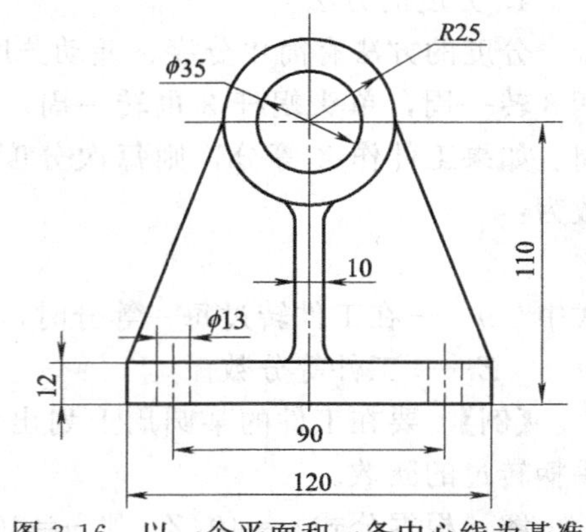

图 3-16 以一个平面和一条中心线为基准

温馨提示

划线时，在工件的每一个方向都需要选择一个划线基准。因此，平面划线一般选择 2 个划线基准；立体划线一般选择 3 个划线基准。

3.1.3　分度头

1. 规格

以分度头主轴中心到底面的高度（mm）表示。

例如：FW125、FW200、FW250 型，代号中“F”代表分度头，“W”代表万能型，如 FW125 万能分度头，其主轴中心到底面的高度为 125mm。

2. 作用

在分度头的主轴上装有三爪卡盘，把分度头放在划线平板上，配合使用划线盘或量高尺，便可进行分度划线。还可在工件上划出水平线、垂直线、倾斜线和等分线或不等分线。

3. 万能分度头的结构与传动原理

万能分度头的结构见图 3-17 所示，传动原理见图 3-18 所示。

图 3-17　万能分度头外形图

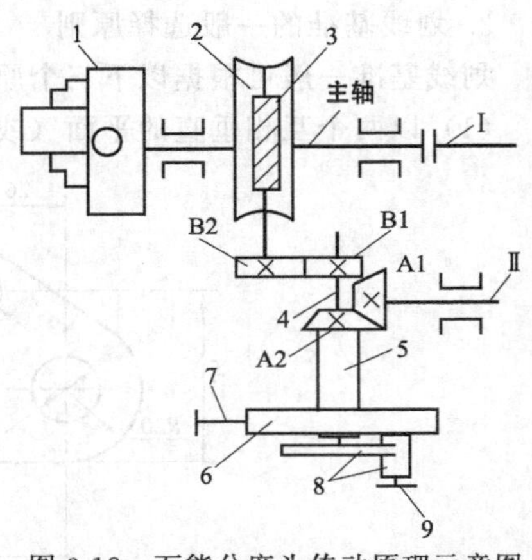

图 3-18　万能分度头传动原理示意图

1—三爪自定心卡盘；2—蜗轮；3—蜗杆；4—心轴；5—套筒；6—分度盘；7—锁紧螺钉；8—分度手柄；9—插销

4. 分度的方法

分度的方法有简单分度、差动分度、直接和间接分度等多种。分度头的分度原理：当手柄 8 转一周，单头蜗杆 3 也转一周，与蜗杆啮合的 40 个齿的蜗轮 2 转一个齿，即转 1/40 周。如果工件作 Z 等分，则每次分度主轴应转 $1/Z$ 周，分度手柄 8 每次分度应转过的圈数为：

$$n=40/Z$$

式中　n——在工件转过每一等分时，分度头手柄应转过的圈数；

Z——工件等分数。

【例】　要在工件的某圆周上划出均匀分布的 10 个孔，试求出每划完一个孔的位置后，手柄转过的圈数。

解：根据公式 $n=40/Z$，则 $n=40/10=4$。

即每划完一个孔的位置后，手柄应转过 4 圈再划第 2 个孔的位置。

温馨提示

用分度头分度时，为使分度准确而迅速，避免每分度一次要数一次孔数，可利用安装在分度头上的分度叉进行计数。分度时，应先按分度的孔数调整好分度叉，再转动手柄。

3.1.4 找正和借料

立体划线在很多情况下是对铸件、锻件毛坯进行划线。不少的铸件和锻件都存在歪斜、偏心、壁厚不均匀等缺陷。当偏差不大时，可以通过找正和借料的方法来补救。

1. 找正

找正就是利用划线工具，使工件的表面处于合适的位置。如图 3-19 所示的轴承座，轴承孔处内孔与外圆不同轴，底板厚度不均匀。运用找正的方法，以外圆为依据找正内孔划线，以 1 面为依据找正底面划线，如图 3-19 所示。找正划线后，内孔线与上圆同轴，底面厚度比较均匀。找正的技巧主要有以下几个方面：

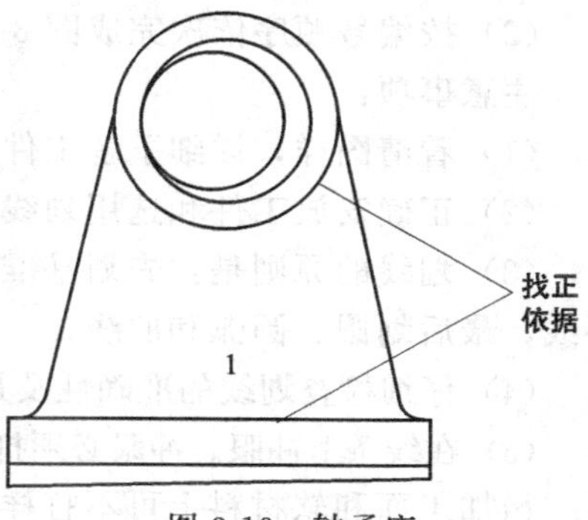

图 3-19　轴承座

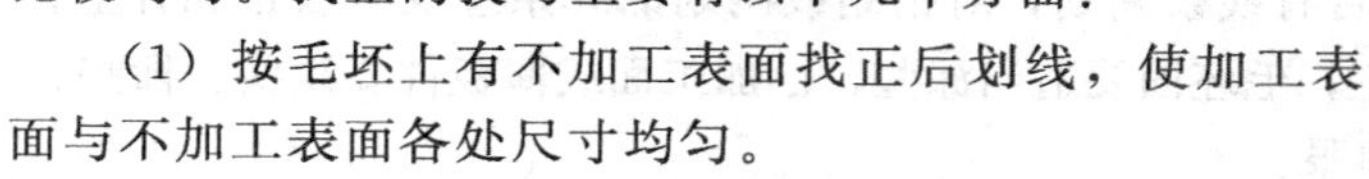

（1）按毛坯上有不加工表面找正后划线，使加工表面与不加工表面各处尺寸均匀。

（2）工件上有两个以上不加工表面时，以面积较大或重要的为找正依据，兼顾其他表面，将误差集中到次要或不显眼的部位上去。

（3）工件均为加工表面时，应按加工表面自身位置进行找正划线使加工余量均匀分布。

2. 借料

所谓借料就是通过对工件的试划和调整使原加工表面的加工余量进行重新分配、互相借用，以保证各加工表面都有足够的加工余量的划线方法。如图 3-20（a）所示零件，若毛坯内孔和外圆有较大的偏心，仅仅采用找正的方法无法划出适合的加工线。图 3-20（b）所示是依据毛坯内孔找正划线，外圆加工余量不够；图 3-20（c）所示是依据毛坯外圆找正划线，内孔加工余量不够。

通过测量根据内外圆表面的加工余量，判断能否借料。若能，判断借料的方向和大小再划线，如图 3-20（d）所示，向毛坯的右上方借料，可以划出加工界限并使内、外圆均有一定的加工余量。

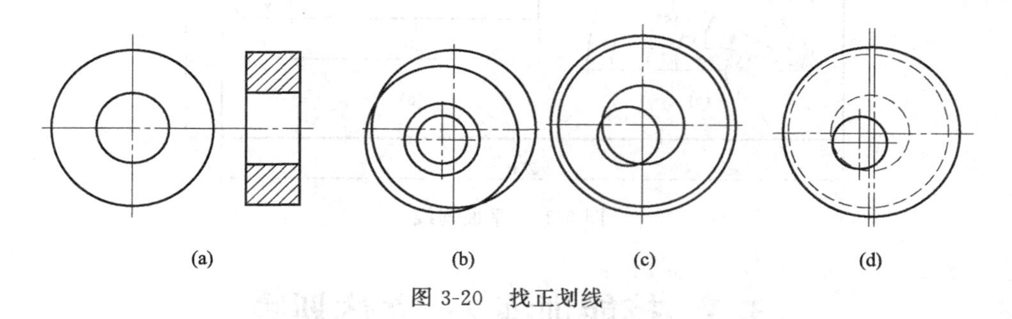

图 3-20　找正划线

【思考与练习】

1. 划线的注意事项。

2. 划线基准的选择原则。

3. 常用的划线工具有哪些？并列举具体的应用范围。

3.2　技能训练 1：平面划线

操作准备：钢直尺、划规、锤子、划针、样冲、90°角尺、划线平板、铜锤。

钢板 200mm×200mm×8mm（划完线后锯削练习用）。

操作步骤（见图 3-21）：

（1）准备划线工具，根据各图合理安排位置；

（2）按编号顺序依次完成图 3-21（a）～（d）图的划线。

注意事项：

（1）看清图样，详细了解工件上需要划线的部位；

（2）正确安放工件和选用划线工具；

（3）划线的原则是：先划基准线和位置线，再划加工线，即先划水平线，再划垂直线、斜线，最后划圆、圆弧和曲线；

（4）仔细检查划线的准确性及是否有线条漏划，对错划或漏划的线条应及时改正和补上；

（5）在线条上冲眼。冲眼必须打正，毛坯面要适当深些，已加工面或薄板件要浅些、稀些。精加工面和软材料上可不打样冲眼。

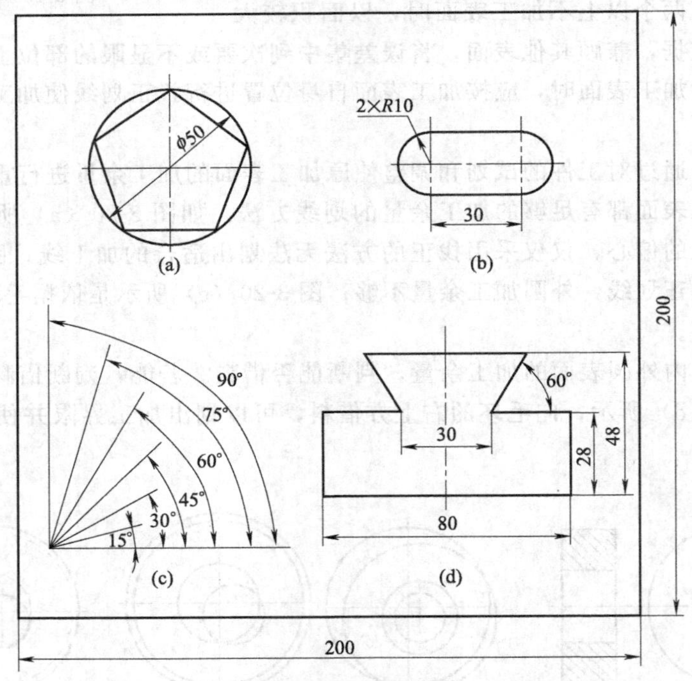

图 3-21　平面划线

3.3　技能训练 2：立体划线

操作准备：千斤顶、划针、样冲、90°角尺、划线平板、锤子等。

操作步骤（见图 3-22）：

（1）分析图样，确定划线基准；

（2）清理毛坯残留型砂及氧化皮等，并去除毛刺；

（3）ϕ50 毛坯孔内装好塞块，并在工件表面涂色；

（4）用三个千斤顶支承毛坯来调整工件高度，划出高度方向线条［见图 3-23（a）所示］；

（5）将工件转过 90°，用角尺找正，划出 ϕ50 垂直中心线和螺孔中心线［见图 3-23（b）所示］；

（6）继续将工件转过 90°，并用角尺对两个方向进行找正，划出螺孔另一方向中心线和轴承座前后两个端面［见图 3-23（c）所示］；

（7）撤下千斤顶，用划规划出两端轴承内孔和两个螺栓孔的圆周线；

（8）复查所有尺寸无误后，在所划线上用样冲进行冲眼。

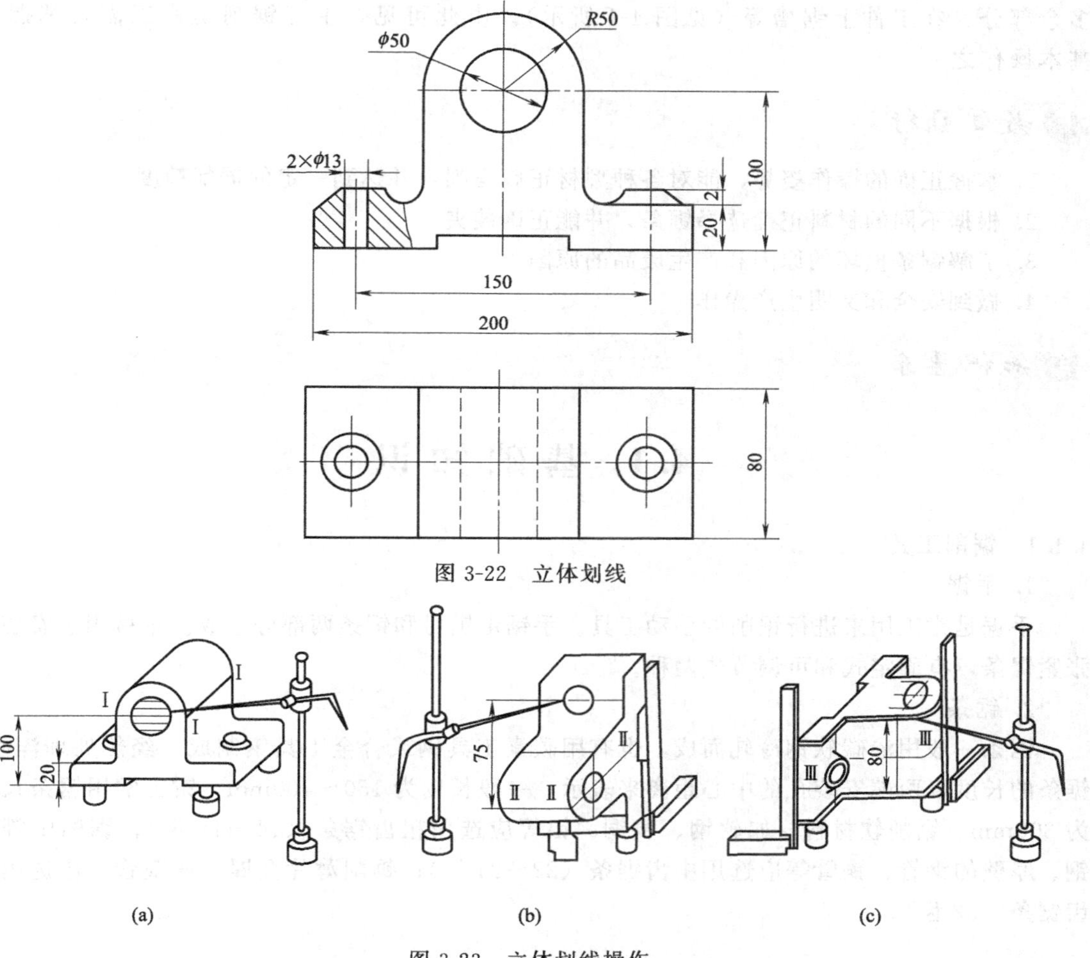

图 3-22　立体划线

图 3-23　立体划线操作

注意事项：

（1）正确安放工件和选用工具；

（2）用千斤顶顶毛坯件划线时，要防止工件倒下，损坏划线平台；

（3）仔细检查划线的准确性及是否有线条漏划，对错划或漏划应及时改正，保证划线的准确性。

任务四 锯 削

任务情境描述

手工锯削是利用手锯锯断金属材料或在工件上进行切槽的加工方法。虽然当前锯床、加工中心等数控设备已广泛使用，但是由于手工锯削具有操作方便、简单和灵活的特点，使得其在单件或小批量生产中，常用于分割各种材料及半成品、锯削工件上多余部分，在工件上锯槽等（见图 4-1 所示）。由此可见，手工锯削是钳工需要掌握的基本操作之一。

教学目标

1. 掌握正确的操作姿势，能对各种型材正确锯削，并达到一定的锯削精度
2. 根据不同的材料正确选择锯条，并能正确装夹
3. 了解锯条损坏的原因和产生废品的原因
4. 做到安全和文明生产操作

知识要求

4.1 基础知识

4.1.1 锯削工具

1. 手锯

手锯是钳工用来进行锯削的手动工具。手锯由锯弓和锯条两部分组成。锯弓用于安装和张紧锯条，有固定式和可调节式两种。

2. 锯条

锯条一般用渗碳软钢冷轧而成，也有用碳素工具钢或合金工具钢制成，经热处理淬硬。锯条的长度以两端安装孔的中心距离来表示，一般长度为 150～400mm，钳工常用锯条长度为 300mm。锯削软材料，如软钢、黄铜、铝等应选用粗齿锯条（14～18 齿）；锯削中等硬钢、厚壁的钢管、铜管等应选用中齿锯条（22～24 齿）；锯削薄片金属、薄壁管子应选用细齿锯条（32 齿）。

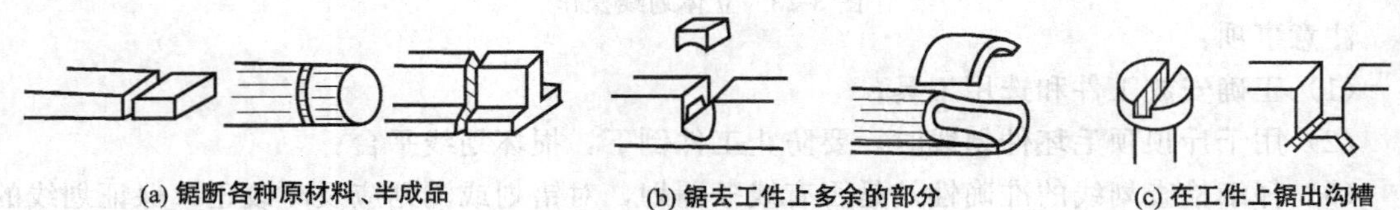
(a) 锯断各种原材料、半成品　(b) 锯去工件上多余的部分　(c) 在工件上锯出沟槽

图 4-1 锯削的应用

温馨提示

锯条锯齿的粗细一般根据加工材料的软硬、切面大小等来选用。粗齿锯条的容屑槽较大，适用于锯削软材料或切面较大的工件；锯削硬材料或切面较小的工件应该用细齿锯条；锯削管子和薄板时，必须用细齿锯条。

4.1.2 锯条安装

因锯条的锯齿具有方向性，手锯向前推进时锯齿进行切削，而在向后返回时锯齿不起切削作用，所以安装锯条时要使齿尖向前，如果装反了，则锯削时锯齿的前角为负值，不能正常锯削，见图 4-2 所示。

安装时锯条要拉至适当松紧，其松紧程度以用手扳动锯条感觉硬实感即可。若太紧时锯条失去应有的弹性，在锯削中用力稍有不当，就会折断；太松则锯削时锯条容易产生扭曲、歪斜，易使锯出的锯缝歪斜和锯条折断。锯条安装后还要检查锯条平面与锯弓中心平面是否平行，不得有歪斜或扭曲，否则锯削时锯缝极易歪斜。

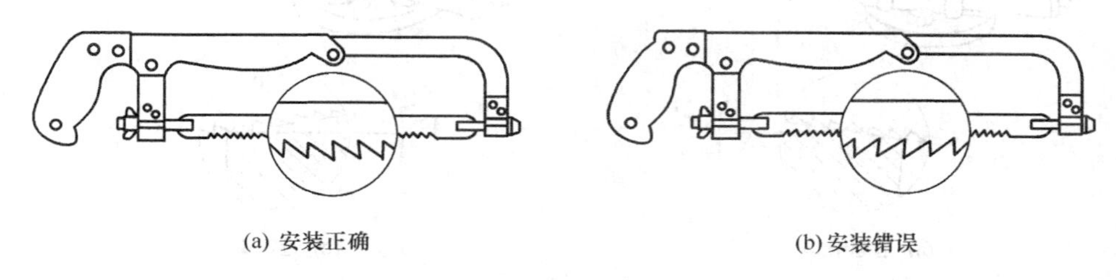

(a) 安装正确　　(b) 安装错误

图 4-2 锯条的安装

4.1.3 工件的装夹

工件一般夹在虎钳左边，以便操作。伸出钳口不应过长，以防止工件在锯削时产生震动。一般锯缝距钳口 20mm 左右为宜。

此外，锯缝线应与钳口侧面保持平行（使锯缝线处于铅垂状态），以便于控制锯缝不偏离所划线条。工件夹持要牢固，但要避免将工件夹变形和夹坏已加工表面。

4.1.4 手锯的握法

见图 4-3 所示。右手满握锯弓手柄，大拇指压在食指上。左手轻扶在锯弓前端，大拇指搭在锯弓上方，其余四个手指扶在锯弓的前端。

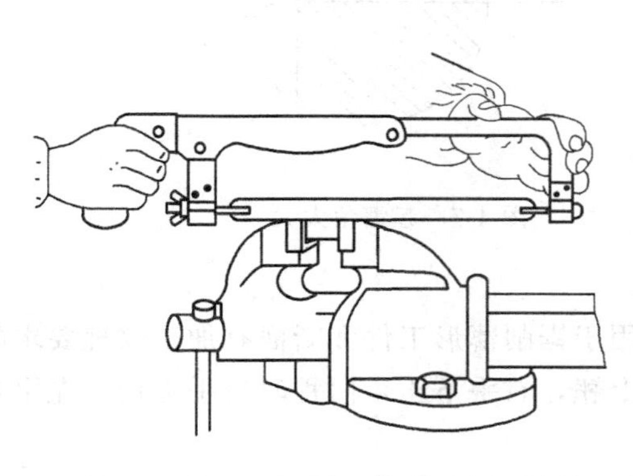

图 4-3 手锯的握法

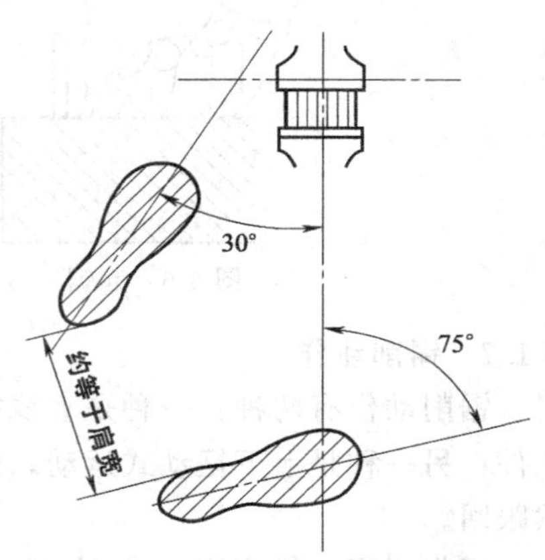

图 4-4 锯削时的站立位置

4.1.5 锯削时的站立姿势

锯削时的站立位置见图 4-4 所示。左脚跨前半步，膝部呈弯曲状态，脚掌与切削方向成30°夹角，右脚向后伸直，与左脚相距约等于肩宽的距离，脚掌与切削方向成 75°夹角，使身体与切削方向大致成 45°夹角，以保证右手的摆动方向与手锯的运动轨迹相一致。保持自然站立，身体重心稍偏向左脚。

4.1.6 起锯

起锯有远起锯和近起锯两种。为避免锯条卡住或崩裂，一般尽量采用远起锯。起锯时角度要小些，一般不大于 15°，见图 4-5 所示。

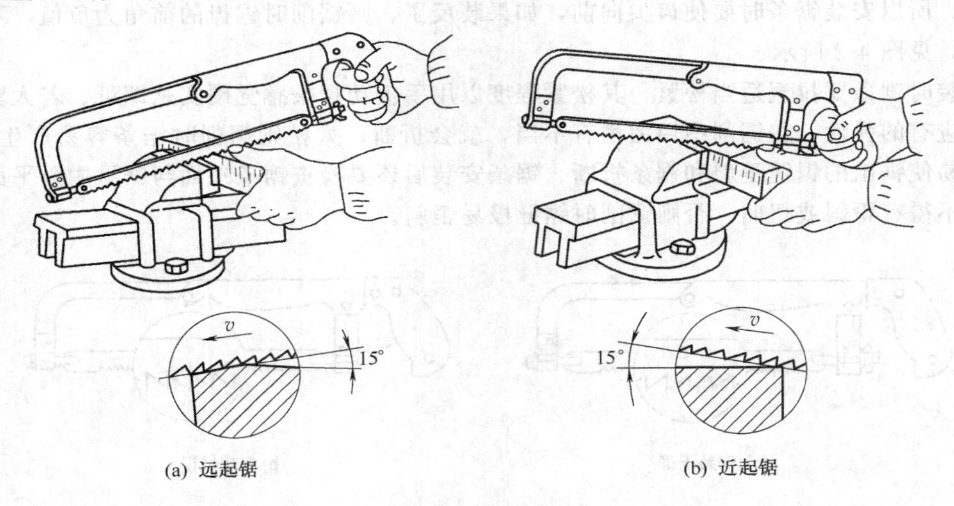

(a) 远起锯　　(b) 近起锯

图 4-5 起锯方法

起锯时，压力要轻，同时用拇指挡住锯条，使它正确地锯在所需的位置上，当锯条锯到有 2～3mm 深度时，左手拇指可离开锯条，扶正锯弓逐渐使锯痕成为水平，然后向下正常锯削，见图 4-6 所示。起锯角不能太小，太小会使锯齿不易切入，锯条易滑动而锯伤工作表面；但也不能太大，否则容易造成锯齿被棱边卡住而崩裂的现象（见图 4-7 所示），这种现象在采用近起锯时尤为突出。

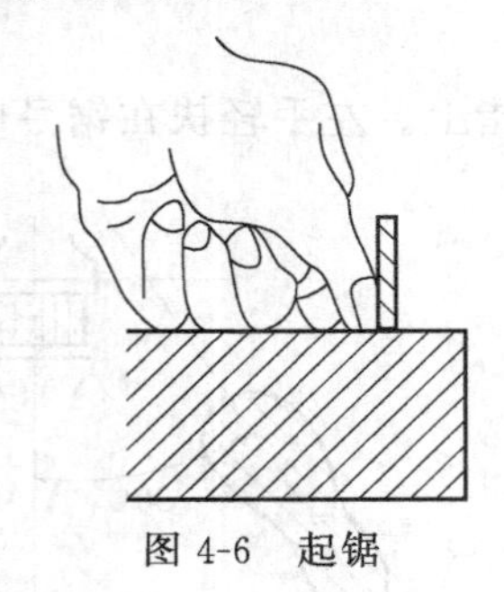

图 4-6 起锯

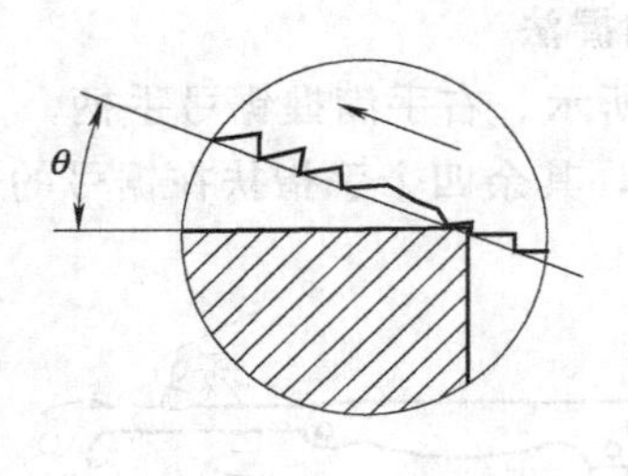

图 4-7 起锯角太大

4.1.7 锯削动作

锯削动作有两种：一种是直线往复运动，适用于锯削薄形工件和断面有加工纹理要求的工件；另一种是上下摆动式运动，即推进时左手上翘，右手下压，回程时右手上抬，左手自然跟回。

锯削速度一般为 20～40 次/分钟左右。锯削较硬材料时，速度应慢些，锯削软材料应稍快。同时，锯削行程应保持均匀，返回行程的速度应相对快些。正常锯削时，应使锯条的全部有效齿都参加切削。

温馨提示

锯削加工时可能出现的问题：

1. 锯条磨损

当推锯速度过快，所锯工件材料过硬，而未加适当的冷却润滑液，锯齿与锯缝摩擦增加，从而造成锯齿部分过热，齿侧迅速磨损，导致锯齿磨损。

2. 锯条崩齿

当起锯时起锯角过大，锯齿钩住工件棱边锋角，或所选用的锯条粗细不适应加工对象，或推锯过程中角度突然变化，突然碰到硬杂物等，均会引起崩齿。

3. 锯条折断

锯条安装时松紧不当，工件夹持不牢或不妥产生抖动，锯缝已歪斜而纠正过急，在旧锯缝中使用新锯条而未采取措施等，都容易使锯条折断。

4. 锯缝不直或尺寸超差

(1) 工作安装时，锯缝线未能与沿垂线方向一致；

(2) 锯条安装太松或扭曲；

(3) 锯削压力过大使锯条左右偏摆；

(4) 起锯时尺寸控制不准确或起锯时锯缝发生歪斜；

(5) 锯削过程中没有及时观察锯缝的变化。

4.1.8 锯削时的安全知识

(1) 锯削时要控制好用力，防止锯条突然折断、失控，使人受伤。

(2) 工件将锯断时，压力要小，避免压力过大使工件突然断开，手向前冲造成事故。

(3) 工件将锯断时，要用手扶住工件断开部分，避免掉下砸伤脚。

【思考与练习】

1. 锯条的正确选用?
2. 锯路的定义。
3. 锯削的操作要点。

4.2 技能训练1：锯削基本操作练习

操作准备：手锯、锯条、Q235钢板、划针、钢直尺。

材料：用划线后钢板另一面练习锯削。

操作步骤（见图4-8）：

(1) 检查Q235钢板尺寸；

(2) 按图样要求划线；

(3) 按所划加工线，依次锯削加工，保线直线度误差≤0.5mm，尺寸控制在(4±0.5)mm。

注意事项：

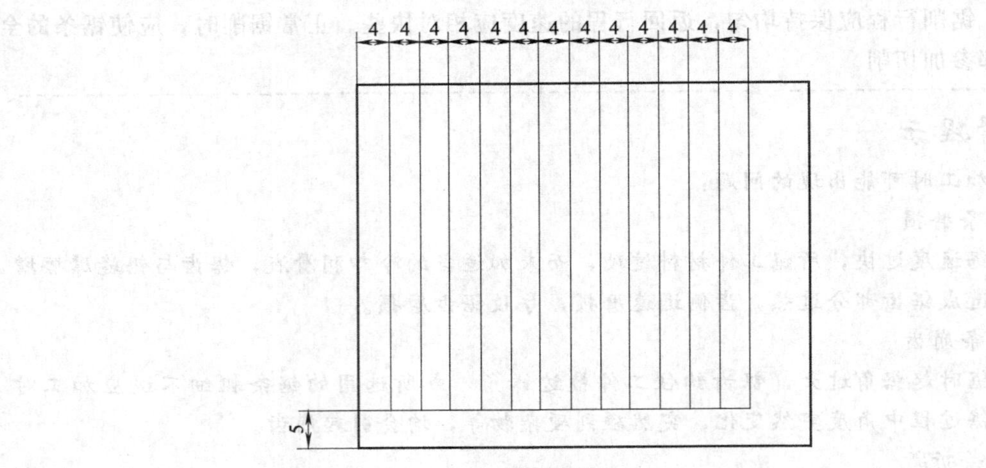

图 4-8　锯削

(1) 锯削速度要适当，保证每分钟在 40 次左右；
(2) 锯条安装松紧适度，以免锯条折断崩出伤人；
(3) 锯削时，应使锯条的全部有效齿都参加切削。

4.3　技能训练 2：圆钢锯削

操作准备：手锯、锯条、划针、钢直尺、游标卡尺、刀口形直尺。
材料：45 钢，规格为 ϕ40mm×60mm。
操作步骤（见图 4-9）：
(1) 检查来料尺寸，按图样要求划第一条 2mm 尺寸加工线；
(2) 按锯削棒料方法锯下第一片，并达到尺寸精度、垂直度和平行度的要求；
(3) 按照第一片锯削的方法依次锯削七片；

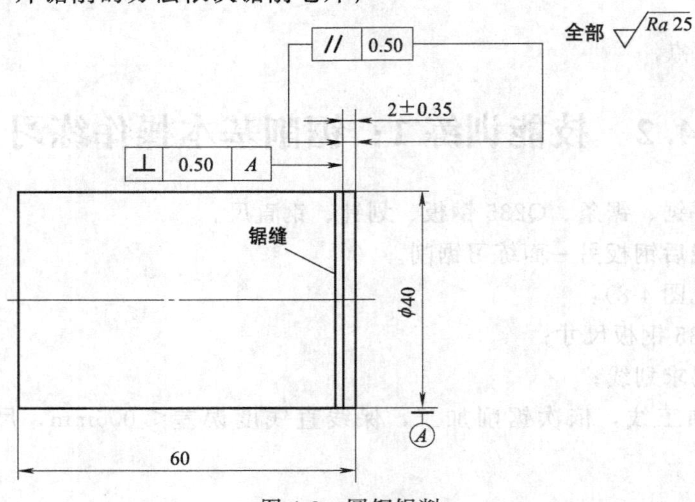

图 4-9　圆钢锯削

（4）复检各片尺寸。

注意事项：

（1）必须锯下一片后再划另一条锯削加工线，以确保每片尺寸（2±0.35)mm；

（2）锯削后的工件要去除毛刺，以免影响划线精度；

（3）锯削时可稍加机油，以减少摩擦，提高锯条使用寿命；

（4）要随时注意锯缝平直情况，及时纠正。

成绩评定：

学号		姓名		总得分	

项目：圆钢锯削

序号	质量检查的内容	配分	评分标准	扣分	得分
1	(2±0.35)mm	40	超差不得分		
2	⊥ 0.50 A	20	超差不得分		
3	// 0.50	20	超差不得分		
4	表面粗糙度 $Ra25\mu m$	10	升高一级不得分		
5	安全文明生产	10	违者不得分		

任务五 锉 削

任务情境描述

用锉刀切削工件表面多余的金属材料，使工件达到零件图纸要求的形状、尺寸和表面粗糙度等技术要求的加工方法称为锉削。锉削加工简便，工作范围广，可锉削工件上的外平面、内孔以及沟槽、曲面和其他复杂的表面。除此之外，还有一些不便机械加工的，也需要锉削来完成。锉削的最高精度可达0.01mm，表面粗糙度可达$Ra1.6 \sim 0.8\mu m$。应用于成形样板、配键、模具型腔以及部件、机器装配时的工件修整等场合。锉削是钳工的一项重要的基本操作。

教学目标

1. 掌握正确的操作姿势，动作要领
2. 掌握锉削的基本操作技能，并达到一定的锉削精度
3. 掌握曲面锉削的方法
4. 懂得锉刀的保养和锉削时的安全知识

知识要求

5.1 基础知识

5.1.1 锉刀

用高碳工具钢T12、T13或T12A制成，热处理后硬度可达62～72HRC。锉刀由锉身和锉柄两部分组成。锉面上有无数个锉齿，根据锉齿图案的排列方式，有单齿纹和双齿纹两种。单齿纹适用于锉削软材料；双齿纹适用于锉削硬材料。

1. 锉刀的种类

（1）钳工锉　应用广泛，按断面形状分：平锉、方锉、三角锉、半圆锉、圆锉。

（2）异形锉　用来锉削工件上的特殊表面，有弯的和直的两种。按断面形状分：刀口锉、菱形锉、扁三角锉、椭圆锉、圆肚锉。

（3）整形锉（又叫什锦锉或组锉）　可用于修整工件上的细小部分。通常以多把不同断面形状的锉刀组成一组。

2. 锉刀的规格

锉刀的规格有尺寸规格和粗细规格两种。

（1）尺寸规格　圆锉刀以其断面直径表示尺寸规格；方锉刀以其边长表示尺寸规格；其他锉刀以锉身长度表示尺寸规格。

（2）粗细规格　以锉刀每10mm轴向长度内的主锉纹条数来表示。

5.1.2 锉削时锉刀的握法

1. 大型锉刀的握法

如图 5-1（a）所示：右手紧握锉刀柄，柄端顶住掌心，大拇指放在柄的上面，其余手指由下向上握着锉刀柄。

（1）左手握法 1：左手拇指根轻压在锉刀上，拇指自然伸直，其余四指弯向手心，用中指和无名指握住锉刀前端。

（2）左手握法 2：左手掌斜放在锉刀面上，拇指斜放在锉刀面上，其余四指自然弯曲。

（3）左手握法 3：左手掌放在锉刀面前端，其手指自然放平。

2. 中锉刀的握法

右手一样，左手用拇指、食指和中指夹持锉刀前端，见图 5-1（b）所示。

3. 小锉刀的握法

右手一样，左手只需用四指压在锉刀面中部即可，见图 5-1（c）所示。

4. 最小型的锉刀的握法

只需右手握持，食指轻压锉刀上面，见图 5-1（d）所示。

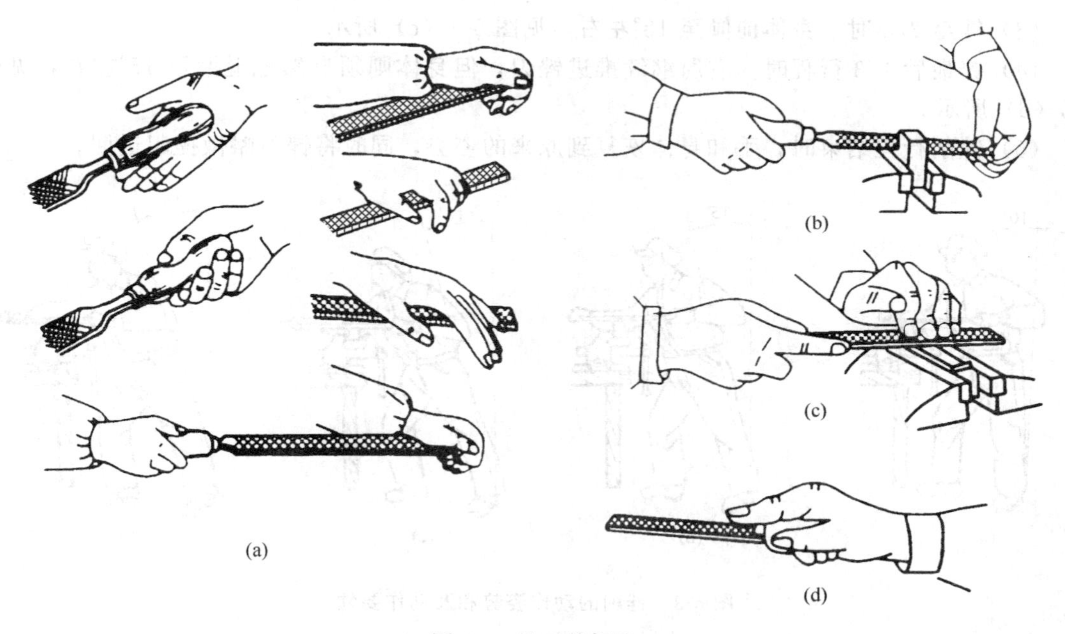

图 5-1 锉刀的握法

5.1.3 锉削操作姿势及操作要点

1. 锉削姿势

锉削时双脚站立与錾削相同，要求自然，身体放松，见图 5-2 所示。锉削过程中，身体重心应放在左脚上；右膝要伸直，左膝部呈弯曲状态，并随锉削的往复运动进行相应屈伸。

2. 锉削时身体的动作

（1）开始时，身体向前倾斜 10°左右，右肘尽量向后收缩，见图 5-3（a）所示。

（2）锉刀长度推进 1/3 行程时，身体前倾 15°左右，左膝稍有弯曲，见图 5-3（b）所示。

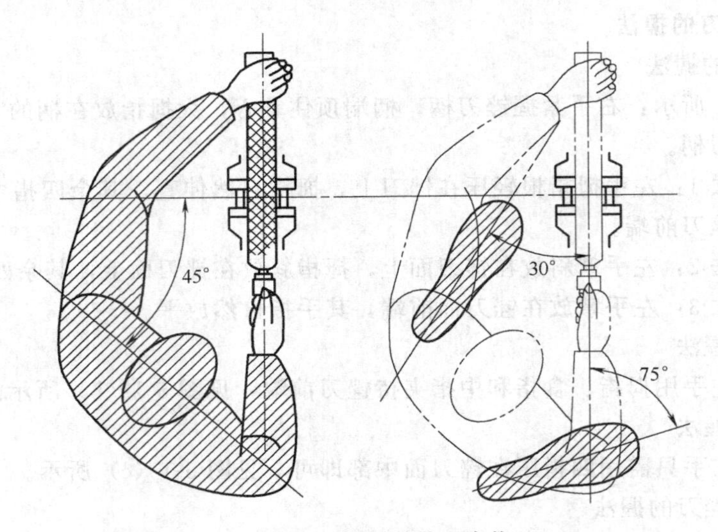

图 5-2　锉削时的站立姿势

（3）锉至 2/3 时，身体前倾至 18°左右，见图 5-3（c）所示。

（4）锉最后 1/3 行程时，右肘继续推进锉刀，但身体则须自然地退回至 15°左右，见图 5-3（d）所示。

（5）锉削行程结束时，手和身体恢复到原来的姿势，同时将锉刀略微提起退回。

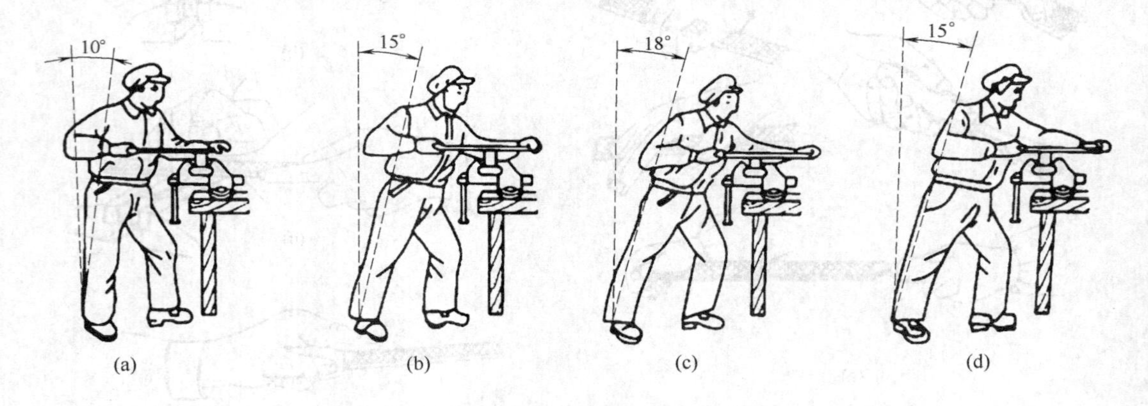

图 5-3　锉削的动作姿势和及动作要领

3. 锉削时两手的用力

要锉出平直的平面，必须使锉刀保持直线的锉削运动。此时，右手的压力要随锉刀的推动而逐渐增加，左手的压力要随锉刀推动而逐渐减少。回程时不加压力，以减少锉齿的磨损。见图 5-4 所示。

4. 锉削速度

每分钟 40 次左右。

5.1.4　工件的夹持

（1）工件要夹持在台虎钳的中间处，露出钳口不能过高，以防锉削时产生振动。

（2）工件要夹持牢固，但又不能使工件变形。

（3）夹持精度要求较高的已加工表面时，钳口应放软金属用作衬垫。

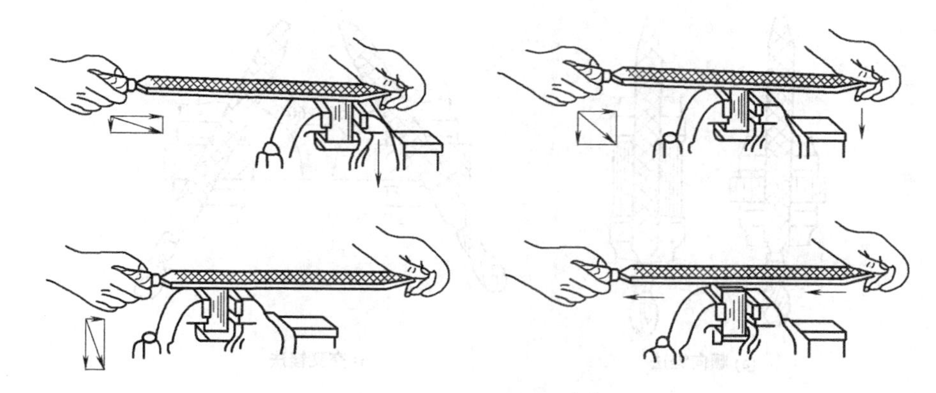

图 5-4 锉削平面时两手的用力

5.1.5 锉刀的保养

（1）锉刀不可沾油与水。

（2）新锉刀要使用一面，用钝后再使用另一面。

（3）在粗锉时，应充分使用锉刀的有效全长。

（4）锉屑嵌入齿缝时，要用钢丝刷清除。

（5）不可锉毛坯件的硬皮及经过淬硬的工件，应用锉刀的侧面去除硬皮。

（6）锉刀使用完毕时，必须清刷干净。

（7）无论在使用过程中或放入工具箱时，都不可与其他工具或工件堆放在一起。

5.1.6 锉削时的注意事项

（1）工具放在工作台上，摆放整齐，不得露出在工作台外面。

（2）没有装柄的锉刀或没有锉刀柄箍的锉不能使用。

（3）锉削时锉刀柄不能撞击到工件。

（4）不能用嘴吹锉屑，也不能用手擦摸锉削表面。

（5）锉刀不可作撬杠或手捶用。

【思考与练习】

1. 锉削的操作要领？

2. 锉刀有哪些种类？并列举具体的应用场合。

5.2 技能训练 1：锉削基本操作训练

操作准备：平锉刀、Q235 钢板、直角尺、毛刷、铜丝刷等。

操作步骤：

相关知识

1. 平面锉削的方法

（1）顺向锉　顺向锉是最普通的锉削方法。锉刀运动方向与工件夹持方向始终一致，锉痕美观，面积不大的平面和最后精加工大多采用这种方法，见图 5-5（a）所示。

（2）交叉锉　即两个交叉的方向对工件表面进行锉削的方法。锉刀与工件接触面积大，锉刀容易掌握平稳。因此，交叉锉非常适合粗加工，见图 5-5（b）所示。

无论是顺向锉还是交叉锉，为了使整个加工面都能均匀地锉到，一般在每次抽回锉刀

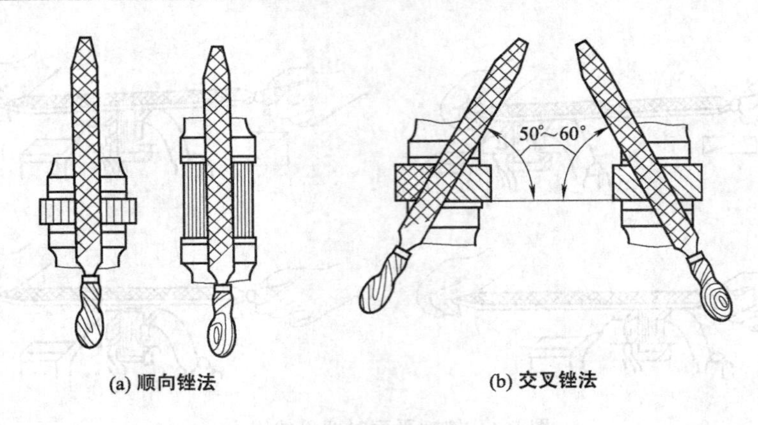

图 5-5　锉削

时，依次在横向上适当移动（见图 5-6 所示）。

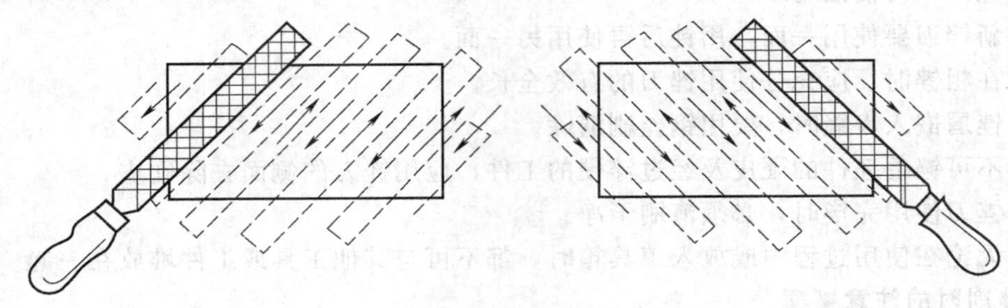

图 5-6　锉刀作横向移动

(3) 推锉　即两手对称横握锉刀，用大拇指推动锉刀顺着工件长度方向进行锉削的方法。其锉削效率低，适用于加工余量较小和修正尺寸时采用（建议公差在 0.05mm 以下才使用推锉）。

2. 操作练习步骤

(1) 初学者应先练习基本姿势 2～3 小时，等姿势合格，手脚锉削协调才练习平面锉削。

(2) 锉削平面，要控制平面度、垂直度、直线度误差。

(3) 顺向锉和交叉锉轮流练习，必须掌握这两种方法后才能使用推锉。推锉只用于精加工，粗加工一般不用。

注意事项：

(1) 锉削练习时，要保持锉削姿势正确，随时纠正不正确的姿势动作；

(2) 为保证加工表面光洁，在锉钢件时，必须经常用铜刷清除嵌入锉刀齿纹内的锉屑，在齿面上涂抹粉笔可提高加工表面光洁度，但在使用后应及时清理，防止锉刀生锈，降低使用寿命；

(3) 测量时要先将工件锐边倒钝，去毛刺（去毛刺时要由里向外），保证测量的准确性；

(4) 清理铁屑时，不可以用嘴吹或用手清理，要用毛刷清扫；

(5) 工量具摆放要按要求正确摆放，不得露出钳台边；

(6) 夹持工件已加工面时，应使用保护垫片，较大工件要加木垫；

(7) 锉刀柄要装牢，不得使用无柄的锉刀。

5.3　技能训练 2：锉削平行直角块

操作准备：平锉刀、三角锉、软钳口、万能角度尺、锯弓、锯条、90°直角尺、游标高度尺、游标卡尺、划线平台、105mm×75mm×8mm Q235 钢板、刀口直尺。

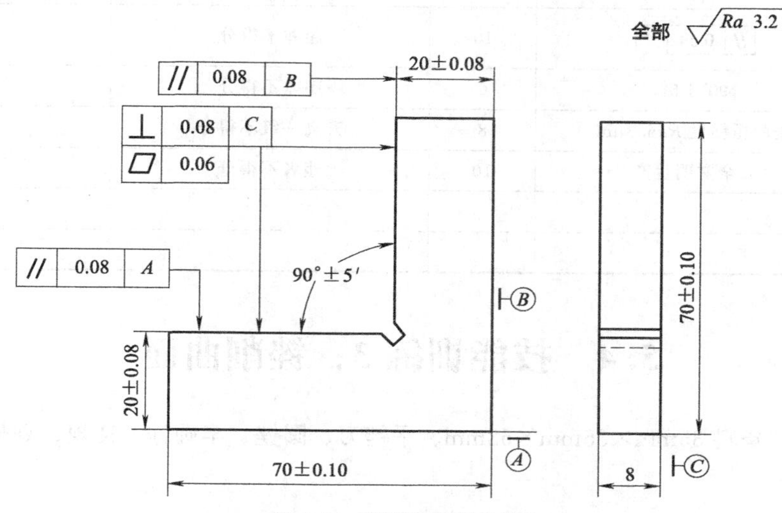

图 5-7　锉削平行直角块

操作步骤（见图 5-7）：

（1）检查工件尺寸，锉削 A、B 两面为划线基准；

（2）以 A、B 两面为基准分别划出 70mm（2 处）、20mm（2 处）锉削加工线；

（3）粗、精锉一个内直角面，用刀口形直尺测量控制平面度，用 90°直角尺测量控制垂直度，用游标卡尺测量控制（20±0.08)mm 尺寸精度，并达到表面粗糙度要求；

（4）用同样的方法锉削加工另一个内直角面，用万能角度尺测量控制内直角 90°并达到角度精度、表面粗糙度要求；同时在内直角处按图锯一个小槽，注意清角；

（5）锉削加工（70±0.10)mm 尺寸（2 处），并达到表面粗糙度要求；

（6）复检、去毛刺、倒棱。

注意事项：

（1）锉削时控制好加工余量，避免超差；

（2）精加工时，涂粉笔灰，并采用顺向锉削方法；

（3）测量垂直度时锐边要去毛刺，用尺要正确，从而保证测量的准确性。

成绩评定：

学号		姓名		总得分	
项目:锉削平行直角块					
序号	质量检查的内容	配分	评分标准	扣分	得分
1	(70±0.10)mm	10	超差不得分		
2	(20±0.08)mm	24	超差不得分		
3	▱ 0.06	12	超差不得分		

续表

序号	质量检查的内容	配分	评分标准	扣分	得分
4	⊥ 0.08 C	10	超差不得分		
5	// 0.08 B	10	超差不得分		
6	// 0.08 A	10	超差不得分		
7	90°±5′	6	超差不得分		
8	表面粗糙度 $Ra6.3\mu m$	8	升高一级不得分		
9	安全文明生产	10	违者不得分		

5.4　技能训练 3：锉削曲面

操作准备：备料 35mm×35mm×52mm、平锉刀、圆锉、半圆锉、R 规、划规、样冲等。

操作步骤：

相关知识

1. 曲面的锉削方法

曲面锉法分外圆弧面和内圆弧面两种锉法：

(1) 外圆弧面锉法（见图 5-8 所示）。当余量不大或对外圆弧面仅作修整时，一般采用顺着圆弧锉削的方法，在锉刀作前进运动时，还应绕着工件圆弧中心作摆动，锉刀向前，右手下压，左手随着上提；当锉削余量较大时，可采用横着圆弧锉的方法，按圆弧要求锉成多菱形，然后再用顺着圆弧的方法，精锉成圆弧。

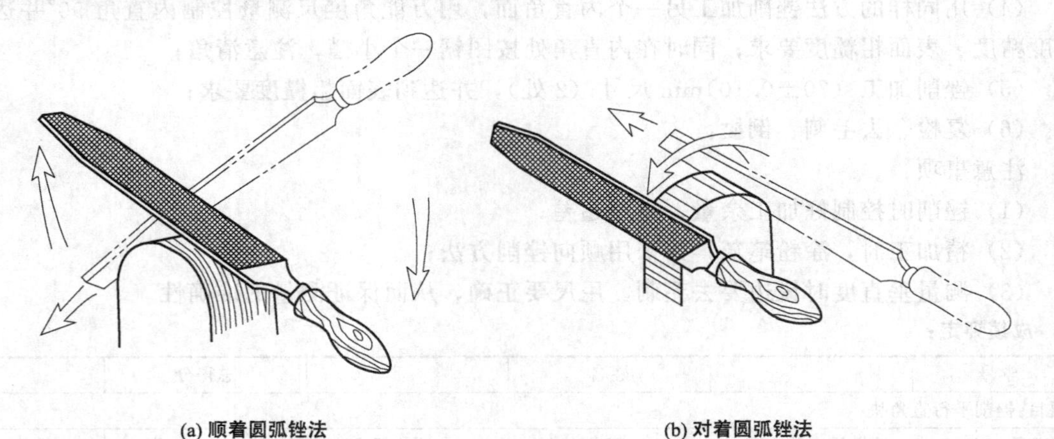

(a) 顺着圆弧锉法　　(b) 对着圆弧锉法

图 5-8　外圆弧面锉法

(2) 内圆弧面锉法（见图 5-9 所示）。采用圆锉、半圆锉进行锉削。锉削时要完成三个运动：前进运动，向左或向右运动，绕锉刀中心线转动（按顺时针或逆时针方向转动 90°左右），三种运动须同时进行，才能锉好内圆弧面。

(3) 曲面轮廓检查可以用 R 规或半径样板通过透光法进行检查，见图 5-10 所示。

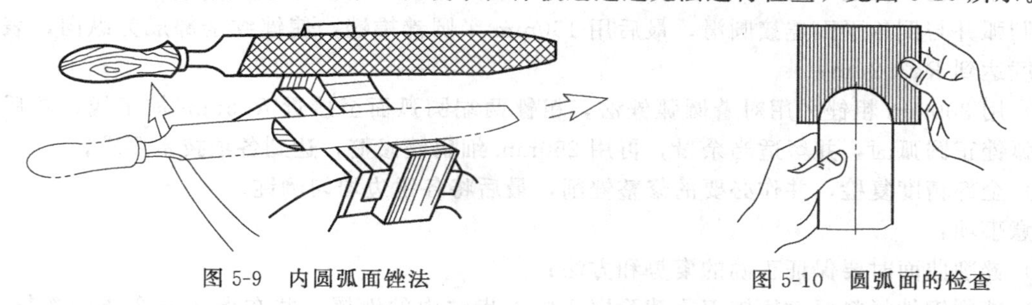

图 5-9　内圆弧面锉法　　　　　　　　　　　　图 5-10　圆弧面的检查

2. 球面锉削方法

锉削圆柱形工件端部的球面时，锉刀要以纵向和横向两种锉削运动结合进行才能获得要求的球面，见图 5-11 所示。

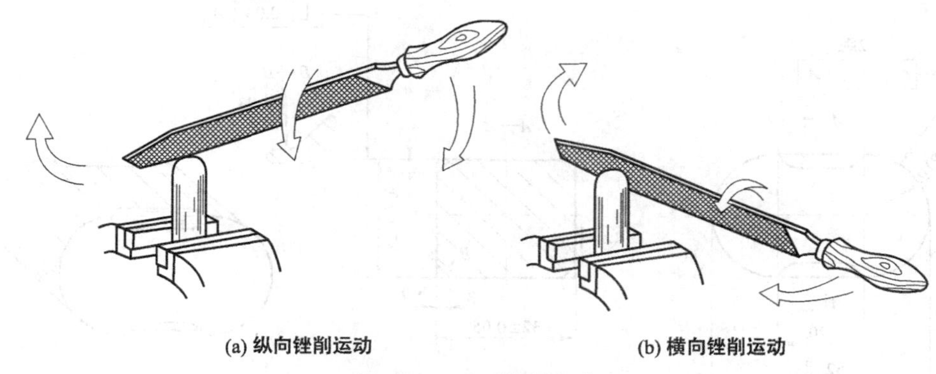

(a) 纵向锉削运动　　　　　　　　　　　　(b) 横向锉削运动

图 5-11　球面锉削方法

3. 推锉法锉削

由于推锉时锉刀的平衡易于掌握，且切削量小，因此便于获得较平整的加工表面和较小的表面粗糙度值。推锉时的切削量很小，故一般常用来对狭小平面的平面度修整或对有凸台的狭平面进行锉削［见图 5-12 (a) 所示］，同时对内圆弧面的锉纹成顺圆弧方向精锉加工［见图 5-12 (b) 所示］。

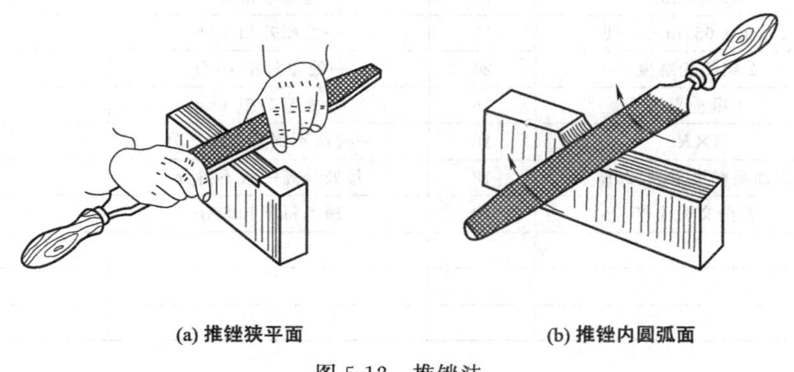

(a) 推锉狭平面　　　　　　　　　　　　(b) 推锉内圆弧面

图 5-12　推锉法

4. 键形体锉削（见图 5-13 所示）

(1) 按图样要求划线，锉削四方体的对边尺寸为 32mm×32mm×52mm；

(2) 按图样要求划出 R16mm 和 4 处 3mm 倒角及 R3mm 圆弧位置加工线；

（3）用圆锉刀粗锉 8 处 $R3$mm 的内圆弧面，然后用扁粗锉、精锉倒角至划线，再细锉 $R3$mm 圆弧并与倒角平面连接圆滑，最后用 150mm 半圆锉推锉，使锉纹全部成为纵向，表面粗糙度达到 $Ra3.2\mu m$；

（4）用 300mm 粗锉采用对着圆弧锉法，粗锉两端圆弧面至接近 $R16$mm 加工线，然后顺着圆弧锉正圆弧面，并留适当余量，再用 250mm 细扁锉修整，达到各项技术要求；

（5）全部精度复检，并作必要的修整锉削，最后将各锐边均匀倒钝。

注意事项：

（1）锉削曲面时要保证正确的姿势和方法；

（2）锉削钢件材料要常用锉刀刷清除嵌入锉刀齿纹内的锉屑，并在齿面上涂抹粉笔灰，以提高加工表面的表面粗糙度。

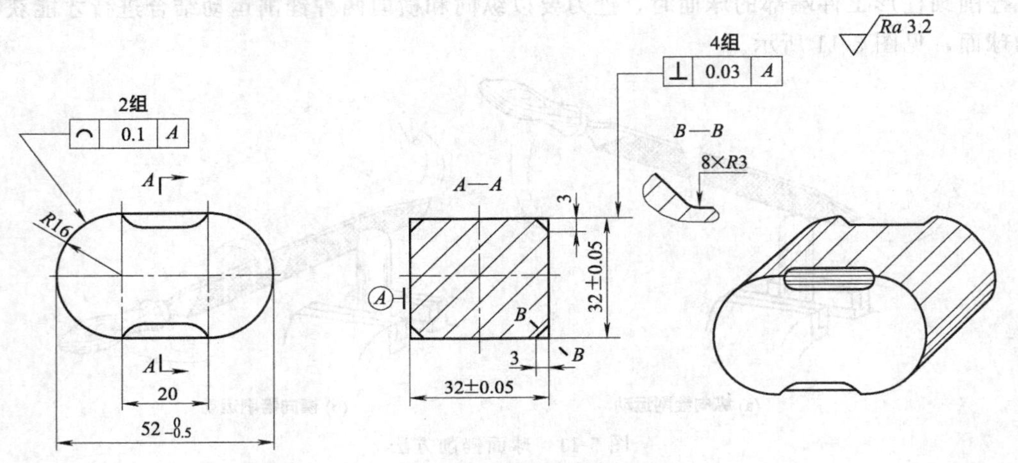

图 5-13　键形体锉削

成绩评定：

学号		姓名		总得分	

项目：键形体锉削

序号	质量检查的内容	配分	评分标准	扣分	得分
1	$52_{-0.5}^{0}$mm	10	超差不得分		
2	(32±0.05)mm，2 处	10	一处超差扣 5 分		
3	2 组线轮廓度	20	一处超差扣 10 分		
4	4 组垂直度	16	一处超差扣 4 分		
5	8×$R3$	16	一处达不到要求扣 2 分		
6	表面粗糙度 $Ra3.2\mu m$	18	每处升高一级不得分		
7	安全文明生产	10	违者每项扣 5 分		

任务六 錾 削

任务情境描述

用锤子打击錾子对金属工件进行切削加工方法称錾削，见图 6-1 所示。錾削是一种粗加工，一般按所划线进行加工，平面度可控制在 0.5mm 之内。目前，錾削工作主要用于不便于机械加工的场合，如去除毛坯上多余的金属、毛刺、铸件上的凸缘、分割板料、錾削平面及加工油槽等。模具在装配或拆卸时，也需要用软锤等工具完成装配或拆卸工作。因此，学习錾削的操作技能是模具专业必须要掌握的内容。

图 6-1 錾削

教学目标

1. 掌握錾削的操作方法
2. 錾子的刃磨和选用
3. 了解錾削时的安全知识和文明生产要求

知识要求

6.1 基础知识

6.1.1 錾削工具

錾削的工具主要是錾子和锤子。

1. 錾子

錾削时用的刀具，一般用碳素工个钢（T7A）锻成，它由切削部分、錾身和錾头三部分组成。切削部分刃磨成楔形，经热处理后硬度达到 56～62HRC。钳工常用的錾子有以下三种：

（1）扁錾　常用于錾削平面或分割材料及去毛边等，见图 6-2（a）所示。

（2）尖錾　主要用来錾削沟槽及分割曲线形板料，见图 6-2（b）所示。

（3）油槽錾　主要用来錾削润滑油槽，见图 6-2（c）所示。

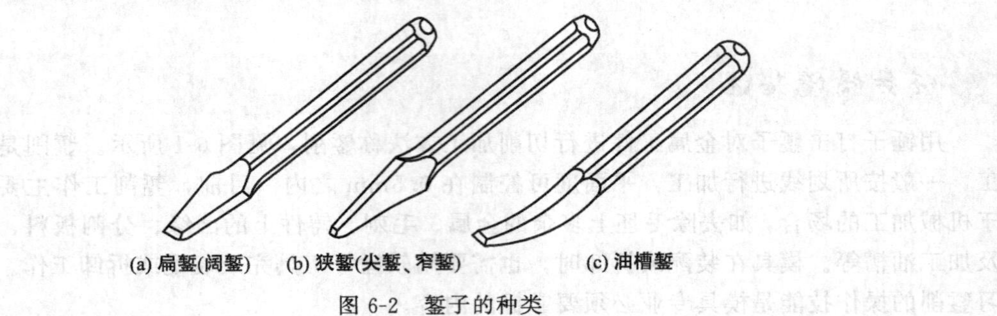

图 6-2　錾子的种类

2. 锤子

钳工常用的敲击工具，它由锤头、木柄和楔子三部分组成（见图 6-3 所示）。

手锤的规格是以锤头的重量来表示，有 1p、1.5p、2p 等几种（公制用 0.25kg、0.5kg、1kg 等表示）。常用的锤子有铁锤、铜锤、橡胶锤等。

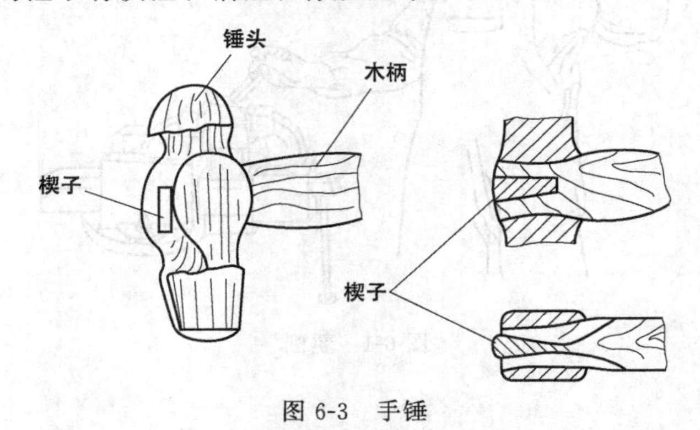

图 6-3　手锤

6.1.2　錾削角度

錾削时，錾子和工件之间应形成适当的切削角度。图 6-4 所示为錾削平面时的情况。錾削角度的定义、作用及大小选择分别见表 6-1 和表 6-2。

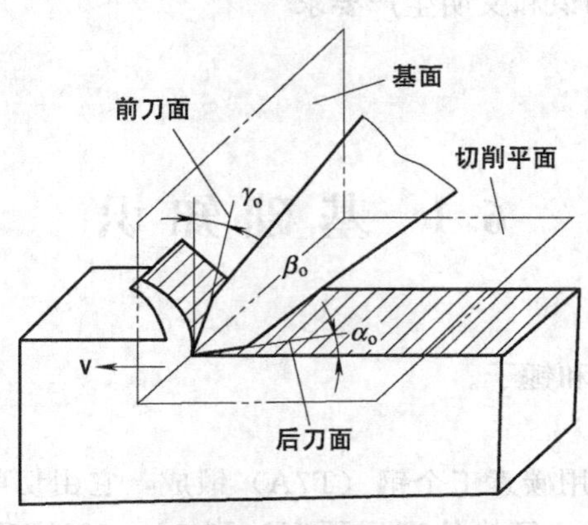

图 6-4　錾削角度

表 6-1 錾削角度的定义及作用

錾削角度	作 用	定 义
楔角 β_o	楔角小，錾削省力，但刃口薄弱，容易崩损；楔角大，錾削费力，錾削表面不易平整。通常根据工件材料软硬来选择	錾子前刀面与后刀面之间的夹角
后角 α_o	减少錾子后刀面与切削表面摩擦，使錾子容易切入材料。后角大，錾削时越錾越深，后角小，錾削时越錾越浅	錾子后刀面与切削平面之间的夹角
前角 γ_o	前角越大，切削越省力	錾子前刀面与基面之间的夹角

表 6-2 选用錾子或使用时对几何角度的影响

工件材料	楔角 β_o	后角 α_o	前角 γ_o
工具钢、铸铁等硬材料	60°～70°	6°～8°	$\gamma_o=90°-(\beta_o+\alpha_o)$
结构钢等中等硬度材料	50°～60°		
铜、铝、锡等软材料	30°～50°		

【思考与练习】

1. 錾子的种类有哪些？各应用于什么场合？
2. 錾削角度对錾削各产生什么影响？多少角度才是合适的？

6.2 技能训练1：錾削基本操作练习

操作准备：呆錾子、手锤、木垫等。

操作步骤：

相关知识

1. 錾子的握法

錾削时一般用左手握住錾子。

（1）正握法　手心向下，手腕伸直，用中指和无名指握住錾子，小指自然合拢，食指和大拇指自然接触，錾头约露出约 20mm［见图 6-5（a）所示］。錾削时握錾的手要保持小臂处于水平位置，肘部不能下垂或抬高。

（2）反握法　手心向上，手指自然捏住錾子，手掌悬空，如图 6-5（b）所示。

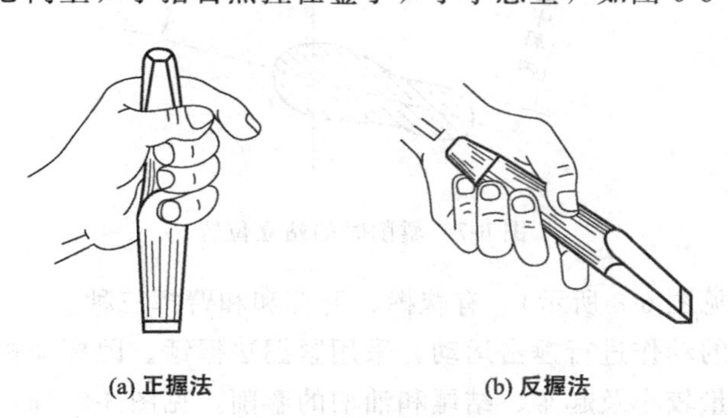

(a) 正握法　(b) 反握法

图 6-5 錾子的握法

2. 手锤的握法

手锤在敲击过程中的握法有两种：紧握法和松握法。紧握法右手五指紧握锤柄，大拇指合在食指上，木柄露出 15～30mm，在挥锤的过程中，五指始终紧握，见图 6-6（a）所示。松握法是用大拇指和食指始终握紧锤柄，在挥锤时，小指、无名指和中指则依次放松。锤击时，又以相反的次序收拢握紧，见图 6-6（b）所示。

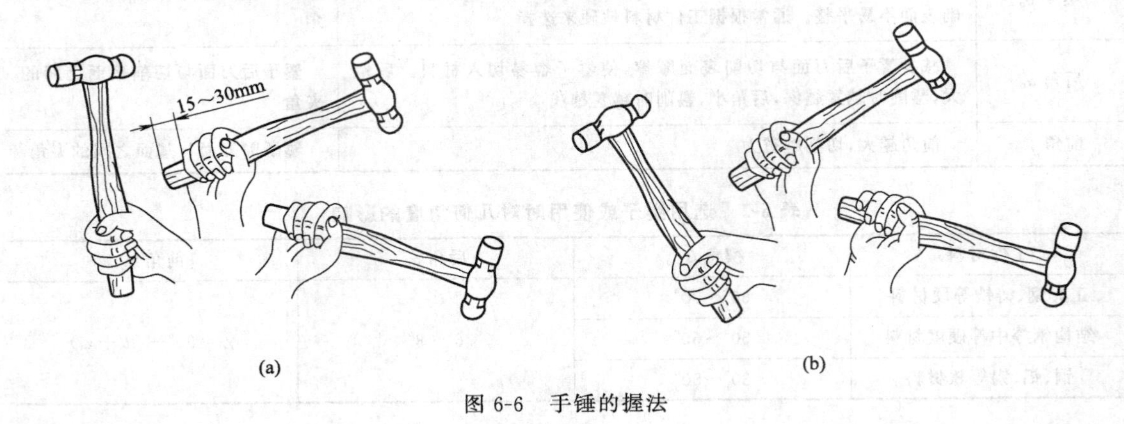

图 6-6　手锤的握法

3. 錾削的姿势动作

（1）站立位置　见图 6-7 所示，左脚跨前半步，与切削方向成 ϕ30°夹角，右脚向后相距约等于肩宽的距离，并与切削方向成 75°夹角，使身体与切削方向大致成 45°夹角，以保证挥锤轨迹与錾子轴线一致。保持自然站立，身体重心稍偏向后脚，视线要落在工件的切削部位。

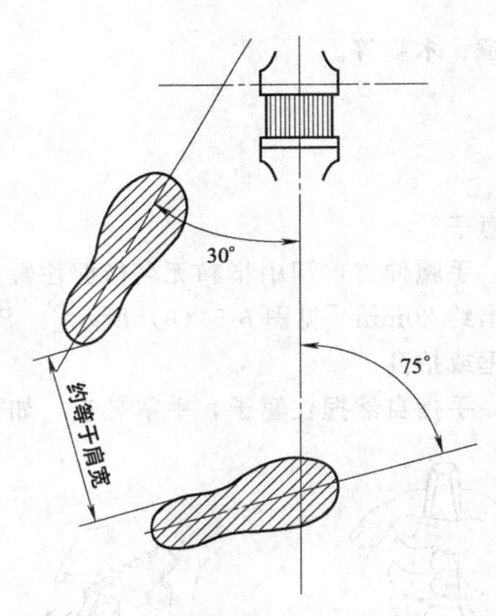

图 6-7　錾削时的站立位置

（2）挥锤方法（见图 6-8 所示）　有腕挥、肘挥和和臂挥三种。

腕挥是仅用手腕的动作进行捶击运动，采用紧握法握锤。因挥动幅度较小，故敲击力较小，一般用于錾削余量较小及起錾、结尾和油槽的錾削，见图 6-8（a）所示。肘挥是手腕和肘部一起挥动作捶击运动，采用松握法握锤。因挥动幅度较大，故敲击力也较大，应用最广泛，见图 6-8（b）所示。臂挥是手腕、肘部和全臂一起挥动，敲击力最大，用于需要大力的锤击工作，见图 6-8（c）所示。

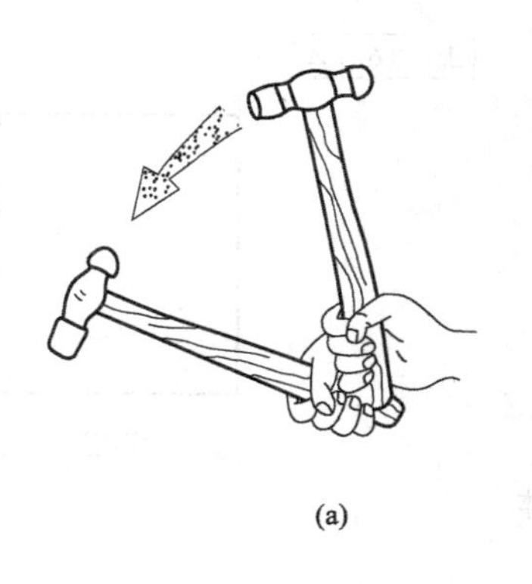
(a)

(b)

(c)

图 6-8 挥锤方法

（3）挥锤要领 錾削时眼望工件切削部位，保持 20～40 次/分钟左右的锤击速度。做到稳：速度节奏均匀；准：命中率高；狠：锤击有力。

4. 呆錾子捶击练习

（1）首先左手不握呆錾子进行 1h 挥锤练习，然后再握住錾子进行训练；

（2）先采用紧握法腕挥练习，动作熟练后再采用松握法肘挥挥锤，锤击力度逐渐加大；

（3）呆錾子尽量装夹在虎钳的钳口中间，自然地将呆錾子握正、握稳，倾斜角保持在 35°左右，眼睛视线应对着錾削部位，不可对着錾子头部（见图 6-9 所示）；

（4）左手握錾子时，前臂要平行于钳口，肘部不要下垂或抬高过多，以免肌肉疲劳。

注意事项：

（1）呆錾子头部、手锤头部和柄部都不能沾油，以防滑出伤人；

（2）錾削工作台应设立防护网；

（3）发现锤柄有松动或损坏时，要立即装牢或更换，以免锤头脱落造成事故；

（4）呆錾子头部用变形或有毛刺时要及时磨掉，以免锤击划伤手；

（5）呆錾子必须夹紧，装夹平面有损坏或变形时要及时修正，并应在下方加装防震木垫；

（6）锤子的捶击力作用方向与呆錾子轴线方向要一致，否则容易敲到手。

35°

图 6-9 呆錾子的装夹

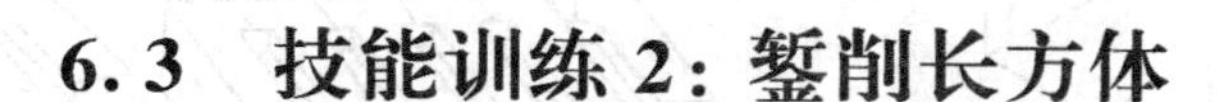

6.3 技能训练 2：錾削长方体

操作准备：阔錾、手锤、木垫等。

操作步骤（见图 6-10）：

（1）检查坯料尺寸；

（2）根据毛坯料錾削面 1 为基准 A。在錾削平面时采用斜角起錾。先在工件的边缘处（见图 6-11 所示），腕挥錾削出一斜面。同时慢慢地把錾子移向中间，然后按正常錾削角度进行。终錾时，要防止工件边缘材料崩裂，当錾削接近尽头 10～15mm 时，必须调头錾余下部分［见图 6-12（a）所示］。尤其是錾铸铁、青铜等脆性材料更应如此，否则尽头处就会崩裂［见图 6-12（b）所示］；

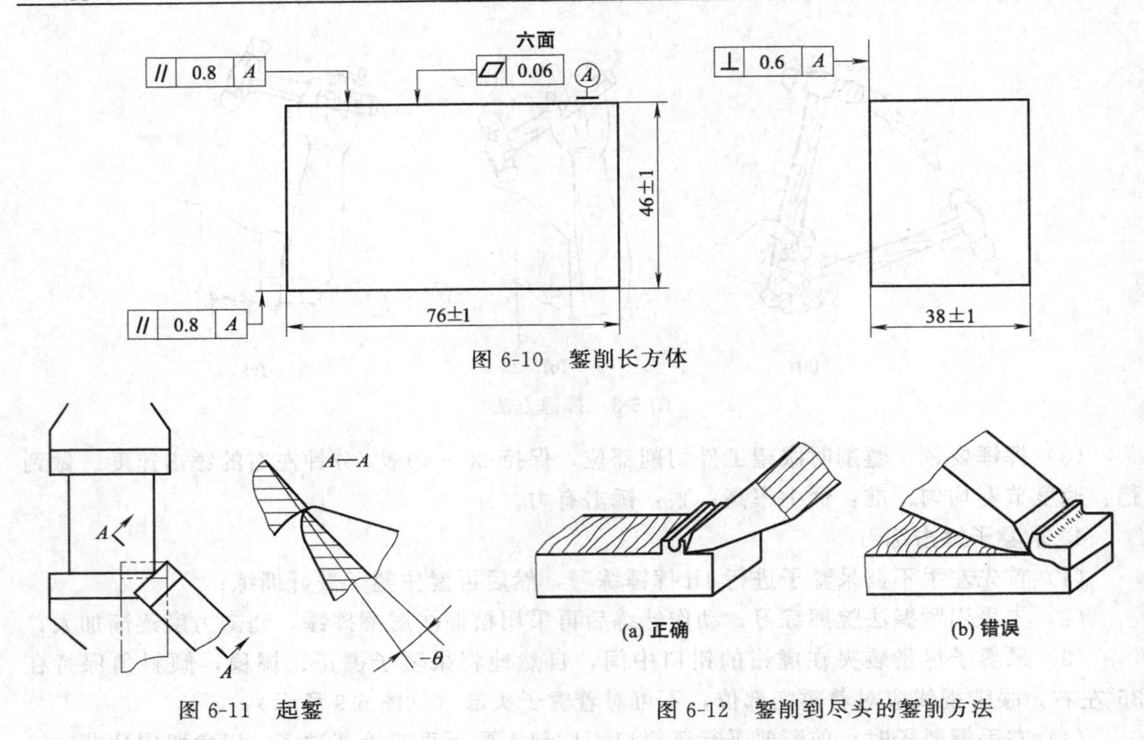

图 6-10　錾削长方体

图 6-11　起錾　　图 6-12　錾削到尽头的錾削方法

(3) 按照图样要求，划线、錾削 3、4、5、6 面，达到技术要求，见图 6-13 所示；

(4) 复检，修整工件至图纸要求。

注意事项：

(1) 工件夹紧，伸出钳口高度一般以 10～15mm 为宜，同时下面加木垫块，台虎钳加软钳口保护工件；

(2) 每一次的錾削量不宜过大，錾子后角要适宜；

(3) 錾削大平面须开槽（见图 6-14 所示）。

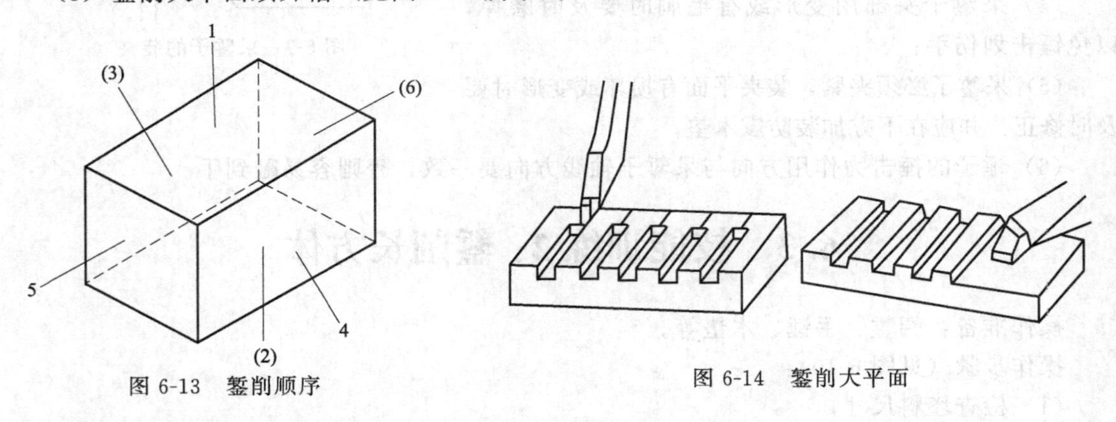

图 6-13　錾削顺序　　图 6-14　錾削大平面

温馨提示

錾削时，先粗錾，錾削厚度每次 0.5～2mm；粗錾完后再精錾；錾削纹路要整齐，并用钢尺或直角尺检查錾削面，达到 0.6mm 要求后，即可作为六面体加工的基准面。

6.4 技能训练3：錾子刃磨

操作准备：阔錾、砂轮机、眼镜、水桶等。

操作步骤：

(1) 右手握住錾子两侧，左手轻扶錾子的头部，将錾子楔面轻轻放在高于砂轮中心线处，调整錾子刃磨处楔面与錾子几何中心平面夹角为楔角的一半，并沿砂轮轴线左右平稳移动（见图6-15所示）。这样，錾子容易磨平，而且砂轮的磨耗也均匀，可延长砂轮的使用寿命。

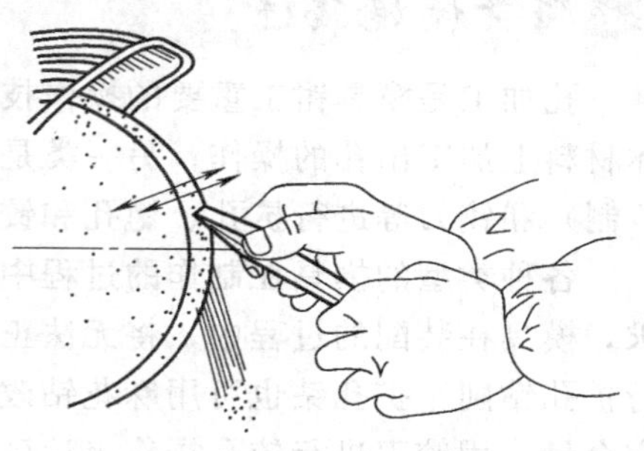

图6-15 錾子的刃磨

(2) 刃磨时过程中，錾子的两楔面要交替进行，加在錾子上的压力不能过大，并经常蘸水冷却，以防錾子过热而退火。如此交替刃磨两楔面到平整，并且刃口平齐，楔角符合要求。

注意事项：

(1) 正确操作砂轮机；

(2) 錾子刃磨时左右移动压力要均匀，防止刃口倾斜，并应及时冷却以防錾子退火。

知识扩展

錾子的热处理方法

1. 淬火

当錾子的材料为T7或T8钢时可把錾子切削部分约20mm长的一端，均匀加热到750～780℃（呈樱红色）后迅速取出，并垂直地把錾子放入冷水中冷却（见图6-16），浸入深度5～6mm，即完成淬火过程。

2. 回火

錾子的回火是利用本身的余热进行。当錾子露出水面的部分变成黑色时，即将其由水中取出，此时其颜色是白色，待其由白色变成黄色时，再将錾子全部浸入水中冷却的回火称为“黄火”；而待其由黄色变为蓝色时，再把錾子全部放入水中冷却的回火称为“蓝火”。

图6-16 錾子的淬火

任务七 孔 加 工

任务情境描述

孔加工是模具钳工重要的操作技能之一。孔加工的方法通常有两类：一类是用钻头在实体材料上加工出孔的操作；另一类是对已有孔进行再加工，即用扩孔钻、锪钻（可用麻花钻改制）和铰刀等进行扩孔、锪孔和铰孔加工等。

各种类型的模具在制作的过程中，对孔的形状和位置精度要求较高，如果达不到精度要求，模具在装配的过程中，将无法正常进行。如果孔径较大不能一次性直接钻出，还需要进行扩孔钻削，扩孔钻也可用麻花钻改制。对精度要求较高的孔，不能直接钻出，需要留有一定余量，用铰刀进行铰孔操作来达到精度要求。模具装配时，用螺钉固定模板，螺钉头部不能直接裸露在模板上，因此需要进行锪孔操作，将螺钉头部沉到模板中。

教学目标

1. 了解各种钻头的作用及结构特点
2. 掌握钻床的操作方法及安全技术
3. 掌握标准麻花钻的刃磨方法
4. 掌握钻孔、铰孔、扩孔、锪孔操作技能

知识要求

7.1 基础知识

用钻头在实体材料上加工孔的方法，称为钻孔。钻削时钻头是在半封闭的状态下进行切削的，转速高，切削量大，排屑困难，摩擦严重，钻头易抖动，加工精度低，钻孔尺寸精度只能达到IT11～IT10，表面粗糙度 Ra 值50～12.5μm 。

7.1.1 钻床的种类

钻床的种类、形式很多，但除去多头钻床和专业化钻床外，平时钻孔常用的钻床有台式钻床、立式钻床和摇臂钻床三类。

台式钻床转速高、效率高，使用方便灵活，适合于小工件的钻孔；立式钻床有多种型号，最大钻孔直径有25mm、35mm、40mm、50mm等几种，可用来钻孔、铰孔、攻螺纹；摇臂钻床是依靠移动钻轴来对准钻孔中心进行钻孔的，操作省力灵活，适用于大型工件上平行孔系的加工。最大钻孔直径可达 ϕ80mm，应用广泛。

在钳工操作中，当工件很大，不能放置在钻床上钻孔，或者由于所钻的孔在工件上所处的位置不能采用钻床钻孔时，可采用手电钻钻孔。手电钻的规格（钻孔直径）有 ϕ6mm、ϕ10mm、ϕ13mm等几种，在使用电钻钻孔时，保证电气安全极为重要。操作220V的电钻时，要采用相应的安全措施。使用36V的电钻时相对比较安全，若使用一种双绝缘结构的

电钻时，则不必另加安全措施。

7.1.2 钻头

钻头的种类较多，如麻花钻、扁钻、深孔钻、中心钻等。其中，麻花钻是目前孔加工中应用最广泛的刀具。一般用高速钢（W18Cr4V 或 W9Cr4V2）制成，淬火后硬度达 62～68HRC。它由柄部、颈部及工作部分组成。

柄部是钻头的夹持部分，用以定心和传递动力，有锥柄和直柄两种。一般直径小于 ϕ13mm 的钻头做成直柄；直径大于 13mm 的做成锥柄；颈部在磨制钻头时作退刀槽使用，通常钻头的规格、材料和商标也打印在此处；麻花钻的工作部分由切削部分和导向部分组成。标准麻花钻的切削部分由五刃（两条主切削刃、两条副切削刃和一条横刃）六面（两个前刀面、两个后刀面和两个副后刀面）组成，见图 7-1 所示。导向部分主要用来保持麻花钻钻孔时的正确方向并修光孔壁。两条螺旋槽的作用是形成切削刃，便于容屑、排屑和切削液输入。外缘处的两条棱带，其直径略有倒锥（0.05～0.1/100mm），用以导向和减少钻头与孔壁的摩擦。

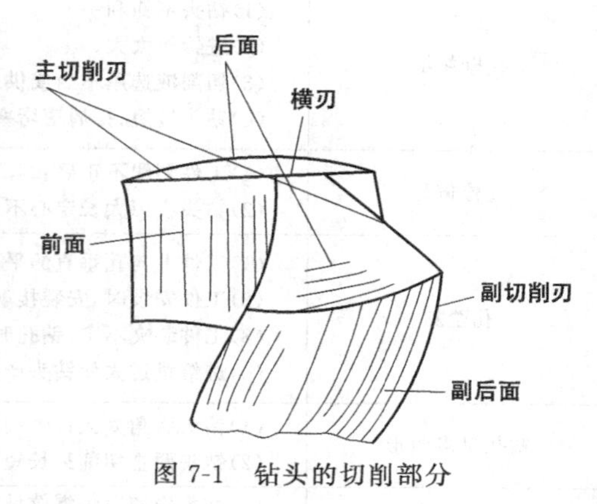

图 7-1 钻头的切削部分

7.1.3 提高钻孔质量的方法

钻孔时影响钻孔质量的因素很多，如钻孔前的划线、钻头的刃磨、工件的夹持及钻削时的切削用量的选择、试钻及一些具体操作方法都将对钻孔的质量产生影响，甚至造成废品。因此，要保证或提高钻孔质量，就必须做到以下几点：

1. 认真做好钻孔前的准备工作

（1）根据工件的钻孔要求，在工件上划线正确，检查后打样冲眼，孔中心的样冲眼要打得大一些、深一些。

（2）根据工件形状和钻孔的精度要求，采用合适的夹持方法，使工件在钻削过程中，保持一个正确的位置。

（3）正确刃磨钻头，按材料的性质决定顶角的大小，并可根据具体情况，对钻头进行修磨，改进钻头的切削性能。

2. 掌握正确的钻削方法

（1）选定合适的钻孔设备，选择合理切削用量。

（2）钻孔时，先进行试钻，如发现钻孔中心偏移，应采取借正的方法，位置借正后再正式钻孔。孔钻穿时，要减少进给量。

（3）根据不同材料，正确选择切削液。

（4）钻孔时可能出现的问题和产生的原因，见表 7-1。

7.1.4 钻孔安全知识

（1）工作前一定要检查并排除钻床周围的障碍物。

（2）工作中严禁戴手套，女工一定要戴工作帽。

（3）严禁开机后用手去拧紧钻夹头和用棉纱、油布擦主轴；变速应先停机。

（4）严禁用手、用棉纱去清除切屑或用嘴吹切屑，应使用毛刷或专用铁钩清理切屑。

表 7-1　钻孔时可能出现的问题和产生的原因

出现问题	产生原因
孔大于规定尺寸	(1)钻头两切削刃长度不等,高低不一致; (2)钻床主轴径向偏摆或工作台未锁紧有松动; (3)钻头本身弯曲或装夹不好,使钻头有过大的径向跳动现象
孔壁粗糙	(1)钻头不锋利; (2)进给量太大; (3)切削液选用不当或供应不足; (4)钻头过短,排屑槽堵塞
孔位偏移	(1)工件划线不正确; (2)钻头横刃太长定心不准,起钻过偏而没有校正
孔歪斜	(1)工件上与孔垂直的平面与主轴不垂直或钻床主轴与台面不垂直; (2)工件安装时,安装接触面上的切屑未清干净; (3)工件装夹不牢,钻孔时产生歪斜,或工件有砂眼; (4)进给量过大使钻头产生弯曲变形
钻孔呈多角形	(1)钻头后角太大; (2)钻头两主切削刃长短不一,角度不对称
钻头工作部分折断	(1)钻头用钝后仍继续钻孔; (2)钻孔时未经常退钻排屑,使切屑在钻头螺旋槽内阻塞; (3)孔将钻通时没有减小进给量; (4)进给量过大; (5)工件未夹紧,钻孔时产生松动; (6)在钻黄铜类软金属时,钻头后角太大,前角又没有修磨小造成扎刀
切削刃迅速磨损或碎裂	(1)切削速度太高; (2)没有根据工件材料硬度来刃磨钻头角度; (3)工件表面或内部硬度高或有砂眼; (4)进给量过大; (5)切削液不足

(5) 工件应夹紧，不能直接用手拿工件钻孔，必须用夹具夹牢工件才可以钻孔。

(6) 钻通孔时，要防止钻伤钻床工作台。

(7) 搬运、吊装工件时，应小心谨慎，防止伤人。

(8) 注意安全用电。

(9) 钻头用钝时要及时修磨。

【思考与练习】

1. 钻孔时应如何选用切削液？

2. 标准麻花钻有哪些缺点？对钻削有何不良影响？

3. 试述标准麻花钻顶角、前角、后角和横刃斜角的定义。

7.2　技能训练 1：钻孔操作

操作准备：台式钻床、划线工具、钻头、切削液等。

操作步骤（见图 7-2）：

1. 划线、打样冲眼

(1) 工件的孔中心线一般采用划针和钢尺划出，孔距精度要求较高的孔中心线可用划线

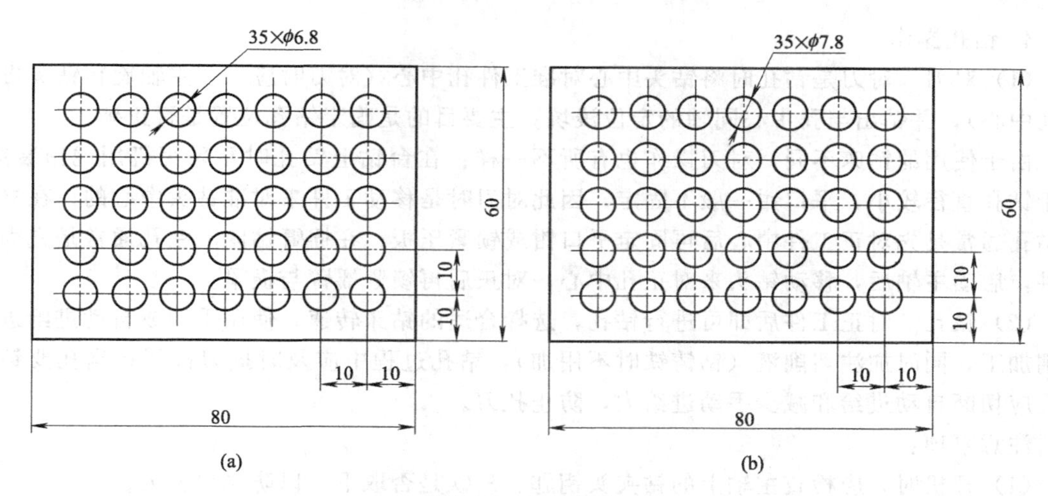

图 7-2 钻孔操作

注：两图钻孔后的孔以备以后攻螺纹和铰孔练习用；
图（b）先用 φ5 钻头钻孔，剩下余量用来下一课题扩孔用。

高度尺划出；

（2）孔径线可用划规划圆周线，也可划方框线（俗称“田字线”），直径较大的孔可划几层检查线；

（3）划线后应用卡尺检查划线是否正确；

（4）为了增强钻孔时定心作用，孔中心都要求打样冲眼，样冲的角度应为 90°。打样冲眼时，先将样冲倾斜样冲尖对准划线中心，再扶正后用手锤轻敲，检查是否正对中心，如不对中心，可倾斜样冲向相反方向纠正；检查正确后，最后扶正重敲加深样冲眼。见图 7-3 所示。

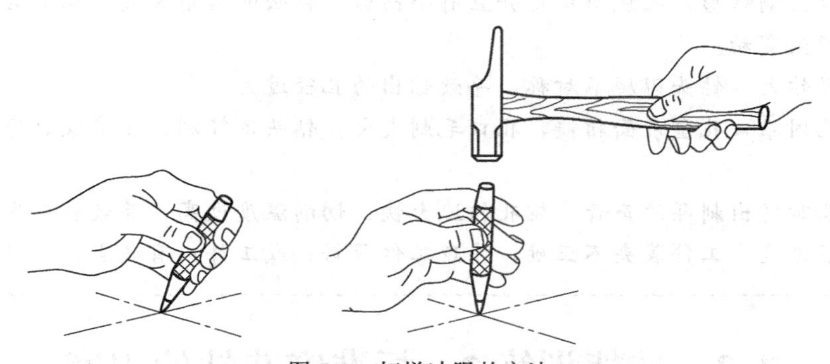

图 7-3 打样冲眼的方法

2. 工件的装夹

（1）工件装夹前应清理干净，去除毛刺，以免影响装夹精度；

（2）板件在机用虎钳上装夹时应使用平行垫铁。

3. 钻头的装夹

（1）钻头装夹时，应修磨掉直柄上的毛刺，清理干净钻夹头卡爪上的铁屑，以免影响装夹精度；

（2）装夹时钻头不能露出太长与太短，以免影响钻头的刚性及排屑效果；

（3）装拆钻头时必须使用钻夹头钥匙，不得敲击钻夹头，以免损坏钻夹头及主轴精度。

4. 钻孔操作

（1）对刀 对刀是钻孔时将钻头中心对准工件孔中心（对刀时应先开主轴旋转钻头再对准孔中心），并钻出与孔中心同轴的定位浅坑；主要目的是确定钻孔位置是否正确。

由于使用的钻床不同，对刀操作也有所不一样：在台钻上钻孔时常采用机用虎钳装夹，由于钻孔直径较小，平口钳一般不固定，因此对刀时是移动工件来对准钻头中心的；在立钻上钻孔通常是先对正工件中心后再固定平口钳或锁紧压板；在摇臂钻床上钻孔通常是先固定工件，启动主轴后，移动钻头来对正孔中心，对正后再锁紧摇臂与横梁。

（2）钻孔 对正工件后即可进行钻孔，选择合适的钻床转速，使用手动或自动进给进行钻削加工，同时加注切削液（钻铸铁时不用加），钻孔过程中应及时提刀排屑；当孔要钻穿时，应切断自动进给和减少手动进给力，防止扎刀。

注意事项：

（1）开机时，应检查主轴上的钻夹头钥匙、扁铁是否取下，以防飞出伤人；

（2）主轴停机时不能用手去刹车，以防发生事故；

（3）工件要钻穿时，应切断自动进给和减少进给力，防止扎刀发生事故；

（4）钻孔时，如钻出的定位浅坑与孔中心不同轴，则应进行纠正，方法如下：

① 当偏移量较少时，将钻头抵住定位浅坑，用力将工件向偏移的反方向推移，用主切削刃的刮削来达到纠正目的。

② 当偏移量较大时，可在偏移的反方向上打样冲眼或用錾子錾出几条槽。

知识扩展

钻孔常见问题及解决方法

（1）孔钻偏：样冲眼打太小，定心不准；孔开始钻偏时没有纠正，导致孔钻偏了。

（2）孔口呈喇叭形，孔底出口处并且有小凸台：钻头的后角太大，钻头后刀面与工件接触不稳，产生震动。

（3）孔径钻大：钻头刃磨不对称，导致钻出的孔径过大。

（4）钻孔困难，孔壁表面粗糙，孔口毛刺太大：钻头不锋利，没有及时修磨；进给量过大。

（5）钻孔时发出刺耳的声音：钻孔转速太快，切削温度过高，导致钻头发热磨损。

（6）孔不垂直：工件装夹不正确，导致工件歪斜；或工件内有硬点，导致钻头偏斜。

7.3 技能训练2：标准麻花钻的刃磨

操作准备：砂轮机、钻头、刃磨样板等。

操作步骤：

1. 选择砂轮

一般采用氧化铝砂轮为宜。刃磨前，检查砂轮是否平稳，对跳动量大的砂轮必须进行修整与调整。

2. 刃磨两主后面

右手握住钻头头部，左手握住柄部［见图 7-4（a）所示］，将钻头主切削刃放平，使钻头轴线在水平面内与砂轮轴线的夹角等于顶角（2ϕ 为 118°±2°）的一半。刃磨时，后刀面轻靠上砂轮圆周面［见图 7-4（b）所示］，将主切削刃在略高于砂轮水平中心平面处，右手缓慢地使钻头绕轴线由下向上转动，同时施加适当的刃磨压力，这样可使整个后面都磨到。左手配合右手作缓慢同步下压运动，压力逐渐加大，这样便于磨出后角，其下压的速度及其幅度随要求的后角大小而变。两后面轮换进行，磨出主切削刃和两主后刀面。标准麻花钻外缘处的后角为 9°～12°。

3. 刃磨顶角

2ϕ＝118°±2°，用样板检测。

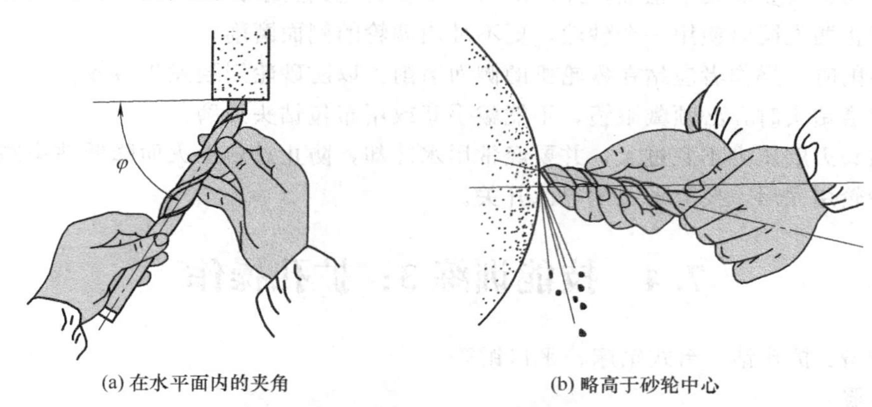

图 7-4 钻头刃磨时与砂轮的相对位置

4. 刃磨检验

常采用样板或目测法检查。用样板检验钻头的几何角度及两主切削刃的对称性，见图 7-5 所示。通过观察横刃斜角是否约为 50°～55°来判断钻头后角。横刃斜角大，则后角小；横刃斜角小，则后角大。目测检验时，把钻头切削部分向上竖立，两眼平视，由于两主切削刃一前一后会产生视差，往往感到左刃（前刃）高于右刃（后刃），所以要旋转 180°后反复几次，如果一样，就说明对称了。

5. 修磨横刃

标准麻花钻的横刃较长，且横刃处的角度存在较大负值，因此在钻孔时，横刃处的切削

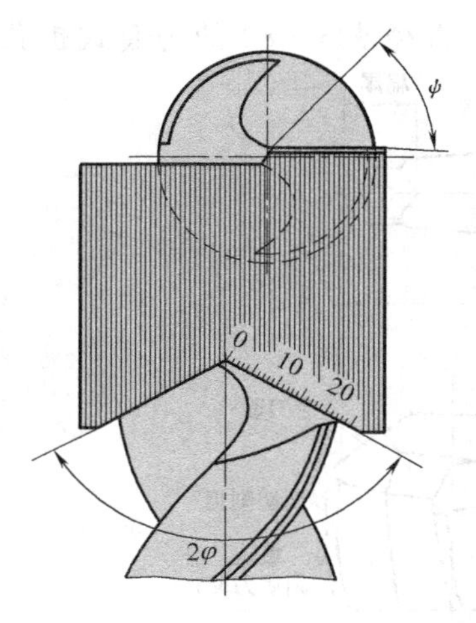

图 7-5 用样板检验钻头刃磨角度

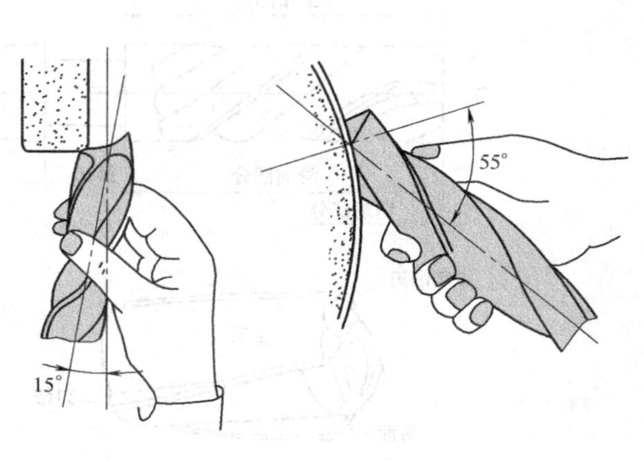

图 7-6 横刃修磨方法

为挤刮状态，轴向抗力较大，同时横刃长定心作用不好，钻头容易产生抖动。对于直径在 ϕ6mm 以上的钻头必须修短横刃并适当增大靠近横刃处的前角。把横刃磨成 $b=0.5\sim1.5$mm，修磨后形成内刃，使内刃斜角 $\tau=20°\sim30°$，内刃处前角 $\gamma_{\tau}=0°\sim-15°$；钻头轴线在水平面内与砂轮侧面左倾约15°夹角，在垂直平面内与刃磨点的砂轮半径方向约成55°下摆角，见图7-6所示。

注意事项：

(1) 接通开关后待砂轮转动正常，一般要空转2～3min，方可开始进行刃磨；

(2) 钻头刃磨姿势要求正确，几何形状和角度要达到要求；

(3) 禁止两人同时使用一个砂轮，更不准用砂轮的侧面磨削；

(4) 磨削时，操作者应站在砂轮机的侧面磨削，以防砂轮崩裂发生事故；

(5) 刃磨钻头时，必须戴眼镜，不能戴手套或用布包钻头刃磨；

(6) 钻头刃磨压力不宜过大，并要经常用水冷却，防止过热退火而降低钻头硬度；

(7) 砂轮用完后，要立即关闭电源开关。

7.4 技能训练3：扩孔操作

操作准备：扩孔钻、台式钻床、平口钳等。

操作步骤：

相关知识

用扩孔刀具对工件上原有的孔进行扩大的加工称为扩孔。扩孔后，孔的公差等级一般可达IT9～IT10，表面粗糙度可达到 $Ra12.5\sim3.2\mu$m。

1. 扩孔的应用

由于扩孔的切削条件比钻孔有较大的改善，所以扩孔钻的结构与麻花钻有很大的区别。扩孔属于孔的半精加工方法，利用扩孔钻对已钻出的孔作进一步加工，以扩大孔径并提高精度和降低表面粗糙度值。常作孔的半精加工和铰削前的预加工，也可作为精度不高的孔的终加工。

2. 扩孔钻的结构

扩孔钻直径为 ϕ10～32 的为锥柄扩孔钻，见图7-7所示。直径 ϕ25～80 的为套式扩孔

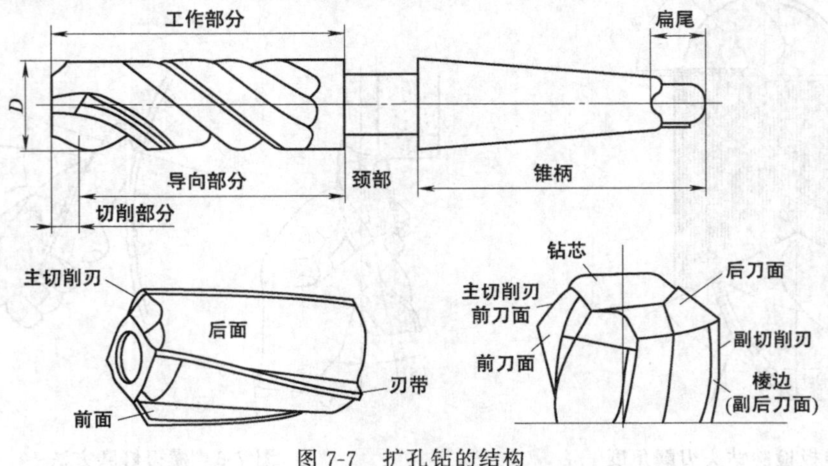

图7-7 扩孔钻的结构

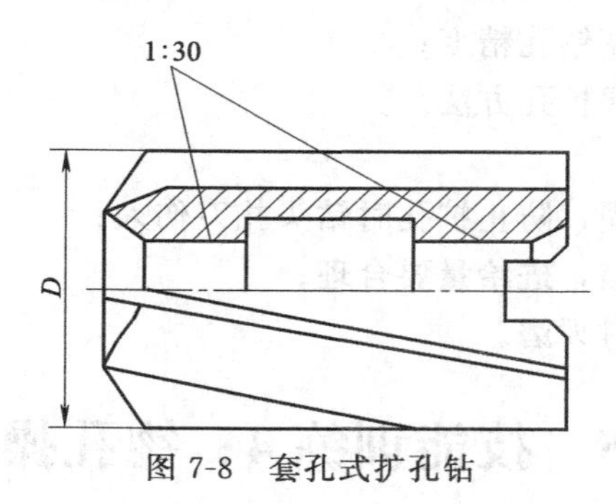

图 7-8 套孔式扩孔钻

钻，见图 7-8 所示。

扩孔钻结构特点是：扩孔因中心不切削，故扩孔钻没有横刃，切削刃较短。由于背吃刀量小，容屑槽较小、较浅，钻芯较粗，刀齿增加，整体式扩孔钻有 3～4 齿。基于上述特点，扩孔钻具有较好的刚度、导向性和切削稳定性，从而能在保证质量的前提下，增大切削用量。

3. 扩孔切削用量的选择

(1) 扩孔前钻孔直径的确定　用麻花钻扩孔，扩孔前钻孔直径为 0.5～0.7 倍的要求孔径。用扩孔钻扩孔，扩孔前钻孔直径为 0.9 倍的要求孔径。

(2) 扩孔时的吃刀量　扩孔时的背吃刀量为

$$a_p=\frac{1}{2}(D-d)$$

式中　d——原有孔的直径，mm；

D——扩孔后的直径，mm。

扩孔时，切削速度为钻孔的 1/2，进给量为钻孔的 1.5～2 倍。

实际生产中，一般用麻花钻代替扩孔钻使用。扩孔钻使用于成批大量扩孔加工。用麻花钻扩孔时，因横刃不参加切削，轴向切削抗力较小，应适当减小钻头后角，防止在扩孔时扎刀。

温馨提示

扩孔时常见弊病产生的原因及防止方法

(1) 孔轴线与底平面不垂直，其主要原因是钻床主轴与工作台不垂直或者工件底面与工作台平面之间有杂物。通过调整机床主轴与工作台的垂直度来解决。

(2) 孔呈椭圆形，其主要原因是钻床主轴径向圆跳动或者工件装夹不牢固。通过调整主轴精度来解决。

(3) 孔呈圆锥形，其主要原因是刀具磨损或崩刃。其解决方法是重磨刀具。

(4) 表面粗糙度差，其主要原因是刀具磨损或后角太大、切削液润滑性能差或供应不足、进给量太大。其解决办法是重磨刀具并减小刀具的后角，选择性能好的切削液及减小进给量。

(5) 扩孔位置偏斜或歪斜，其主要原因是预钻孔后，刀具和工件的相对位置发生变化。其解决办法是钻孔后即换成扩孔钻进行扩孔。

4. 操作练习

(1) 用图 7-2 (b) 工件来进行扩孔练习；

（2）通过扩孔练习，提高钻孔精度；

（3）通过反复练习，掌握扩孔方法。

注意事项：

（1）扩孔时工件装夹牢固，防止扩孔时钻头扎刀伤人；

（2）扩孔时转速选择适当，进给量要合理；

（3）钻头用钝时，要及时刃磨。

7.5　技能训练4：锪孔操作

操作准备：柱形锪钻、麻花钻、M6沉头螺钉、M6内六角螺钉等。

操作步骤（见图7-9）：

相关知识

1. 锪孔的形式和作用

锪孔是用锪孔刀具在孔口表面加工出一定形状的孔或表面，例如锪圆柱形沉头孔、锪锥形沉头孔、锪凸台平面。见图7-10所示。

2. 锪孔钻的结构特点

锪钻是标准刀具，由专业厂制造，当没有标准锪钻时，也可用麻花钻或高速钢片改制成锪孔刀具。

（1）柱形锪钻　这种锪钻适用于加工六角螺栓、带垫圈的六角螺母、圆柱头螺钉、圆柱头内六角螺钉的沉头孔。

（2）锥形锪钻　适用于加工沉头孔和倒角等。

（3）端面锪钻　适用于加工螺栓孔凸台、凸缘表面。

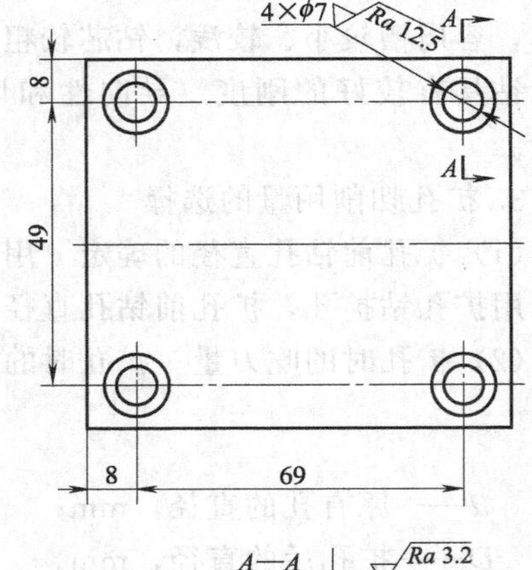

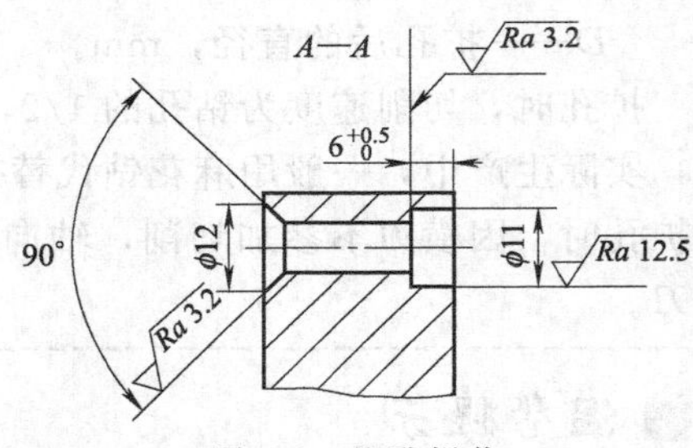

图7-9　锪孔操作

3. 锪孔的操作要点

锪孔的方法与钻孔的方法基本相同。锪孔操作不当，容易在所锪平面或锥面上出现振痕。为了避免这种现象，应注意以下几点：

（1）用麻花钻改制的锪钻要尽量短，以减少锪削过程中的振动。

（2）锪钻的前角、后角不能太大，后面上要修磨一条零后角的消振棱。

（3）用麻花钻改制的锪钻锪削圆柱形沉头孔之前，先用相同规格的普通麻花钻扩出一个台阶孔作为导向，其深度略浅于圆柱沉头孔的深度，然后锪平圆柱形沉头孔的底面。

（4）锪削时切削速度应比钻孔时低，一般为钻孔切削速度1/2～1/3，甚至利用钻床停机后主轴的惯性进行锪削。

（5）锪钻的刀杆和刀片及工件都要求装夹牢固。

（6）当锪削至所需深度时，应停止进给再继续旋转几圈后才提起。

（7）锪削钢件时要加切削液，导柱表面加润滑油。

4. 锪孔常见的质量问题及解决办法

锪孔常见的质量问题及解决办法见表7-2。

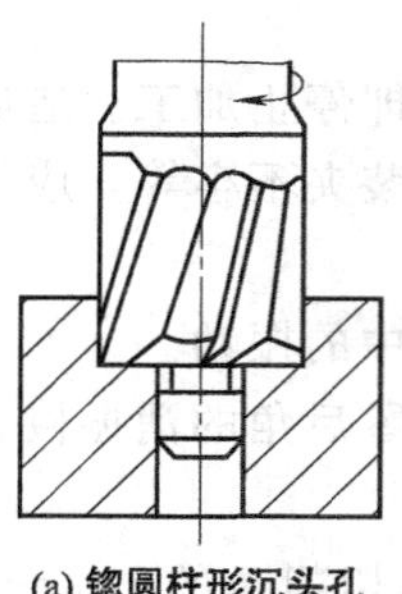
(a) 锪圆柱形沉头孔

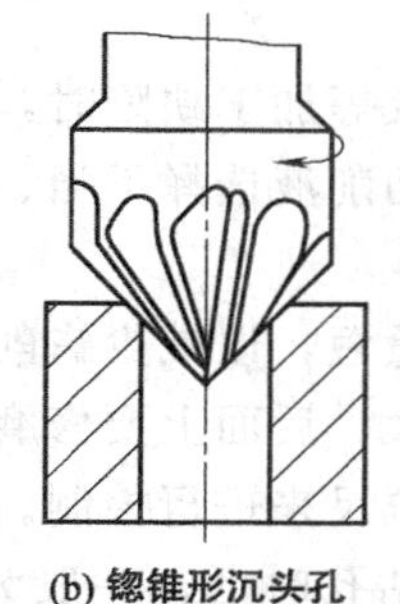
(b) 锪锥形沉头孔

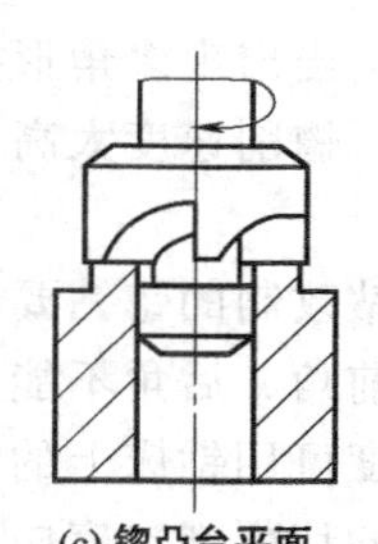
(c) 锪凸台平面

图 7-10 锪孔形式

表 7-2 锪孔时常见弊病的产生原因和防止方法

弊病形式	产生原因	防止方法
锥面、平面呈多角形	(1)前角太大,有扎刀现象 (2)锪削速度太高 (3)选择切削液不当 (4)工件或刀具装夹不牢固 (5)锪钻切削刃不对称	(1)减小前角 (2)降低锪削速度 (3)合理选择切削液 (4)重新装夹工件和刀具 (5)正确刃磨
平面呈凹凸形	锪钻切削刃与刀杆旋转轴线不垂直	正确刃磨和安装锪钻
表面粗糙度差	(1)锪钻几何参数不合理 (2)选用切削液不当 (3)刀具磨损	(1)正确刃磨 (2)合理选择切削液 (3)重新刃磨

5. 刃磨锪孔钻

(1) 将 ϕ12mm 的麻花钻改为 90°锥角的锥形锪钻，见图 7-11 所示。

(2) 将 ϕ11mm 的麻花钻改为不带导柱的柱形锪钻，见图 7-12 所示。

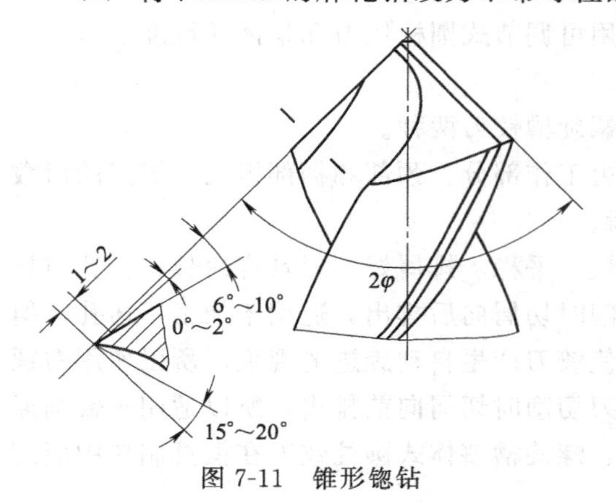

图 7-11 锥形锪钻

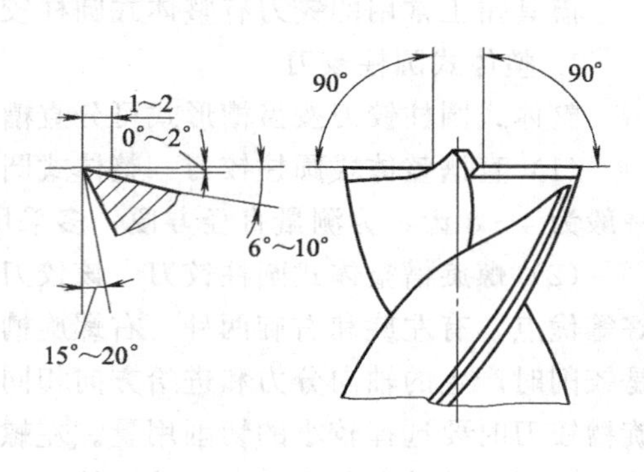

图 7-12 柱形锪钻

6. 锪孔练习

(1) 按图样要求划线；

(2) 钻 4×ϕ7mm 孔；

(3) 用改制的锥形锪钻锪 90°锥形孔，深度达到图样要求，并用 M6 沉头螺钉作试配实验（一般来讲，螺钉低于工件表面 1mm 为宜）；

(4) 用改制的柱形锪钻或用专用的柱形锪钻在工件的另一面锪出 4×ϕ11mm 柱形埋头孔，深度达到图样要求，并用 M6 内六角螺钉作试配检查。

注意事项：

（1）锪孔时，当出现多角形振纹等加工缺陷时，应立即停止加工。造成缺陷的原因可能是钻头刃磨不当、锪削速度太高、切削液选择不当、工件装夹不牢等，应找出问题及时进行修正。

（2）用麻花钻改制的锪钻要尽量短，以减少锪削过程中的振动。

（3）锪钻的前角、后角不能太大，后面上要修磨一条零后角的消振棱。

（4）锪孔深度可用钻床上的定位尺来进行控制。

（5）锪削时的切削削速度应比钻孔时低，一般为钻孔切削速的1/2～1/3，甚至利用钻床停机后主轴的惯性进行锪削。

7.6 技能训练5：铰削操作

操作准备：Q235钢50.5mm×50.5mm×8mm、钻头、手用铰刀、铰杠、切削油等。

操作步骤：

相关知识

用铰刀从工件孔壁上切除微量金属层，以获得较高尺寸精度和较小表面粗糙度值的方法，称为铰孔。铰削后孔的公差等级可达IT9～IT7，表面粗糙度可达$Ra3.2\sim0.8\mu m$。

7.6.1 铰刀的种类及应用

铰刀是孔的精加工刀具，其切削余量少，齿数多，刚性和导向性较好。铰刀使用范围较广，常用高速钢或高碳钢制成。种类较多，按使用方式可分手用铰刀和机用铰刀两种；按铰刀结构可分为整体式铰刀、套式铰刀和调节式铰刀三种；按切削部分材料可分为高速钢铰刀和硬质合金铰刀；按铰刀用途可分为圆柱铰刀和锥度铰刀。

模具钳工常用的铰刀有整体式圆柱铰刀、手用可调节式圆柱铰刀和整体式锥度铰刀。

1. 整体式圆柱铰刀

整体式圆柱铰刀按齿槽形式可分直槽铰刀和螺旋槽铰刀两种。

（1）直槽整体式圆柱铰刀　整体式圆柱铰刀由工作部分、颈部和柄部组成。铰刀的齿数一般为4～8齿，为测量直径方便，多采用偶数齿。

（2）螺旋槽整体式圆柱铰刀　该铰刀切削轻快、平稳、排屑好、刀具寿命长、铰孔质量好等优点。有左旋和右旋两种。右螺旋槽铰刀切削时切屑向后排出，适用于加工不通孔，但是铰削时产生的轴向分力和进给方向相同，容易使铰刀产生自动旋进的现象，所以使用右螺旋槽铰刀时要选择较小的切削用量。左螺旋槽铰刀切削时切屑向前排出，所以适用于铰削通孔，铰削时的轴向分力压向主轴，铰刀容易夹牢。螺旋槽整体式圆柱铰刀在模具制造中应用最广泛。

2. 整体式锥度铰刀

锥度铰刀用于铰削各种圆锥孔。常用的锥度铰刀有以下几种：

（1）1∶10锥度铰刀　这种铰刀适用于铰削各种锥度为1∶10的锥孔，如联轴器上与柱销相配的锥孔等。

（2）1∶30锥度铰刀　这种铰刀适用于铰削各种套式刀具上的锥孔，属于手用铰刀。无粗、精之分，只有一把铰刀。

（3）莫氏锥度铰刀　这种铰刀适用于铰削0～6号标准莫氏锥孔。莫氏锥度铰刀有手用和机用两种。莫氏锥度铰刀由粗、精两把铰刀组成一套，其形状与 1∶10 锥度铰刀相似，但刀槽均为直槽，粗铰刀的切削刃上开有呈螺旋形分布的分屑槽。其精铰刀切除余量很少，主要是用来修整孔形。切削部分用高速钢或合金工具钢制成。

(4) 1∶50 锥度铰刀　这种铰刀适用于铰削 1∶50 锥度的定位销孔。有手用和机用两种，最常用的是手用 1∶50 锥度铰刀。

(5) 圆锥形管螺纹底孔铰刀　用于铰削锥度为 1∶16 的圆锥形螺纹底孔，是机用铰刀。其刀槽为直槽，切削部分用高速钢制成，见图 7-13。

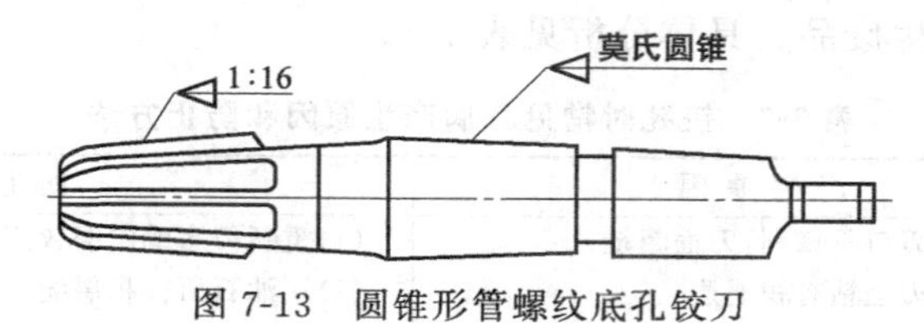

图 7-13　圆锥形管螺纹底孔铰刀

3. 手用可调节式圆柱铰刀

手用可调节式圆柱铰刀可以铰削各种特殊尺寸的非标准通孔。

7.6.2　铰削用量的选择

铰削用量包括铰削余量、机铰时的切削速度和进给量。铰削用量选择正确与否，对铰刀的使用寿命、生产效率、铰后孔的精度和表面粗糙度都有直接的影响。

1. 铰削余量

铰削余量不宜太小，也不宜太大。如果铰削余量太小，铰削时就不能把上道工序遗留的加工痕迹全部切除，影响铰孔质量。同时，刀尖圆弧与刃口圆弧的挤压摩擦严重，使铰刀磨损加剧，如果铰削余量太大，则增大刀齿的切削负荷，破坏铰削过程的稳定性，并产生较大的切削热，也将影响铰孔质量。一般铰削余量的选用，见表 7-3。

表 7-3　铰削余量　mm

铰孔直径	<5	5～20	21～32	33～50	51～70
铰削余量	0.1～0.2	0.21～0.3	0.3	0.5	0.8

2. 机铰时的切削速度和进给量

机铰时切削速度和进给量要选择适当。如果切削速度和进给量选得太大，铰刀磨损较快，也容易产生积屑瘤而影响铰削质量。但选得太小将使切削厚度过小，造成已加工表面严重变形，引起加工表面硬化。具体选用可参考表 7-4。

表 7-4　铰孔时切削速度和进给量的选用

工件材料	切削速度 v/(m/min)	进给量 f/(mm/r)
钢	4～8	0.4～0.8
铸铁	6～10	0.5～1
铜或铝	8～12	1～1.2

7.6.3　切削液的选择

(1) 工件材料为钢，其切削液可用 10%～20%乳化液。如果铰要求较高的孔时，可采用体积分数为 30%菜油加 70%乳化液。如果铰孔要求还需更高时，可用菜油、柴油、猪油等。

(2) 工件材料为铸铁，一般不加切削液，如要使用一般只加煤油，但会引起孔径缩小，最大缩小量达 0.02～0.04mm。

(3) 工件材料为铝，其切削液可用煤油、松节油。

(4) 工件材料为铜，其切削液可用5%～8%乳化液。

7.6.4 铰孔常见的质量问题及防止方法

铰孔的精度和表面质量要求很高，如果铰刀质量不好、铰削用量选择不当，润滑冷却不当和操作疏忽等都会产生废品，具体分析见表 7-5。

表 7-5 铰孔时常见弊病产生原因和防止方法

弊病形式	产生原因	防止方法
表面粗糙度达不到要求	(1)铰刀刃口不锋利,刀面粗糙 (2)切削刃上粘有积屑瘤 (3)容屑槽内切屑粘积过多 (4)铰削余量太大或太小 (5)铰刀退出时反转 (6)手铰时铰刀旋转不平稳 (7)切削液不充足或选择不当 (8)铰刀偏摆过大 (9)前角太小	(1)重新刃磨或研磨铰刀 (2)用油石研去积屑瘤 (3)及时退出铰刀清除切屑 (4)选择合适的铰削余量 (5)严格按操作方法 (6)采用顶铰,两手用力均匀 (7)合理选择和添加切削液 (8)重新刃磨铰刀或用浮动夹头 (9)根据工件材料选择前角
孔径扩大	(1)机铰刀轴心线与预钻孔轴心线不重合 (2)铰刀直径不符要求 (3)铰刀偏摆过大 (4)进给量和铰削余量太大 (5)切削速度太高	(1)仔细校准钻床主轴、铰刀和工件孔三者同轴度误差 (2)仔细测量、研磨铰刀 (3)重新刃磨铰刀或用浮动夹头 (4)选择合理的进给量和铰削余量 (5)降低切削速度,加冷却切削液
孔径缩小	(1)铰刀直径小于最小极限尺寸 (2)铰刀磨钝 (3)铰削余量太大引起孔壁弹跳性恢复	(1)更换新的铰刀 (2)重新刃磨或研磨 (3)合理选择铰削余量
孔呈多棱形	(1)铰削余量太大 (2)铰前孔不圆使铰刀发和生弹跳 (3)钻床主轴振摆太大	(1)减少铰削余量 (2)提高铰前孔的加工精度 (3)调整、修复钻床主轴精度

7.6.5 工件练习（见图 7-14）

(1) 锉削一对基准边，划线；

(2) 锉削，并控制尺寸 50±0.02；

(3) 打样冲眼，钻 ϕ9.8 孔，并控制孔和孔之间的尺寸；

(4) 对各孔口进行倒角；

(5) 用 ϕ10 铰刀进行铰孔，并用对应圆柱销配检铰削孔是否合格。

注意事项：

(1) 铰刀是精加工工具，要保护好刃口，避免碰撞。铰孔时要加注合适的切削液可提高铰孔质量。刀刃上有毛刺或切屑粘附，可用油石小心地磨去。

(2) 铰削进给时不能猛力压铰，旋转铰杠的速度要均匀，使铰刀缓慢地引进孔内，并均匀地进给，以获得较细的表面粗糙度。

(3) 铰刀不能反转，退出时也要顺转，即按铰削方向边旋转边向上提起铰刀。铰刀反转会使切屑卡在孔壁和后面之间，将孔壁拉毛。同时，铰刀反转也容易磨损，甚至崩刃。

(4) 铰削钢件时，切屑碎末容易粘附在刀齿上，应注意经常退刀，清除切屑并添加切

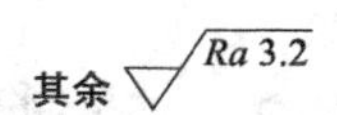

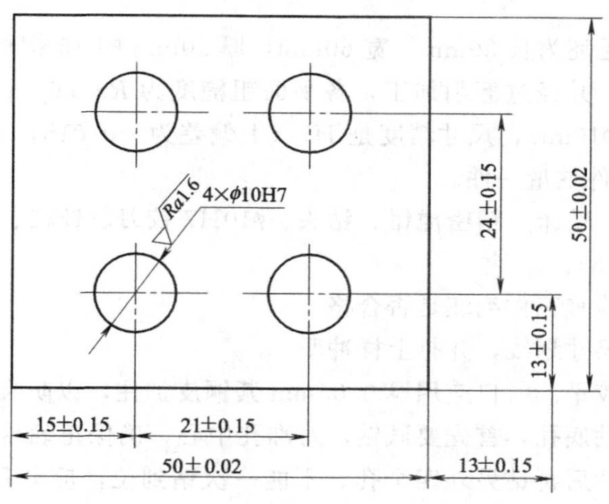

图 7-14 工件练习

削液。

(5) 铰削过程中如果铰刀被卡住，不能猛力扳转铰杠，以防折断铰刀或崩裂切削刃。而应小心地退出铰刀，清除切屑和检查铰刀。继续铰削时要缓慢进给，以防在原处再次被卡住。

(6) 铰刀装在铰杠上，双手握住铰杠柄，用力需均匀平稳，不得有侧向压力，否则铰刀轴心线将出现偏斜，使孔口处出现喇叭口或孔径扩大。

(7) 工件装夹要正确，应尽可能使孔的轴线置于水平或垂直位置，使操作者对铰刀的进给方向有一个简便的视觉标志。对薄壁零件要注意夹紧力的大小、方向和作用点，避免工件被夹变形，铰后孔产生变形。

成绩评定：

学号		姓名		总得分	
项目：铰孔操作					
序号	质量检查的内容	配分	评分标准	扣分	得分
1	(52±0.02)mm	20	一处超差扣 10 分		
2	(15±0.15)mm	10	超差不得分		
3	(21±0.15)mm	10	超差不得分		
4	(13±0.15)mm	10	超差不得分		
5	(24±0.15)mm	10	超差不得分		
6	4×ϕ10H7	20	超差不得分		
7	孔表面粗糙度 $Ra1.6\mu m$,4 处	10	升高一级不得分		
8	安全文明生产	10	违者每项扣 5 分		

7.7 技能训练6：精孔距钻削实例

工件描述：该工件毛坯为长80mm，宽60mm，厚10mm的45钢板，是某模具的底板，该底板各面已经加工好，并经过磨削加工，各平面粗糙度为$Ra1.6\mu m$。现要求在此板上加工5个精孔，孔直径是$\phi10mm$，尺寸精度是H7（上偏差为+0.015，下偏差为0），孔表面粗糙度是$Ra0.8\mu m$。工件数量一件。

操作准备：精孔钻、钻床、精密虎钳、钻头、$\phi10H7$铰刀、铰杠、切削油等。

操作步骤（见图7-15）：

（1）对照加工图纸检查工件毛坯是否合格。

（2）根据零件图纸尺寸划线，并打上样冲眼。

（3）装夹工件，并校平。钳口应用厚0.05mm紫铜皮护住，以防夹坏工件表面。

（4）用$\phi3mm$钻头钻底孔，首先要试钻，对准孔中心，确保正确后才进行钻削。钻孔的顺序是先钻中间的孔，然后再钻另外四个孔。不能一次钻到位，应分几次钻削，反复检查，如有误差，可用小圆锉修整。

（5）孔口倒角。

（6）用$\phi10H7$铰刀进行铰孔至合格。用止通规或内径千分尺检查孔径。孔距检查，在孔内插上圆柱销，再用外径千分尺检查。保证孔距尺寸（40±0.04）mm，$5\times\phi10H7$孔径尺寸，$Ra0.8\mu m$。

注意事项：

（1）装夹工件时注意校正工件，使工件平面与钻床主轴线垂直。

（2）钻孔前用百分表检查钻床主轴的圆跳动度，如果超差，要更换钻床。钻头旋转要平稳，不晃动。

（3）正确选用冷却润滑液。因孔精度、孔距尺寸和孔表面粗糙度都要求较高，故应选择以润滑为主的冷却润滑液。

（4）钻孔过程中，避免积屑瘤的产生。为了避免积屑瘤的产生，对于高速钢钻头应采用降低转速，降低各刃前、后面的表面粗糙度值，注意及时消除钻头棱边上的积屑瘤残余，用油石磨光，避免划伤孔壁。钻孔过程中，要及时加入以润滑为主的冷却液。

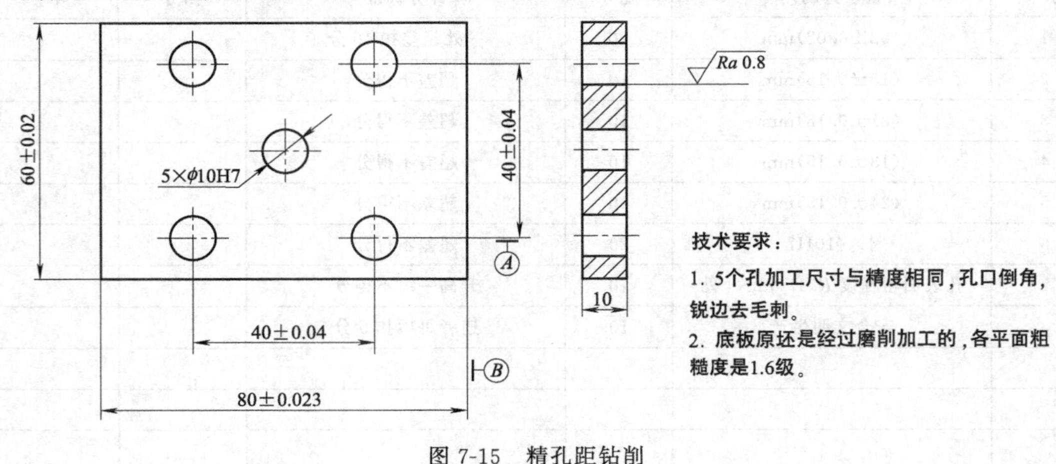

图7-15 精孔距钻削

温馨提示

操作准备时应注意：

(1) 该工件结构简单，钻孔加工也不复杂。但从它的技术要求上了解到这是一个精孔加工实例。工件加工数量一个，是单件加工，可采用标准麻花钻和精孔钻共同完成操作。

(2) 孔如果一次钻出，精度难以保证，应采用几次钻削。建议先钻 ϕ3mm 孔，然后用 ϕ6mm 精孔钻头扩孔，检查无误后用 ϕ9.8mm 精孔钻头扩孔，最后用 ϕ10H7 铰刀进行铰孔至合格。如果发现孔距有误差，应及时采用圆锉刀修整至合格，再用大钻头扩孔检查，依次进行直到合格。

(3) 钻孔时应加注切削液，防止工件温度过高变形。

(4) 精孔钻钻孔后，孔径误差要控制在±0.02mm，用内径千分尺测量。

知识扩展

1. 精孔钻刃磨要求

(1) 按标准麻花钻结构要素要求粗磨相关角度，切削刃等要素。然后再分别按照“精孔钻”要求，精磨出各部分结构要素。具体操作按以下步骤进行，精孔钻结构如图 7-16 所示。

① 磨出第二顶角（60°角），形成两条新切削刃，目的是减小切削厚度和切削变形。

② 磨出夹角为 8°～10°的修光刃，它与新切削刃相结合，形成粗、精加工的联合切削刃，提高修光能力，改善散热条件，有利于提高孔的表面粗糙度。

③ 将修光刃和副切削刃的连接处，用油石研去 0.2～0.5mm 半径的小圆角，也可将外缘尖角全部磨成圆弧刃，提高钻头修光能力。

④ 磨出副后角。在靠近主切削刃的一段棱边上，磨出 6°的副后角，并保留棱边宽度为 0.1～0.2mm，修磨长度为 4～5mm，以减少对孔壁的摩擦，提高钻头寿命。

⑤ 磨出负刃倾角。一般刃倾角＝－10°～－15°，使切屑流向待加工表面以避免擦伤孔壁，有利于提高孔的表面粗糙度。

⑥ 研磨前后面。切削刃的前、后刀面用油石研磨，使其粗糙度达 *Ra*0.4。

(2) 经过上述步骤后，就可以将一支标准麻花钻刃磨成“精孔钻”。磨好后的钻头，要用量具检测一下相关要素数值，确保参数准确。

(3) 试钻并检查孔距尺寸至合格。

2. 精孔钻刃磨注意事项

加工不同材料的精孔钻，其结构要素不完全相同。因此，磨削精孔钻头时，首先要弄明白：这个钻头用于钻削何种材料，然后才确定刃磨参数。刃磨钻头时，要注意以下事项：

(1) 不同材质，用不同的第二顶角值。加工钢材等塑性好的材料，第二顶角值通常选取 50°～60°角。加工铸铁等硬、脆性材料，第二顶角值通常选取 65°～75°角。第二顶角通常不超过 75°。

(2) 因第二顶角等所形成的新切削刃，必须要对称，新切削刃后角取 6°～10°。否则钻孔直径达不到要求。

（3）钻头前端校边（副切削刃，棱边）磨窄，只保留0.1～0.2mm的宽度，修磨长度为4～5mm，以减少校边与孔壁的摩擦。

（4）尽量降低各刃前、后面的表面粗糙度值，注意及时削除棱边上的积屑瘤残余，用油石磨光，避免划伤孔壁。

（5）保证各切削刃锋利，如有必要，修磨钻头前刃面和棱边，加大前、后角，以保证切削省力。

（6）尽量提高钻头运动精度，两切屑刃的相互跳动量要小。要摸索孔径的缩张量规律，一般来讲，工件材料的弹性越大（即弹性模数E越小）线膨胀系数越大，则孔径较容易收缩；而钻头的切削刃越锋利，定心越不稳，切削刃摆动差较大，则孔径越容易扩大。

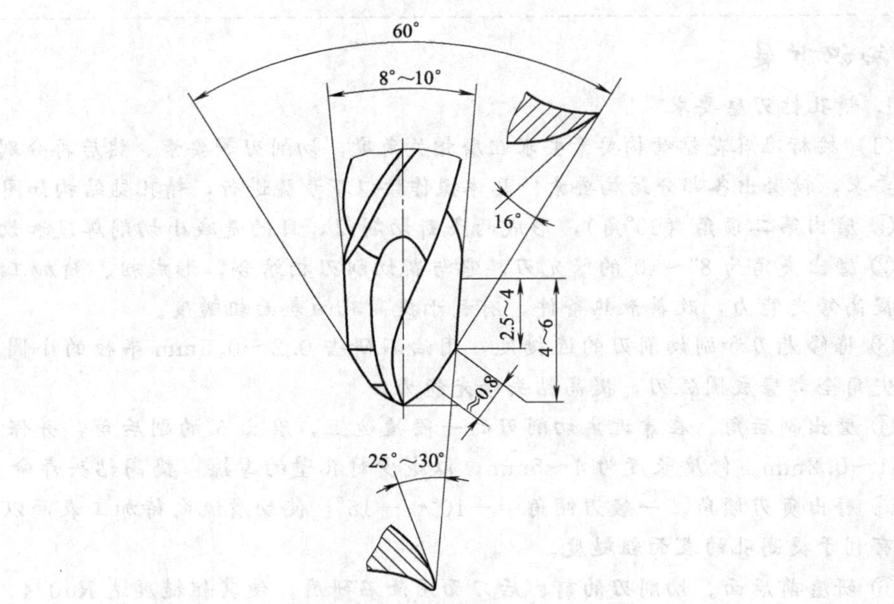

图7-16　精孔钻结构

任务八 螺纹加工

任务情境描述

螺纹零件主要用于密封、连接、紧固及传递运动和动力等，在生产和生活中应用非常广泛。螺纹按外形分：外螺纹、内螺纹；按旋向分：左、右旋螺纹；按螺纹线数目分单、多线螺纹；按牙型分：三角形、矩形、梯形、管形、锯齿形螺纹等。按其用途可分成连接螺纹和传动螺纹两大类。传动螺纹有梯形螺纹、矩形螺纹、锯齿形螺纹等；连接螺纹有普通螺纹、管螺纹等，连接螺纹的特点：牙型多为三角形，而且多为单线螺纹，该螺纹摩擦力大，强度高，自锁性能好。

模具装配时，凸模和凹模中许多模板连接都需要用螺钉紧固，因此，需要根据螺钉的大小在模板上攻螺纹。可见，掌握螺纹加工的操作方法是模具专业必修的课程。

教学目标

1. 能正确选用丝锥和板牙进行攻、套螺纹
2. 能计算出攻螺纹前底孔直径和套螺纹前的圆杆直径
3. 掌握攻螺纹和套螺纹操作

知识要求

8.1 基础知识

8.1.1 攻螺纹

用丝锥在工件孔中切削出内螺纹的加工方法称为攻螺纹。

1. 钳工常用螺纹种类

钳工加工的螺纹多为三角螺纹，作为连接使用，常用有以下几种：

（1）公制螺纹　也叫普通螺纹，螺纹牙型角为60°，分粗牙普通螺纹和细牙普通螺纹两种。粗牙螺纹直径和螺距的比例适中、强度好，主要用于连接，螺距不直接标出；细牙螺纹由于螺纹螺距小，螺旋升角小，自锁性好，除用于承受冲击、震动或变载的连接外，还用于调整机构，螺距直接标出。钳工常用的普通粗牙螺纹直径与螺距见表8-1。

表8-1　钳工常用的普通粗牙螺纹直径与螺距

公称直径 D、d	M6	M8	M10	M12	M14～M16
螺距 P	1	1.25	1.5	1.75	2

（2）英制螺纹　牙型角为55°，在我国只用于修配，新产品不使用。

（3）管螺纹　是用于管道连接的一种英制螺纹，管螺纹的公称直径为管子的内径。

（4）圆锥管螺纹　也是一种用于管道连接的英制螺纹，牙型角有55°和60°两种，锥度

为 1∶16。

2. 攻螺纹用的工具

（1）丝锥　用来加工内螺纹，有机用丝锥和手用丝锥，见图 8-1 所示。

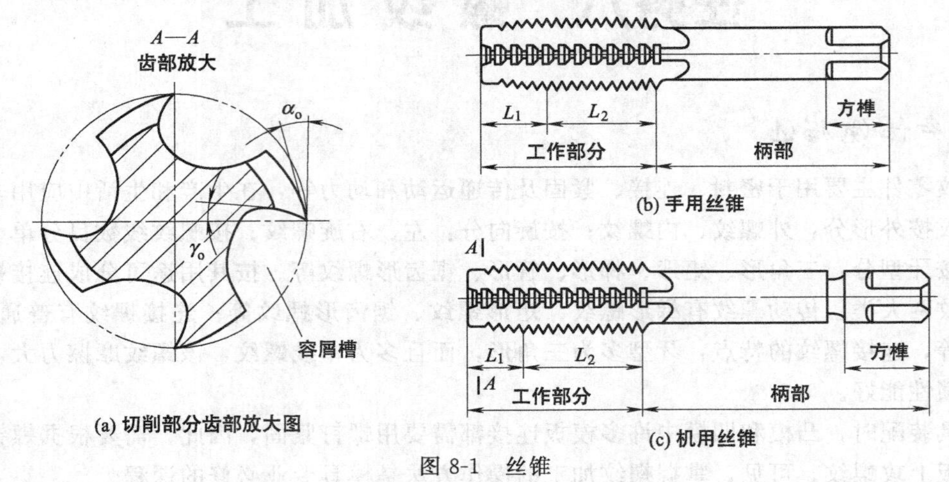

图 8-1　丝锥

① 丝锥的结构　丝锥由柄部和工作部分组成。柄部是攻螺纹时被夹持部分，起传递扭矩的作用。工作部分由切削部分 L_1 和校准部分 L_2 组成，切削部分前角 $\gamma_o=8°\sim10°$，后角 $\alpha_o=6°\sim8°$，起切削作用。校准部分有完整的牙形，用来修光和校准已切出的螺纹，并引导丝锥沿轴向前进。

② 成组丝锥　攻螺纹时，为了减少切削力和延长使用寿命，一般将整个切削工作量分配给几支丝锥来担当。通常 M6～M24 丝锥每组有两支；M6 以下及 M24 以上的丝锥每组有三支；细牙螺纹丝锥为两支一组；机用丝锥每组为一支。成组丝锥切削用量的分配形式有两种：第一种是锥形分配，一般 M12 以下的丝锥采用；第二种是柱形分配，一般 M12 以上的丝锥多属于这一种。

（2）铰杠　它是攻螺纹时用来夹持丝锥的工具。有普通铰杠（见图 8-2 所示）和丁字形铰杠（见图 8-3 所示）两类，每类铰杠又有固定式和可调式两种。

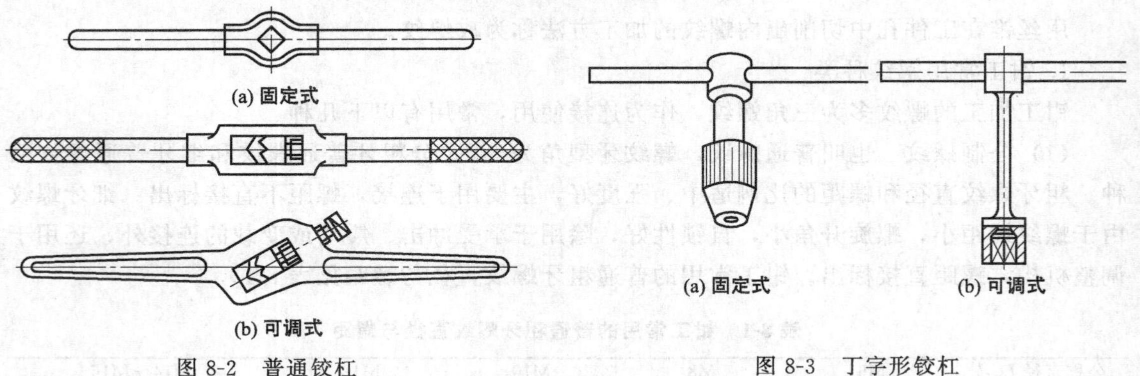

图 8-2　普通铰杠　　　　图 8-3　丁字形铰杠

3. 攻螺纹前底孔直径与孔深的确定

（1）攻螺纹前底孔直径的确定　攻螺纹时，丝锥对金属层有较强地挤压作用，使攻出螺纹的小径小于底孔直径，此时，如果螺纹牙顶与丝锥牙底之间没有足够的容屑空间，丝锥就会被挤压出来的材料箍住，易造成崩刃、折断和螺纹乱牙。因此，攻螺纹之前的底孔直径应稍大于螺纹小径，见图 8-4（a）所示。

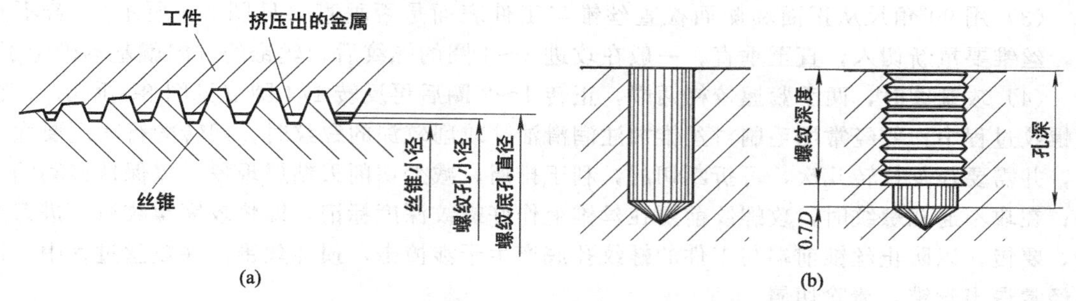

图 8-4 攻螺纹前底孔直径与孔深的确定

一般应根据工件材料的塑性和钻孔时的扩张量来考虑，使攻螺纹时既有足够的空隙容纳被挤出的材料，又能保证加工出来的螺纹具有完整的牙形。

底孔直径大小，要根据工件材料塑性大小及钻孔扩张量考虑，按经验公式计算得出：

在加工钢件和塑性较大的材料及扩张量中等的条件下：

$$D_{钻}=D-P$$

在加工铸铁和塑性较小的材料及扩张量较小的条件下：

$$D_{钻}=D-(1.05\sim1.1)P$$

式中 $D_{钻}$——螺纹底孔钻头直径，mm；

D——螺纹大径，mm；

P——螺距，mm。

（2）攻螺纹前底孔深度的确定 攻盲孔螺纹时，由于丝锥切削部分不能攻出完整的螺纹牙形，所以钻孔深度要大于螺纹的有效长度，见图 8-4（b）所示。

钻孔深度的计算式为：

$$H_{深}=h_{有效}+0.7D$$

式中 $H_{深}$——底孔深度，mm；

$h_{有效}$——螺纹有效长度，mm；

D——螺纹大径，mm。

【例】 分别计算在钢件和铸铁上攻 M14 螺纹时的底孔直径各为多少？若攻不通孔螺纹，其螺纹有效深度为 30 mm，求底孔深度为多少？

解：查表得：M14 $P=2$

钢件攻螺纹底孔直径： $D_{钻}=D-P=14-2=12$（mm）

铸铁件攻螺纹底孔直径： $D_{钻}=D-(1.05\sim1.1)P$

$=14-(1.05\sim1.1)\times2$

$=11.8\sim11.9$（mm）

$D_{钻}$取 11.8 mm 或 11.9mm 均可。

底孔深度： $H_{深}=h_{有效}+0.7D=30+0.7\times14=39.8$（mm）

4. 攻螺纹的方法

（1）被加工的工件装夹要正，一般情况下，应将工件需要攻螺纹的一面，置于水平或垂直的位置。这样在攻螺纹时，就能比较容易地判断和保持丝锥垂直于工件螺纹基面的方向。

（2）攻螺纹时，两手握住铰杠中部，均匀用力，使铰杠保持水平转动，并在转动过程中对丝锥施加垂直压力，使丝锥切入孔内 1～2 圈（见图 8-5 所示）。

(3) 用 90°角尺从正面和侧面检查丝锥与工件表面是否垂直（见图 8-6 所示）。若不垂直，丝锥要重新切入，直至垂直。一般在攻进 3～4 圈的螺纹后，丝锥的方向就基本确定了。

(4) 攻螺纹时，两手紧握铰杠两端，正转 1～2 圈后再反转 1/4 圈（见图 8-7 所示）。在攻螺纹过程中，要经常用毛刷对丝锥加注润滑油。攻削较深的螺纹时，回转的行程还要大一些，并需要往复拧转几次，可折断切屑，利于排屑，减少切削刃粘屑现象，以保持锋利的刃口；在攻不通孔螺纹时，攻螺纹前要在丝锥上作好螺纹深度标记，即将攻完螺纹时，进刀要轻，要慢，以防止丝锥前端与工件的螺纹孔底产生干涉撞击，损坏丝锥。在攻丝过程中，还要经常退出丝锥，清除切屑。

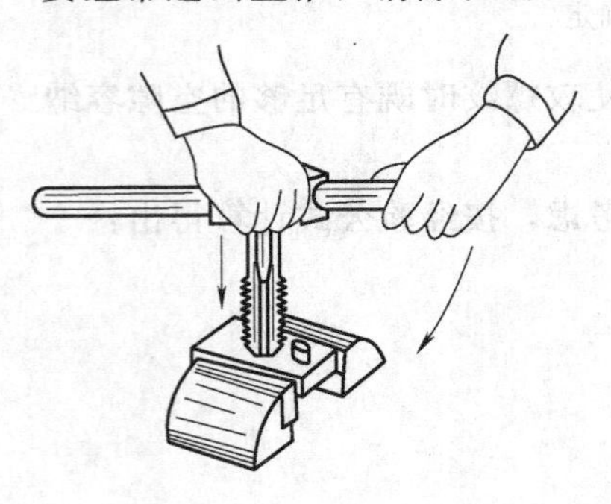

图 8-5　丝锥起攻

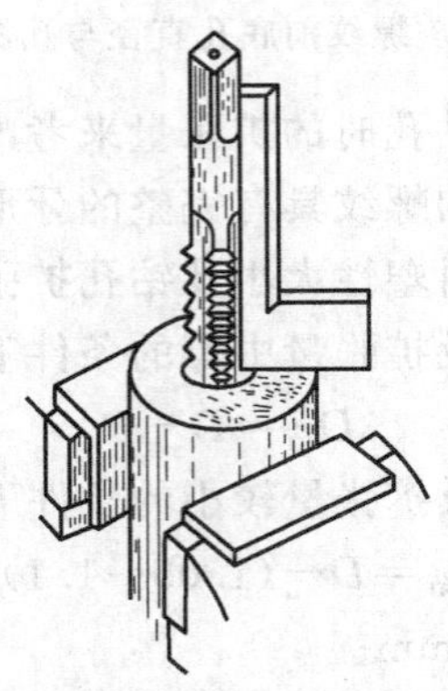

图 8-6　检查丝锥位置

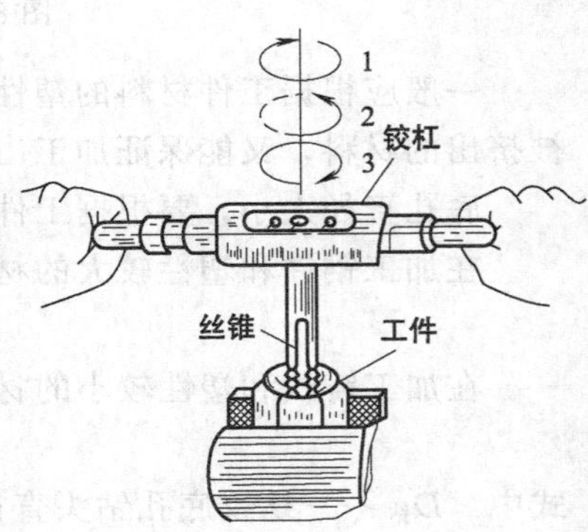

图 8-7　铰杠正反转

温馨提示

(1) 转动铰杠时，操作者的两手要平衡，切忌用力过猛和左右晃动，否则容易将螺纹牙型撕裂和导致螺纹孔扩大及出现锥度。

(2) 攻螺纹时，如感到很费力时，切不可强行攻螺纹，应将丝锥倒转，使切屑排除，或用二锥攻削几圈，以减轻头锥切削部分的负荷。如用头锥继续攻螺纹仍然很费力，并断续发出“咯、咯”或“叽、叽”的声音，则切削不正常或丝锥磨损，应立即停止攻螺纹，查找原因，否则将可能折断丝锥。

(3) 攻通孔螺纹时，应注意丝锥的校准部分不能全露出头，否则在反转退出丝锥时，将会产生乱扣现象。

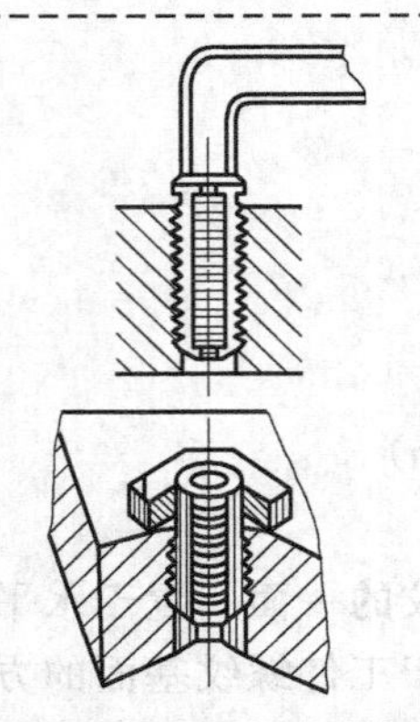

图 8-8　断锥上焊六角螺母

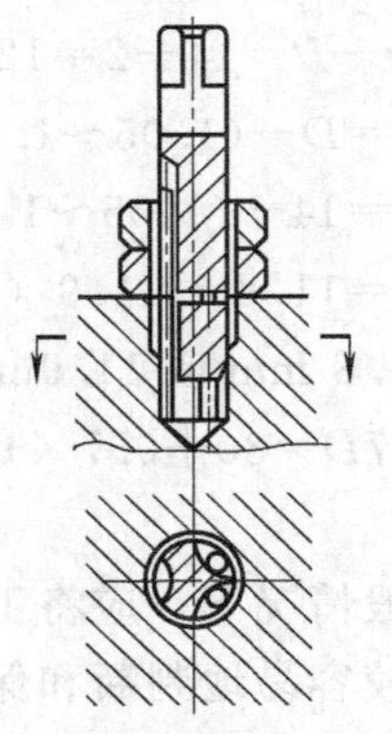

图 8-9　带方榫的断丝锥上拧 2 个螺母

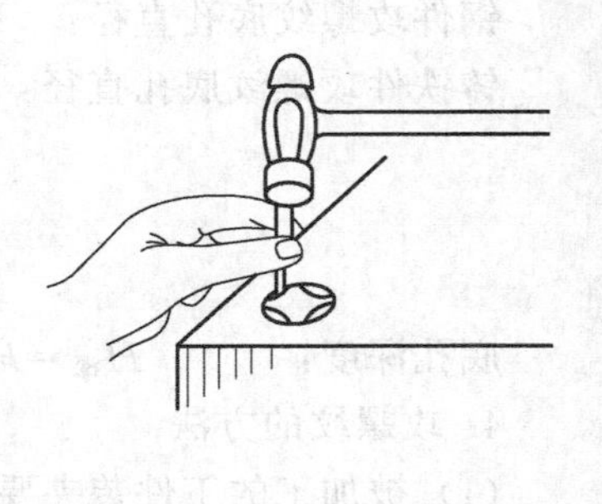

图 8-10　用冲头成尖錾振动

知识扩展

在攻螺纹时，经常因操作者经验不足、方法不当或丝锥质量有问题发生丝锥折断情况，丝锥折断取出的方法有几种，具体要根据实际情况来选择：

(1) 当折断的丝锥部分露出孔外时，可用尖嘴钳夹紧后拧出，或用尖錾子轻轻地剔出。

(2) 在断锥上焊一个六角螺母（见图 8-8），然后用扳手轻轻地扳动六角螺母将断丝锥退出。这种方法的缺点是：孔外露太短无法焊接；对焊接技巧要求极高，容易烧坏工件；焊接处容易断。

(3) 当丝锥折断部分在孔内时，可用带方榫的断丝锥上拧 2 个螺母（见图 8-9 所示），用钢丝（根数与丝锥槽数相同）插入断丝锥和螺母空槽中，然后用铰杠按退出方向扳动方榫，把断丝锥取出。

(4) 丝锥的折断往往是在受力很大的情况下突然发生的，致使断在螺孔中的半截丝锥的切削刃紧紧地楔在金属内，一般很难使丝锥的切削刃与金属脱离，为了使丝锥能够在螺孔中松动，可以用振动法。振动时可用一个冲头或一把尖錾（见图 8-10），抵在丝锥的容屑槽内，用手锤按螺纹的正反方向反复轻轻敲打，一直到丝锥松动即可拧出丝锥。

(5) 对一些精度要求不高的工件，也可用乙炔火焰使丝锥退火，然后用钻头钻削。钻削时，钻头的直径应比底孔直径小，对准中心，防止将螺纹钻坏。

(6) 对精度要求较高及容易变形的工件，选择电火花机床对断丝锥进行电蚀加工。这种方法的缺点是：耗时；太深时容易积炭，打不下去；对于大型工件无用，无法放入电火花机床工作台。

8.1.2 套螺纹

用板牙在圆杆上切削出外螺纹的加工方法称套螺纹。

1. 套螺纹工具

(1) 板牙　按外形和用途分为圆板牙（见图 8-11 所示）、管螺纹板牙、六角板牙、方板牙、管形板牙以及硬质合金板牙等，其中以圆板牙应用最广。

(2) 板牙架　用来装夹板牙进行手工加工外螺纹的工具（见图 8-12 所示）。

图 8-11　板牙

图 8-12　板牙架

2. 套螺纹前圆杆直径的计算

由于板牙牙齿对材料不但有切削作用，还有挤压作用，所以圆杆直径一般应小于螺纹公称尺寸。可通过查有关表格或用下列经验公式来确定。

$$d_0 = d - 0.13P$$

式中　d_0——圆杆直径，mm；

d——螺纹大径，mm；

P——螺距，mm。

温馨提示

为了使板牙起套时容易切入工件并作正确引导，圆杆端部要倒成锥半角15°～20°的锥体，见图8-13所示。

3. 套螺纹方法（见图8-14所示）

（1）将圆杆夹在软钳口内，要夹正紧固，并尽量低些。

（2）板牙开始套螺纹时，要检查校正，应使板牙与圆杆垂直。

（3）适当加压力按顺时针方向扳动板牙架，当切入1～2牙后可不加压力，按顺时针旋转即可，同攻螺纹一样要经常反转，使切屑断碎并及时排屑，并加注少量润滑油。

（4）退出板牙时，要注意板牙架上的板牙不能掉下。

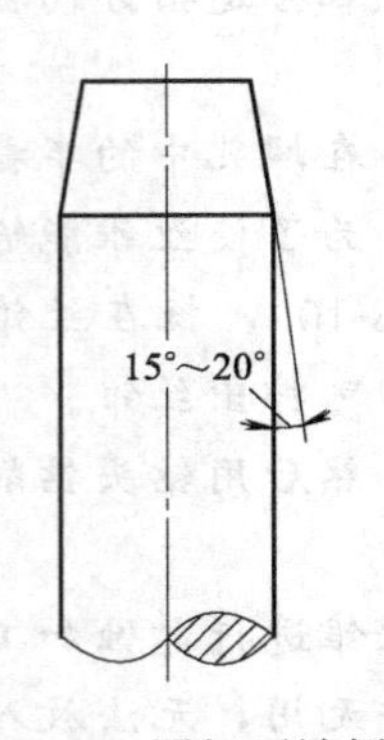

图8-13　圆杆顶端倒角

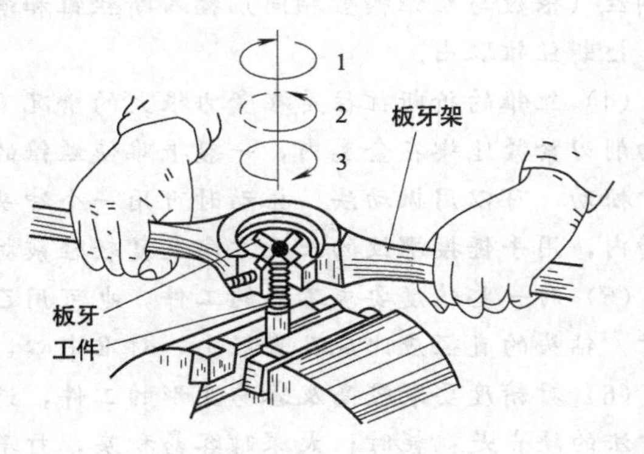

图8-14　套螺纹方法

【思考与练习】

1. 攻螺纹前底孔直径如何确定？

2. 分别计算在钢件和铸铁上攻M8螺纹时的底孔直径各为多少？若攻不通孔螺纹，其螺纹有效深度为50mm，求底孔深度为多少？

3. 分别计算在钢件和铸铁上攻M10螺纹时的底孔直径各为多少？若攻不通孔螺纹，其螺纹有效深度为65mm，求底孔深度为多少？

4. 攻螺纹和套螺纹的操作方法。

5. 当丝锥折断时应如何取出？

8.2　技能训练1：套螺纹操作

操作准备：板牙、板牙架、20＃机油等。

操作步骤（见图8-15）：

（1）选择M6圆板牙并装在板牙架上。

（2）根据图样在小螺杆45mm长度处划出加工线。

（3）将软口钳放入台虎钳钳口，朝上夹持工件在台虎钳上。

（4）套螺纹加工，并及时检查板牙是否与小螺杆垂直。起套时，适当加压力按顺时针方向扳动板牙架，当切入1～2牙后就可不加压力旋转。同攻螺纹一样要经常反转，使切屑断碎并及时排出。

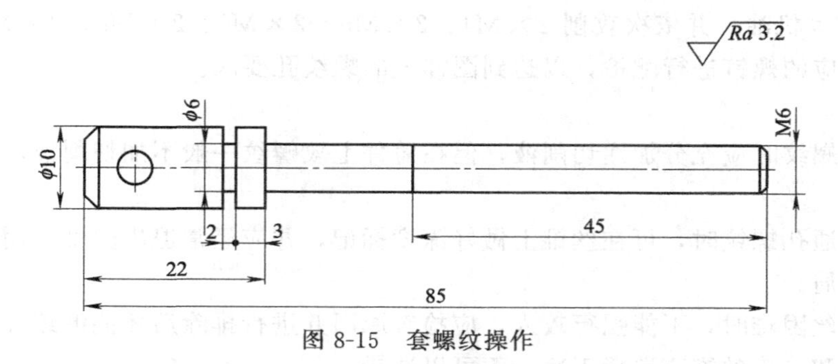

图 8-15　套螺纹操作

（5）套至圆板牙下端 45mm 划线处时应退出板牙，注意退出板牙时不能让板牙架上的板牙掉下。

8.3　技能训练 2：攻螺纹操作综合训练

操作准备：手用丝锥、20＃机油、铰杠、90°角尺、钻头等。

操作步骤（见图 8-16）：

（1）识图，了解所有螺孔要求。

（2）选择 0.02mm 精度游标卡尺一把，100mm 刀口角尺一把，钻底孔和倒角用钻头（ϕ3.3、ϕ4.2、ϕ5、ϕ6.8、ϕ8.5、ϕ10.2、ϕ12），需要用到的粗牙螺纹丝锥各一套（M4、M5、M6、M8、M10、M12）等。

（3）进行此课题前应先进行攻螺纹练习（选用钻孔时用到的工件图 7-2 练习）。

（4）根据图样加工工件外形尺寸，（70±0.1）mm、（60±0.1）mm。

（5）划线，打样冲眼。用 ϕ3.3、ϕ4.2、ϕ5、ϕ6.8、ϕ8.5、ϕ10.2 钻各孔，并全部倒角。

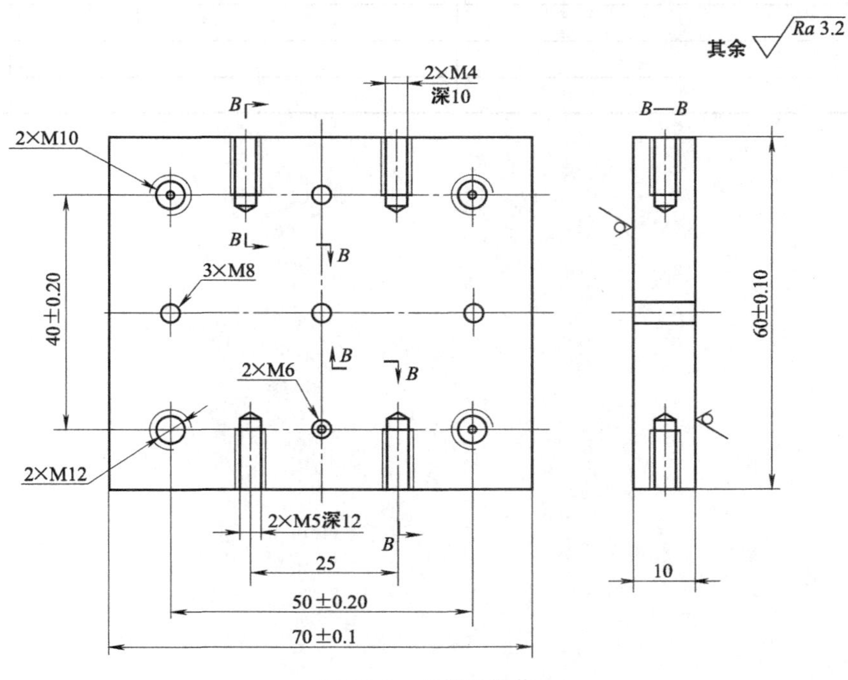

图 8-16　攻螺纹操作

(6) 涂 20＃机油，并依次攻削 2×M4、2×M5、2×M6、2×M8、2×M10、2×M12 螺纹，并用相应的螺钉进行配检，以达到图样上的螺纹孔要求。

注意事项：

(1) 攻内螺纹时应充分加注切削液，但在铸件上攻螺纹一般不加切削液，如要加切削液只能使用煤油。

(2) 攻不通孔螺纹时，可在丝锥上做好深度标记，并应经常退出丝锥，用压缩空气或磁棒清除孔内切屑。

(3) 当攻丝困难时，不能强行攻入，应检查原因并进行排除后才能继续加工。

(4) 头攻和二攻丝锥应选择正确，不可以选错。

成绩评定：

学号		姓名		总得分	

项目：攻螺纹综合训练

序号	质量检查的内容	配分	评分标准	扣分	得分
1	(70±0.10)mm	10	超差不得分		
2	(60±0.10)mm	10	超差不得分		
3	(50±0.20)mm	5	超差不得分		
4	(40±0.20)mm	5	超差不得分		
5	2-M4(深 10)	10	一处超差扣 5 分		
6	2-M5(深 12)	10	一处超差扣 5 分		
7	2-M6	10	一处超差扣 5 分		
8	3-M8	15	一处超差扣 5 分		
9	2-M10	10	一处超差扣 5 分		
10	2-M12	10	一处超差扣 5 分		
11	安全文明生产	5	违者扣 5 分		

任务九 矫正、弯形、铆接、粘接

任务情境描述

金属板材、型材不平、不直或翘曲变形的主要原因是由于在轧制或剪切等外力作用下，内部组织发生变化所产生的残余应力引起的变形。而材料变形后影响正常使用，因此，需要采用矫正的方法使材料达到使用要求。

弯形是将原来平直的板材或型材弯成所要求的曲线形状或角度的操作方法。铆接是用铆钉连接两个或两个以上的零件或构件的操作方法。粘接是用粘接剂把不同或相同材料牢固地连接在一起的操作方法。矫正、弯形、铆接、粘接是模具专业学习钳工必须掌握的特殊基本操作技能。

教学目标

1. 了解矫正的方法及要点，掌握常用矫正工具的使用
2. 了解弯曲的原理，并掌握常用弯曲工具和设备的使用
3. 了解铆接的种类，并掌握常用铆接工具的使用
4. 学会矫正、弯形、铆接、粘接操作方法

知识要求

9.1 基础知识

9.1.1 矫正

消除金属材料、型材的不平、不直或翘曲等缺陷的操作方法称矫正。

金属材料变形有两种形式：一种是弹性变形；另一种是塑性变形。矫正是针对塑性变形而言。因此，只有塑性好的金属材料才能进行矫正。金属材料、型材矫正的实质就是使它产生新的塑性变形来消除原有的不平、不直或翘曲变形。矫正过程中，金属材料、型材要产生新的塑性变形，它的内部要发生变化。所以矫正后的金属材料硬度提高，性质变脆，这种现象叫冷作硬化。冷作硬化后的材料给进一步的矫正或其他冷加工带来困难，必要时可进行退火处理，使材料恢复到原来的机械性能。

按矫正时被矫正工件的温度分类，可分为冷矫正、热矫正两种。冷矫正就是在常温条件下进行的矫正。由于冷矫正时冷作硬化现象的存在，只适用于矫正塑性好、变形不严重的金属材料。对于变形十分严重或脆性较大以及长期露天存放生锈的金属板材、型材，要加热到700～1000℃的高温下进行热矫正。

手工矫正是钳工经常采用的矫正方法。常用的手工矫正工具有以下几种：

1. 平板和铁砧

它是矫正板材、型材或工件的基座。

2. 软、硬手锤

矫正一般材料，通常使用钳工手锤和方头手锤。矫正已加工过的表面、薄铜件或有色金属制件，应使用铜锤、木锤、橡皮锤等软手锤。

3. 抽条和拍板

抽条是采用条状薄板料弯成的简易手工具，用于抽打较大面积板料。拍板是用质地较硬的檀木制成的专用工具，用于敲打板料。

4. 螺旋压力工具

适用于矫正较大的轴类零件或棒料。

5. 检验工具

检验工具包括平板、直角尺、直尺和百分表等。

9.1.2 弯形

弯形是使材料产生塑性变形，因此，只有塑性好的材料才能进行弯形。图 9-1（a）为弯曲前的钢板，图 9-1（b）为弯曲后的情况。它的外层材料伸长［见图 9-1（b）中的 $b—b$］，内层材料缩短［见图 9-1（b）中的 $a—a$］，中间有一层材料［见图 9-1（b）中 $o—o$］在弯曲后长度不变的称为中性层。材料弯曲部分虽然发生了拉伸和压缩，但其截面积保持不变。

经过弯曲的工件越靠近材料的表面金属变形越严重，也就越容易出现拉裂或压伤现象。相同材料的弯曲，工件外层材料变形的大小，取决于工件的弯曲半径。弯曲半径越小，外层材料变形越大。为了防止弯曲件拉裂，必须限制工件的弯曲半径，使它大于导致材料开裂的临界弯曲半径——最小弯曲半径。

最小弯曲半径的数值由实验确定。常用钢材的弯曲半径应大于 2 倍材料厚度，如果工件的弯曲半径比较小时，应分两次或多次弯曲，中间进行退火，避免因冷作硬化而产生弯裂。

由于工件在弯曲后，只有中性层长度不变，因此，在计算弯曲工件毛坯长度时，可以按中性层的长度计算。但材料弯曲后，中性层一般不在材料正中，而是偏向内层材料一边。经实验证明，中性层的实际位置与材料的弯曲半径 r 和材料厚度 t 有关，数据可通过查找资料获得。

材料弯曲变形是塑性变形，但是不可避免的有弹性变形存在。工件弯曲后，由于弹性变形的恢复，使得弯曲角度和弯曲半径发生变化，这种现象称回弹。利用胎具、模具成批弯制工件时，要多弯过一些（$\alpha_t > \alpha_0$），以抵消工件的回弹，如图 9-2 所示。

工件弯曲有冷弯和热弯两种。在常温下进行的弯曲称冷弯，常由钳工完成。当工件较厚时（一般超过 5mm），要在加热情况下进行弯曲，称热弯。冷弯既可以利用机床和模具进行

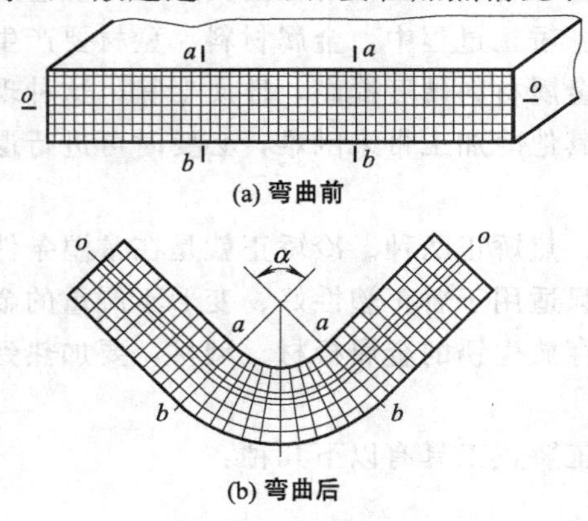

图 9-1　钢板弯曲前后情况

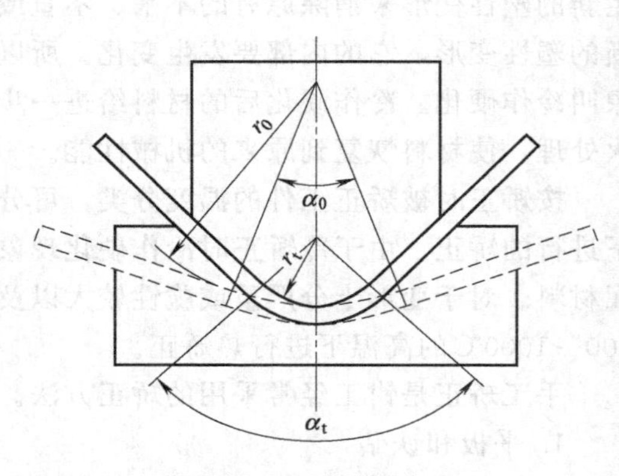

图 9-2　胎具弯曲

大规模冲压弯曲，也可以利用简单的机械工具进行手工弯曲。

9.1.3 铆接

借助铆钉形成不可拆的连接称为铆接，见图 9-3 所示。目前，在很多零件连接中，铆接已被焊接代替，但因铆接具有操作简单、连接可靠、抗振和耐冲击等特点，所以在机器和工具制造等方面仍有较多的应用。

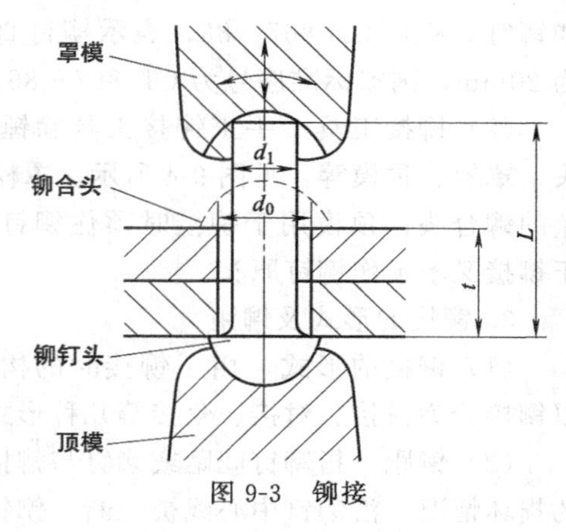

图 9-3 铆接

1. 铆接种类

按使用要求分活动铆接和固定铆接。活动铆接其结合部位可以相互转动，用于钢丝钳、剪刀、划规等工具铆接。固定铆接又分为强固铆接、紧密铆接和强密铆接。强固铆接应用于结构需要有足够的强度、承受强大作用力的地方，如桥梁、车辆、起重机等。紧密铆接只能承受很小的均匀压力，但要求接缝处非常严密，以防止渗漏。应用于低压容器装置，如气筒、水箱、油罐等。强密铆接能承受很大的压力，但要求接缝非常紧密，即使在较大压力下，液体或气体也保持不渗漏。一般应用于锅炉、压缩空气罐及其他高压容器。

按铆接方法分冷铆、热铆和混合铆。冷铆是在常温下直接镦出铆合头，应用于 $d<8$mm 以下的钢制铆钉。热铆是加热到一定温度后铆接，铆钉塑性好，易成形，冷却后结合强度高。热铆时铆钉孔直径应放大 0.5～1mm，使铆钉在热状态时容易插入。$d>8$mm 钢制铆钉多用热铆。混合铆是只把铆钉的铆合头端部加热，以避免铆接时铆钉杆钉的弯曲，适于细长铆钉的铆接。

2. 铆钉及铆接工具

(1) 铆钉 按其材料不同分：钢质、铜质、铝制铆钉。按其形状不同分：平头、半圆头、沉头、管形空心和皮带铆钉。见表 9-1。

表 9-1 铆钉的种类及应用

名 称	形 状	应 用
平头铆钉		铆接方便，应用广泛，常用于一般无特殊要求的铆接中，如铁皮箱盒、防护罩壳及其他结合件中
半圆头铆钉		应用广泛，如钢结构的屋架、桥梁和车辆、起重机等
沉头铆钉		应用于框架等制品表面要求平整的地方，如铁皮箱柜的门窗以及有些手用工具等
半圆沉头铆钉		用于有防滑要求的地方，如踏脚板和走路梯板等
管状空心铆钉		用于在铆接处有空心要求的地方，如电器部件的铆接等
皮带铆钉		用于铆接机床制动带以及铆接毛毡、橡胶、皮革材料的制件

铆钉的标记一般要标出直径、长度和国家标准序号。如铆钉 5×20 GB 867—86，表示铆钉直径为 ϕ5mm，长度为 20mm，国家标准序号为 GB 867—86。

(2) 铆接工具　手工铆接工具除锤子外，还有压紧冲头、罩模、顶模等，见图 9-4 所示。罩模用于铆接时镦出完整的铆合头；顶模用于铆接时顶住铆钉原头，这样既有利于铆接又不损伤铆钉原头。

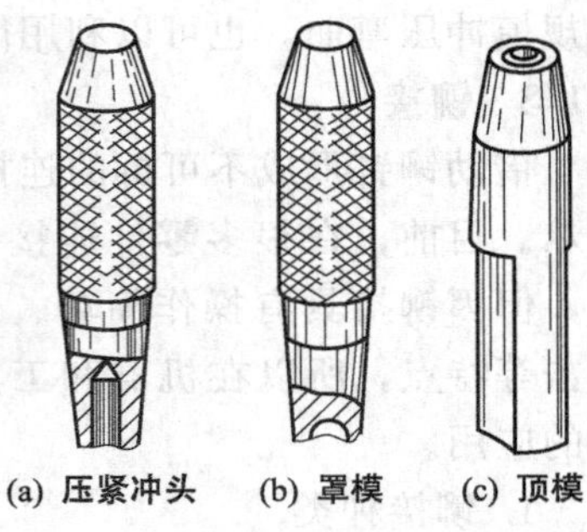

图 9-4　铆接工具

3. 铆接的形式及铆距

(1) 铆接的形式　由于铆接时的构件要求不一样，所以铆接分为搭接、对接、角接等几种形式，见图 9-5 所示。

(2) 铆距　指铆钉间距或铆钉与铆接板边缘的距离。在铆接连接结构中，有三种隐蔽性的损坏情况：沿铆钉中心线被拉断、铆钉被剪切断裂、孔壁被铆钉压坏。因此，按结构和工艺的要求，铆钉的排列距离有一定的规定。如铆钉并列排列时，铆钉距 $t \geqslant 3d$（d 为铆钉直径）。铆钉中心到铆接板边缘的距离：如铆钉孔是钻孔时约为 $1.5d$，铆钉是冲孔时约 $2.5d$。

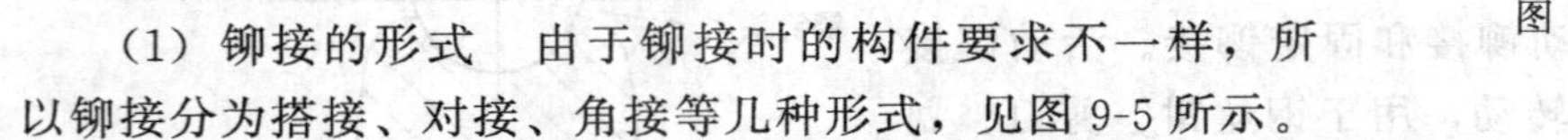

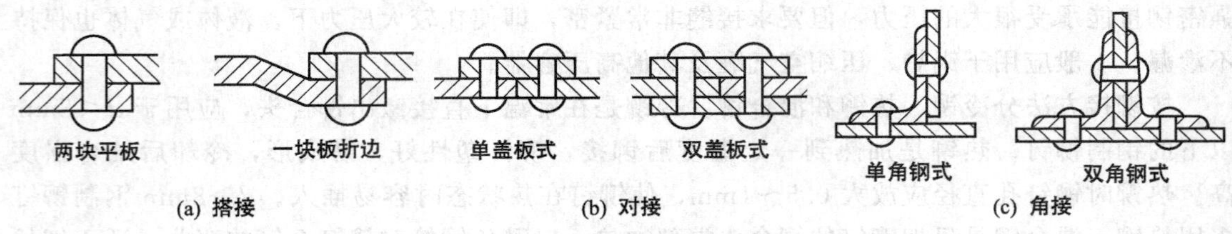

图 9-5　铆接的形式

4. 铆钉直径确定

铆钉直径的大小与被连接的厚度、连接形式以及被连接板的材料等多种因素有关。当被连接板的厚度相同时，铆钉直径等于板厚的 1.8 倍；当被连接板厚度不同，搭接连接时，铆钉直径等于最小板厚的 1.8 倍。铆钉直径可以在计算后按表 9-2 圆整。

表 9-2　铆钉直径及通孔直径（GB/T 152.1—1988）　mm

铆钉直径 d		2.0	2.5	3.0	3.5	4.0	5.0	6.0	8.0	10.0
钉孔直径 d_0	精装配	2.1	2.6	3.1	3.6	4.1	5.2	6.2	8.2	10.3
	粗装配							6.5	8.5	11

5. 铆钉长度的确定

铆接时铆钉杆所需长度，除了被铆接件总厚度外，还需要保留足够的伸出长度，以用来铆制完整的铆合头，从而获得足够的铆合强度。

铆钉杆长度可用下式计算：

半圆头铆钉杆的长度

$$L=\text{被铆接件总厚度}+(1.25\sim1.5)\times\text{铆钉直径}$$

沉头铆钉杆长度

$$L=\text{被铆接件总厚度}+(0.8\sim1.2)\times\text{铆钉直径}$$

6. 钉孔直径的确定

铆接时钉孔直径的大小，应随着连接要求不同而有所变化。如孔径过小，使铆钉插入困难；孔径过大，则铆合后的工件容易松动，合适的钉孔直径应按表 9-2 选取。

【例】 用沉头铆钉搭接连接 2mm 和 5mm 的两块钢板，试选择铆钉直径、长度及钉孔直径？

解：$d=1.8t=1.8\times2=3.6\text{mm}$

按表 9-1 圆整后，取 $d=4\text{mm}$

$$L=2+5+(0.8\sim1.2)\times4=10.2\sim11.8\ (\text{mm})$$

铆钉直径，精装配时为 4.1mm；粗装配时为 4.5mm。

9.1.4 粘接

粘接是一种先进的工艺方法，它具有工艺简单，操作方便，连接可靠，变形小以及密封、绝缘、耐水、耐油等特点，所粘接的工件不需经过高精度的机械加工，也无须特殊的设备和贵重原材料，特别适用于不易铆焊的场合。因此，应用于各种机械设备修复过程中，取得了良好的效果。粘接的缺点是不能耐高温、粘接强度较低。目前，它以快速、牢固、节能、经济等优点代替了部分传统的铆、焊及螺纹连接等工艺。

粘接剂分为无机粘接和有机粘接两大类。

1. 无机粘接剂

由磷酸溶液和氧化物组成，在维修应用中的无机粘接剂主要是磷酸一氧化铜粘接剂。它有粉状、薄膜、糊状、液体等几种形态。其中，以液体状态使用最多。无机粘接剂虽然有操作方便、成本低的优点，但与有机粘接剂相比还有强度低、脆性大和适用范围小的缺点。

使用无机粘接剂时，工件接头的结构形式尽量适用套接和槽榫接，避免平面对接和搭接，连接表面要尽量粗糙，可以滚花和加工成沟纹，以提高粘接的牢固性。

无机粘接剂可用于螺栓紧固、轴承定位、密封堵漏等，但它不适宜粘接多孔性材料和间隙超过 0.3mm 的缝隙。粘接前，应进行粘接面的除锈、脱脂和清洗操作。粘接后的工件须经适当的干燥硬化才能使用。

2. 有机粘接剂

它是一种高分子有机化合物。常用有机粘接剂有两种：

（1）环氧粘接剂　粘合力强，硬化收缩小，能耐化学药品、溶剂和油类的腐蚀，电绝缘性能好，使用方便，并且施加较小的接触压力，在室温或不太高的温度下就能固化。其缺点是脆性大、耐热性差。由于其对各种材料有良好的粘接性能，因而得到广泛的应用。

（2）聚丙烯酸酯粘接剂　这类粘接剂常用的牌号有 501 和 502。其特点是无溶剂，呈一定的透明状，可室温固化。缺点是固化速度快，不宜大面积粘接。

随着高分子材料的发展，新的高效能的粘接剂不断产生，粘接在量具和刃具制造、设备装配维修、模具制造及定位件的固定等方面的应用日益广泛。

【思考与练习】

1. 常用的手工矫正工具有哪些？并说明应用的范围。
2. 什么叫弯形？什么样的材料才能进行弯形？弯形后内、外层材料如何变化？
3. 什么叫中性层？弯形时中性层的位置与哪些因素有关？
4. 什么叫铆接？按使用要求不同铆接分哪两种？接铆接方法不同铆接又分为哪几种？
5. 冷铆、热铆、混合铆各适用于什么场合？
6. 什么是粘接？粘接有哪些特点？有何应用？
7. 用半圆头铆钉搭接连接厚度为 8mm 和 2mm 的两块钢板，选择铆钉直径和长度。
8. 用沉头铆钉搭接连接厚度为 10mm 和 2mm 的两块钢板，选择铆钉直径和长度。

9.2 技能训练1：矫正实例

操作准备：活动扳手、锤子（铁锤、木锤、橡皮锤）、台虎钳、螺旋压力机等。

操作步骤：

9.2.1 操作一 采用弯形法矫正

在宽度方向上变形的条料，矫正操作方法见图9-6所示。

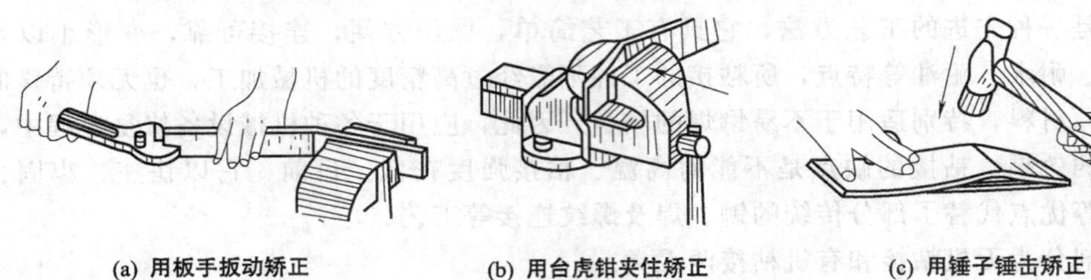

(a) 用板手扳动矫正　(b) 用台虎钳夹住矫正　(c) 用锤子锤击矫正

图9-6 弯形法

棒类和轴类零件的变形主要是弯曲变形。操作步骤：检查弯曲部位并用粉笔做好记号，用手锤连续锤击凸处，这样棒料上层金属受压力缩短，下层金属受拉力伸长，使凸起部位逐渐消除。

直径较大的棒类、轴类零件的矫正方法。操作步骤：轴类零件装在顶尖上，找出弯曲部位，然后放在V形铁上，用螺旋压力机（见图9-7所示）矫直。边矫直，边检查，直到符合要求。压零件时可适当压过一些，以防止因弹性变形所产生的回翘，然后用百分表检查轴的弯曲情况。

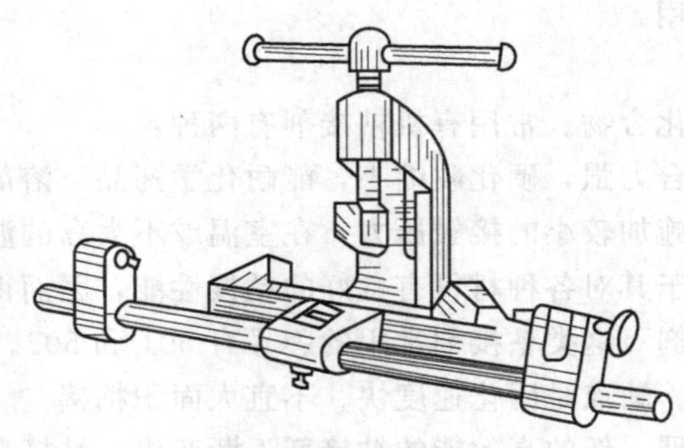

图9-7 螺旋压力机

9.2.2 操作二 采用扭转法矫正

扭转法用来矫正条状材料的扭曲变形。操作方法：常将零件装夹在台虎钳上直接用扳手来进行操作。见图9-8所示扁铁和角钢的矫正方法。

9.2.3 操作三 采用延展法矫正

延展法是用锤子敲击材料适当部分，使其延展伸长，达到矫正的目的。主要用于金属板料及角钢的凸起、翘曲等变形的矫正。

1. 薄板中间凸起的矫正方法

薄板中间凸起，是由于变形后材料中间变薄引起的。矫正时可锤击板料边缘，使边缘材料延展变薄，厚度与凸起部位厚度愈平整。见图9-9（a）所示箭头方向，即锤击位置。锤击

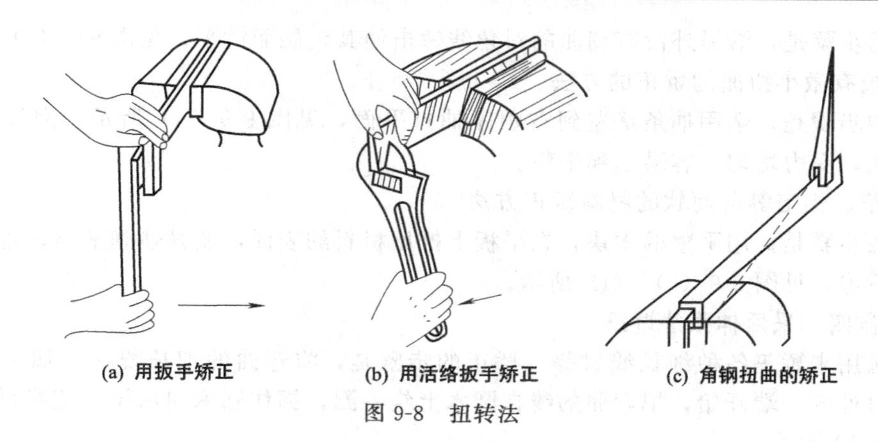
(a) 用扳手矫正　(b) 用活络扳手矫正　(c) 角钢扭曲的矫正

图 9-8　扭转法

的步骤是，由里向外逐渐由轻到重，由稀到密。

温馨提示

如果直接敲击突起部位，则会使凸起的部位变得更薄，这样不但达不到矫平的目的，反而使凸起更为严重。如果薄板表面有相邻几处凸起，应先在凸起的交界处轻轻锤击，使几处凸起合并成一处，然后再敲击四周而矫平。

2. 薄板四周呈现波纹状矫正方法

薄板四周呈现波纹状说明板料四边变薄而伸长了。锤击的步骤是，从中间向四周，按图 9-9（b）所示箭头方向，密度逐渐变稀，力量逐渐减小，经反复多次锤击，使板料达到平整。

3. 薄板发生翘曲等不规则变形时的矫正方法

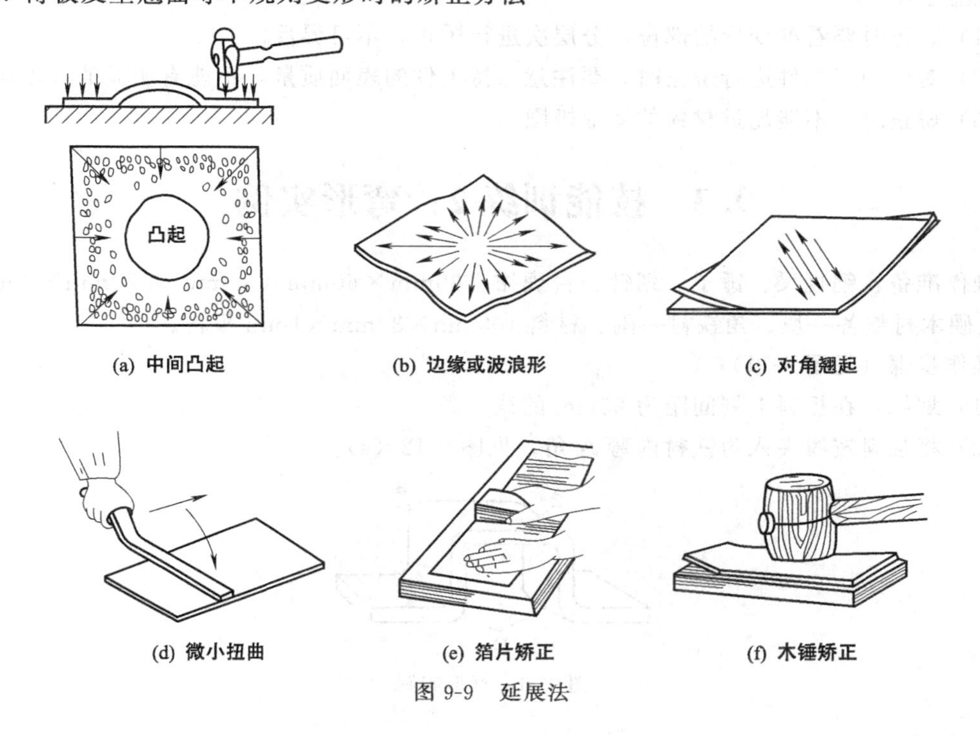

(a) 中间凸起　(b) 边缘或波浪形　(c) 对角翘起

(d) 微小扭曲　(e) 箔片矫正　(f) 木锤矫正

图 9-9　延展法

锤击的步骤是，沿另外没有翘曲的对角线锤击使其延展而矫平。见图 9-9（c）所示。

4. 薄板有微小扭曲的矫正的方法

矫正的步骤是，选用抽条从左到右顺序抽打平面，见图 9-9（d）所示，因抽条与板料接触面积大，受力均匀，容易达到平整。

5. 铜箔、铝箔等薄而软的材料矫正方法

矫正的步骤是，用平整的木块，在平板上推压材料的表面，使其达到平整，也可用木锤或橡皮锤锤击，见图 9-9（e）、（f）所示。

9.2.4　操作四　采用伸张法矫正

伸张法用来矫正各种细长线材等。矫正的步骤是，将弯曲的细长线材一端夹在台虎钳上，从钳口处的一端开始，把弯曲的线在圆木上绕一圈，握住圆木向后拉，使线材伸张而矫直，见图 9-10 所示。

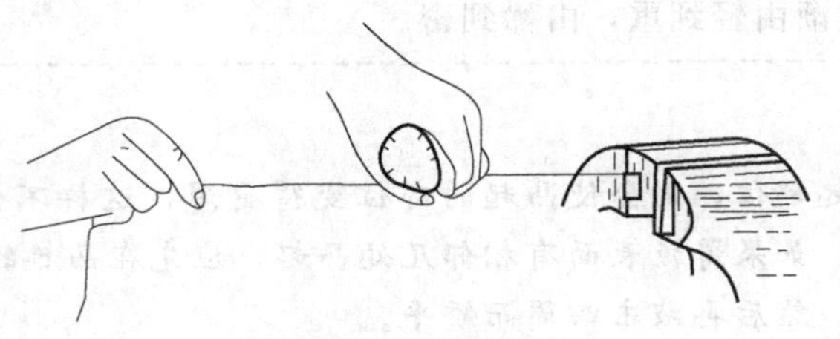

图 9-10　伸张法

温馨提示

向后拉动时，手不要握紧线材，防止将手划伤。必要时应戴上布手套进行操作。

注意事项：

（1）矫正时要看准变形的部位，分层次进行矫正，不可弄反。

（2）对已加工工件进行矫正时，要注意保持工件的表面质量，不能有明显的锤击印迹。

（3）矫正时，不能超过材料的变形极限。

9.3　技能训练 2：弯形实例

操作准备：钢直尺、锤子、划针、台虎钳、20mm×60mm×80mm 和 20mm×20mm×80mm 硬木衬垫各一块、角铁衬一副、材料 100mm×30mm×1mm 板料。

操作步骤（见图 9-11）：

（1）划线，在板料上划间距为 25mm 的线 4 条。

（2）将板料按线夹入角铁衬内弯 A 角，见图 9-12（a）。

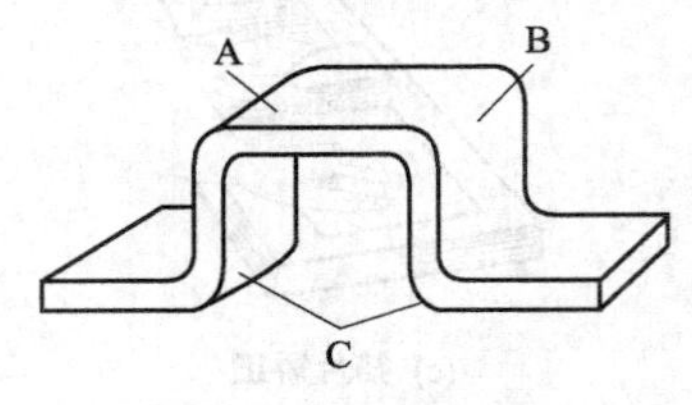

图 9-11　弯形实例

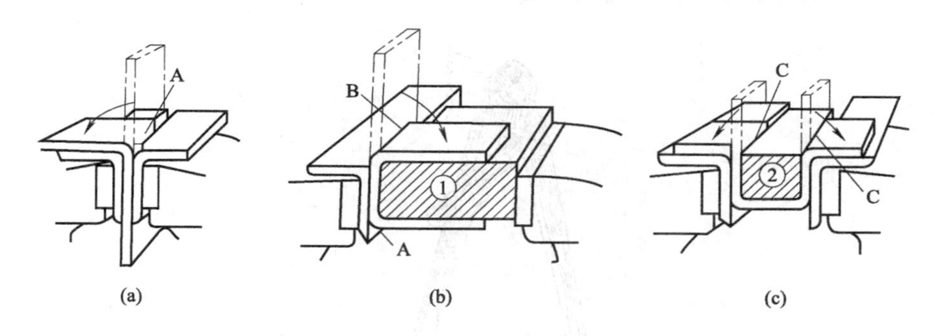

图 9-12　变形

（3）再将衬垫①20mm×60mm×80mm 弯 B 角，见图 9-12（b）。

（4）将衬垫②20mm×20mm×80mm 弯 C 角，见图 9-12（c）。

9.4　技能训练 3：铆接实例

操作准备：锤子、铁砧、锉刀、砂布、油石、钻头、铰刀、丝锥、罩模、顶模、压紧冲头、木块、木钉、钢直尺、游标卡尺、刀口角尺、万能角度尺、划线平板、高度游标卡尺、千分尺、钢丝刷等。

操作步骤（见图 9-13）：

（1）检查毛坯尺寸，划线。

（2）粗、精锉削划规平面，达到平直要求，厚度尺寸 $6^{+0.01}_{0}$mm 范围。

（3）粗、精锉两脚 9mm 宽的内侧平面，保证其与 9mm 宽的外平面垂直，并保证宽度方向各尺寸的余量。

（4）分别以外平面和内侧面为基准划 3mm 及内、外 120°角加工线。

（5）锉 120°角及（3±0.03)mm 的凹平面时，应保证平行度误差≤0.01mm，120°角交线必须在内侧面上，并留有锉配修整余量 0.2～0.3mm（加工时要注意角交线到端面 30mm 的尺寸余量）。

（6）配合修锉两划规脚 120°角度，达到配合间隙≤0.06mm。

（7）以内侧面和 120°角交线为基准，划 ϕ5mm 孔位线（ϕ5mm 孔的中心线应在内侧面的延长线上）。

（8）两脚并合夹紧，钻、铰 ϕ5mm 孔，并作 C0.5 倒角。

（9）以内侧面和外平面为基准，分别划 9mm、18mm 及 6mm 的加工线，后用 M5 螺钉、螺母连接垫片和两脚，按线进行外形粗锉加工。

（10）确定一个脚为右脚，按同样尺寸划线，钻 ϕ2.5mm 孔（孔口倒角），攻 M3 螺纹。

（11）用 ϕ5mm 铆钉铆接，达到活动铆接要求。铆接的具体操作方法如下：

① 放入铆钉，把铆钉半圆头放在顶模上，用压紧冲头压紧板料。

② 用锤子镦粗铆钉伸出部分，并将四周锤成形。

③ 用罩模修整，达到要求。

（12）精加工外形尺寸，达到（9±0.03)mm 和（6±0.03)mm 的尺寸要求，满足表面粗糙度 Ra≤3.2μm 要求（用砂纸和油石打磨），并根据垫圈外径锉修 R9mm 圆弧头。

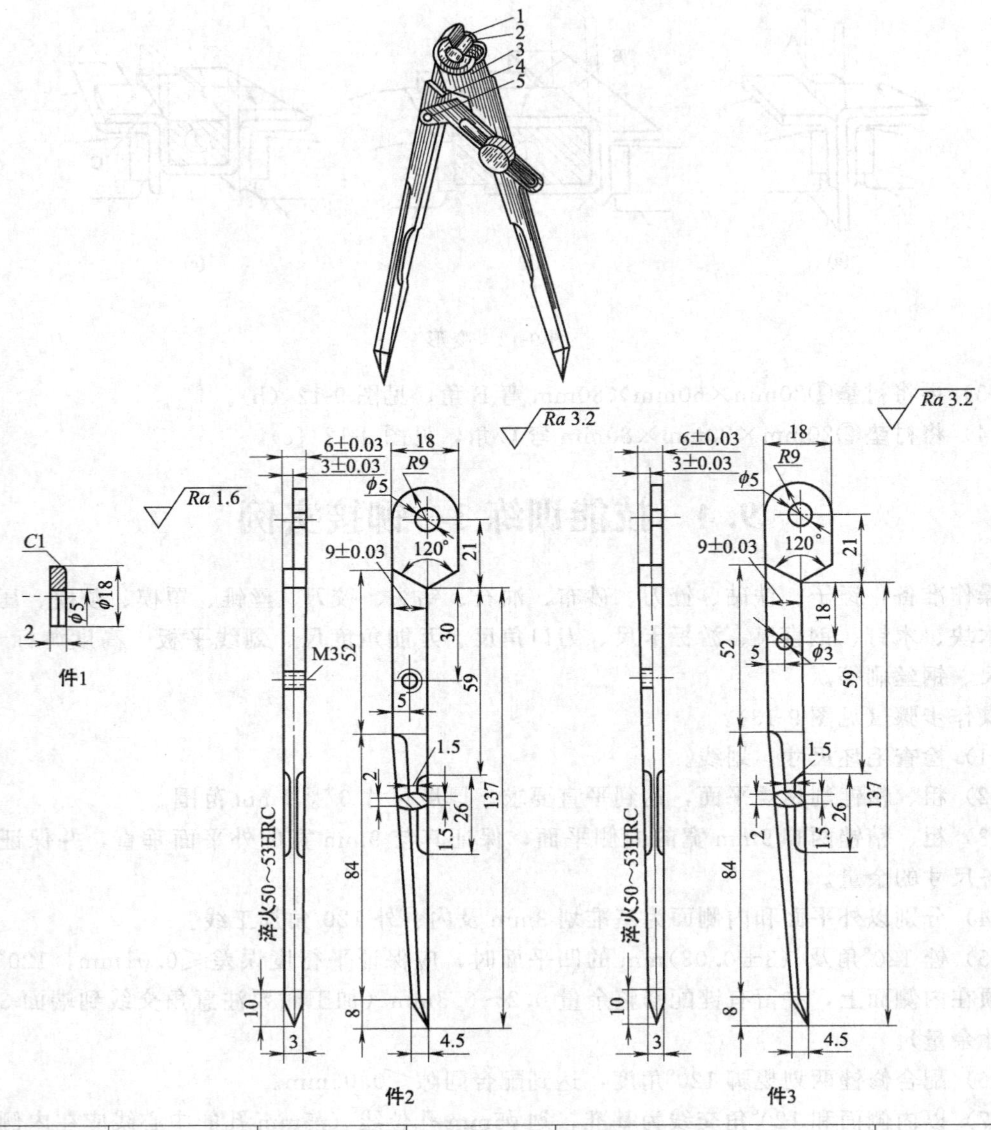

序号	工件	材料	件数	规格	工时
1	垫片	45	2	φ20mm×10mm	48 学时
2	半圆头铆钉	铝铆钉	1	φ5mm×20mm	
3	右脚划规	Q235	1	175mm×20mm×6mm	
4	左脚划规	Q235	1	175mm×20mm×6mm	
5	半圆头铆钉	铝铆钉	1	φ3mm×12mm	

图 9-13 铆接实例

（13）按图在两脚上划出外侧倒角线及内侧捏手槽位置线，并按要求锉出。各棱交线要清晰，内圆弧要求圆滑光洁。

（14）活动连板用 ϕ3mm 铆钉紧固铆接在左脚划规上，进行铆接。

（15）将脚尖锉削成形后，淬火。

（16）全部复查及修整，达到使用要求。

注意事项：

（1）120°角度面与3mm的平面垂直度误差方向以小于90°为好，以便于达到配合要求。

（2）为了保证铆接后划规两脚转动时松紧适度，铆合面必须平直光洁，平行度误差必须控制在最小范围内。

（3）钻ϕ5mm的铆钉孔时，必须两脚配合正确，且在可靠夹紧情况下，并钻在两脚内侧面延长线上，否则并合间隙将达不到要求，而且不能再作修整加工。

（4）在加工外侧倒角与内侧捏手槽时，必须一起划线，锉两脚时应经常并拢两脚检查大小和长短是否一致，否则会影响划规外形质量。

（5）在加工活动连板时，由于厚度尺寸小，应先加工长槽后再加工外形轮廓，钻孔时必须夹牢，避免造成工伤和折断钻头。

（6）由于活动连板加工时有尺寸、形状的误差，为了使装配后位置正确，可将M3螺钉孔的位置用试配、配钻的方法确定。

成绩评定：

学号		姓名		总得分	

项目：划规制作

序号	质量检查的内容	配分	评分标准	扣分	得分
1	(9±0.03)mm，2处	6	超差一处扣3分		
2	(6±0.03)mm，2处	6	超差一处扣3分		
3	120°配合间隙≤0.06mm，2处	16	超差一处扣8分		
4	2脚并合间隙≤0.08mm	8	超差不得分		
5	R9mm圆头光滑正确	6	目测不合格全扣		
6	铆接松紧适宜 铆合头完整，2处	8	每处铆合头有缺陷扣4分		
7	ϕ3mm铆合头，2处	10	每处缺陷扣5分		
8	两脚倒角对称，8处	16	每处不合格扣2分		
9	脚尖倒角对称，2处	6	每处不合格扣3分		
10	$Ra\leqslant3.2\mu m$，8处	8	每处升高一级扣1分		
11	安全文明生产	10	违者每项扣5分		

任务十　刮削与研磨

任务情境描述

刮削是用刮刀在半精加工过的工件表面上刮去微量金属，以提高表面形状精度、改善配合表面之间接触精度的钳工作业。它具有切削量小、切削力小、产生热量小、加工方便和装夹变形小的特点。通过刮削后的工件表面，不仅能获得很高的形位精度、尺寸精度、接触精度、传动精度，还能形成比较均匀的微浅凹坑，创造了良好的存油条件。加工过程中的刮刀对工件表面的多次反复推挤和压光，使得工件表面组织紧密，从而得到较低的表面粗糙度值。用研磨工具（研具）和研磨剂从工件表面磨掉一层极薄的金属，使工件表面获得精确的尺寸、形状和极小的表面粗糙度值的加工方法，称为研磨。目前，很多工厂在制作模具时，常采用油石直接研磨或研磨机研磨的方法来提高模具精度要求。

教学目标

1. 了解正确的刮削姿势及操作要领
2. 了解刮刀的刃磨方法，并能正确使用刮刀进行刮削操作
3. 掌握刮削质量的检验方法
4. 了解研磨的工具和研磨剂，研磨磨料的选择
5. 掌握研磨的基本方法及其操作

知识要求

10.1　基础知识

10.1.1　刮削

刮削有平面刮削和曲面刮削，本书只介绍平面刮削的方法。刮削前工件表面先经过切削加工，刮削余量为0.05～0.4mm，具体数值根据工件刮削面积和误差大小而定。

1. 刮刀的种类

刮刀是刮削的主要工具，有平面刮刀（见图10-1所示）和曲面刮刀（见图10-2所示）。材料一般由碳素工具钢T10A、T12A或耐磨性较好的CCr15滚动轴承钢锻造成型，后端装有木柄，刀刃部分经淬硬后为60HRC左右，刃口需经过研磨，并经磨制和热处理淬硬而成。

平面刮刀主要用来刮削平面，可分为普通刮刀和活头刮刀。普通刮刀［见图10-1（a）所示］，按所刮削表面的精度不同，可分为粗刮刀、细刮刀和精刮刀三种。活头刮刀［见图10-1（b）所示］，刮刀刀头采用碳素工具钢或轴承钢制成，刀身则由中碳钢制成，通过焊接或机械装夹将刀头固定于刀身上。

曲面刮刀主要用来刮削内曲面，如滑动轴承的内孔等。主要有三角刮刀［见图10-2（a）

所示]、蛇头刮刀［见图 10-2（b）所示］和柳叶刮刀。

2. 校准工具

校准工具是用来研点和检查被刮面准确性的工具，也称研具。常用的校准工具有校准平板（见图 10-3 所示）、校准直尺（见图 10-4 所示）、角度直尺（见图 10-5 所示）以及根据被刮面形状设计制造的专用校准型板等。

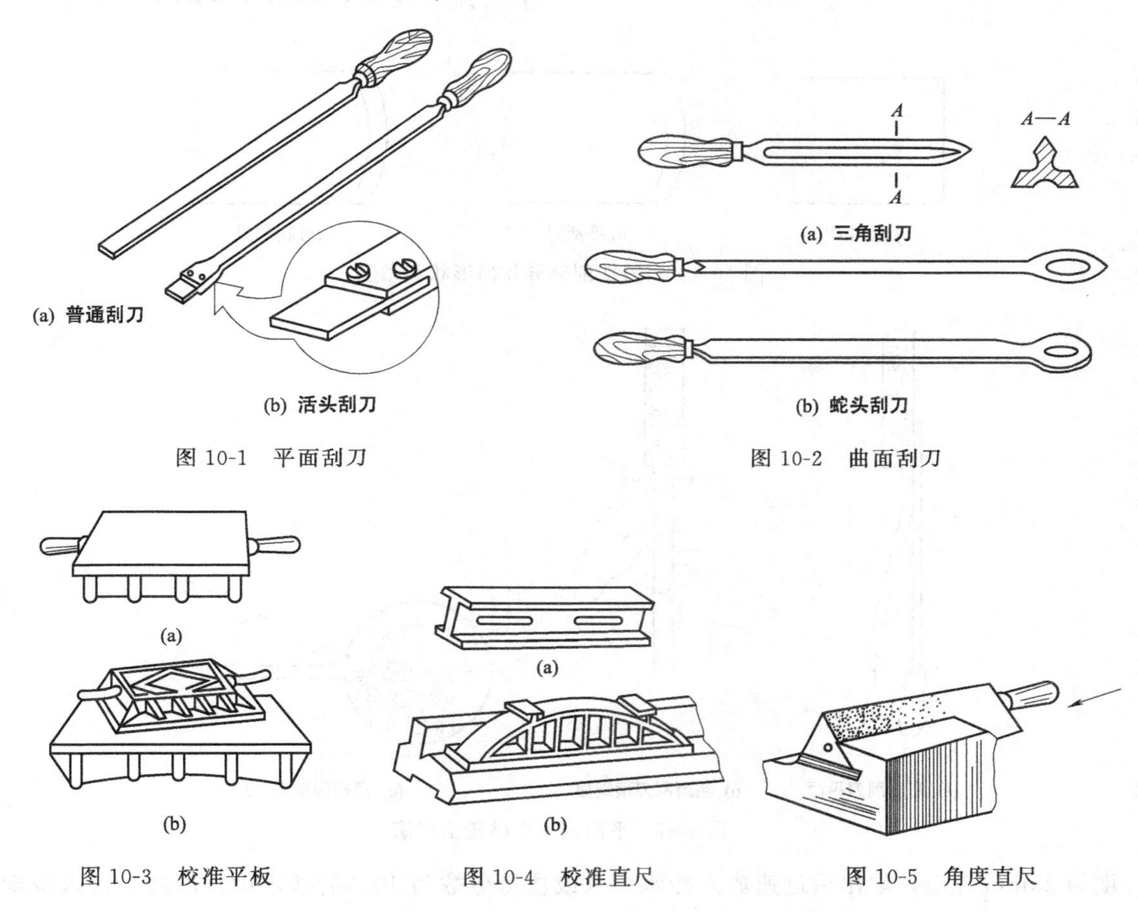

图 10-1 平面刮刀　图 10-2 曲面刮刀

图 10-3 校准平板　图 10-4 校准直尺　图 10-5 角度直尺

3. 平面刮刀的刃磨

（1）平面刮刀的几何角度　刮刀的角度按粗刮、细刮、精刮的要求而定。三种刮刀的楔角 β（见图 10-6 所示）：精刮刀为 90°～92.5°，切削刃平直；细刮刀为 95°左右，切削刃稍带圆弧；精刮刀为 97.5°左右，刀刃带圆弧。韧性材料的刮刀，可磨成正前角，但这种刮刀只适用粗刮。刮刀平面应平整光洁，刃口无缺陷。

（2）粗磨　粗磨时分别将刮刀两平面贴在砂轮侧面上，开始时应先接触砂轮边缘，再慢慢平放在侧面上，不断地前后移动进行刃磨，见图 10-7（a）所示，使两面都达到平整，在刮刀全宽上用肉眼看不出有显著的厚薄差别。然后粗磨顶端面，把刮刀的顶端放在砂轮上平稳左右移动，见图 10-7（b）所示，要求端面与刀身中心线垂直，磨时应先以一定倾斜度与砂轮接触，见图 10-7（c）所示，再逐步按图示箭头方向转动至水平。如直接按水平位置靠上砂轮，刮刀会颤抖不易磨削，甚至会出事故。

（3）热处理　将粗磨好的刮刀放在炉火中缓慢加热到 780～800℃（呈樱红色），加热长

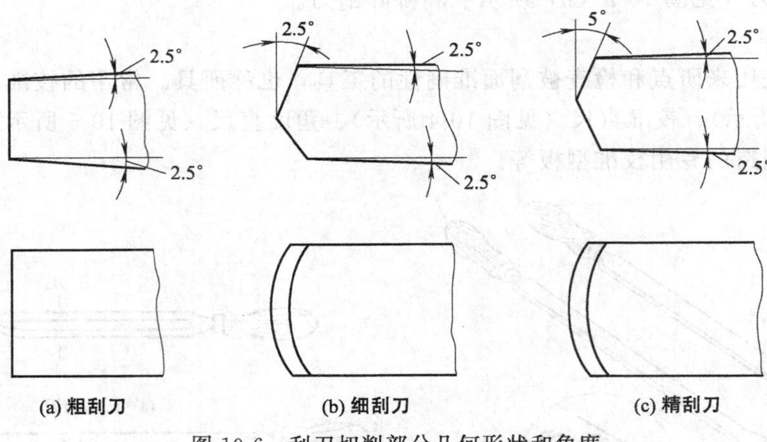

图 10-6　刮刀切削部分几何形状和角度

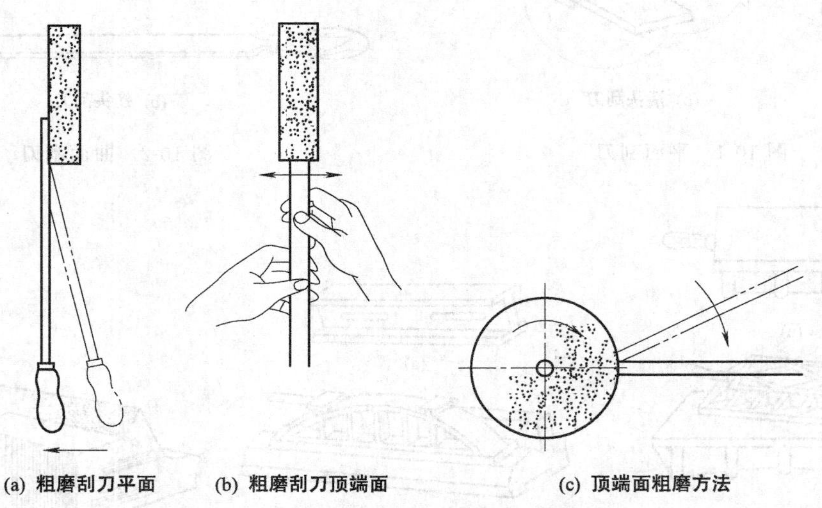

图 10-7　平面刮刀在砂轮上粗磨

度为 25mm 左右，取出后迅速放入冷水中（或质量分数为 10%的盐水中）冷却，浸入深度约为 8～10mm。刮刀接触水面时作缓缓平移和间断地少许上下移动，这样可不使淬硬部分留下明显界限。当刮刀露出水面部分呈黑色，且将刮刀由水中取出观察其刃部颜色为白色时，应迅速把整个刮刀浸入水中冷却，直到刮刀全冷后取出即完成热处理。热处理后的刮刀切削部分硬度应在 60HRC 以上，用于粗刮。对于精刮刀及刮花刮刀，淬火时可用油冷却，这样刀头不会产生裂纹，且金属的组织较细，容易刃磨，切削部分硬度接近 60HRC。

(4) 细磨　热处理后的刮刀在细砂轮上细磨，基本达到刮刀形状和几何角度要求。刮刀刃磨时必须常蘸水冷却，避免刃口部分退火。

(5) 精磨　刮刀精磨在磨石上进行。操作时在磨石上加适量机油，先磨两平面，见图 10-8 (a) 所示，直至平面平整，表面粗糙度 $Ra \leqslant 0.2\mu m$。然后精磨端面，见图 10-8 (b) 所示，刃磨时左手扶住手柄，右手紧握刀身，使刮刀直立在磨石上，略带前倾（前倾角根据刮刀 β 角的不同而定）地向前推移，拉回时刀身略微提起，以免磨损刃口，如此反复，直到切削部分形状和角度符合要求，且刃口锋利为止。初学者还可将刮刀上部靠在肩上，两手握住刀身，向后拉动来磨刃口，向前时将刮刀提起，见图 10-8 (c) 所示。此法速度较慢，但容易掌握。在初学时常先采用此法练习，待熟练后再采用前述磨法。

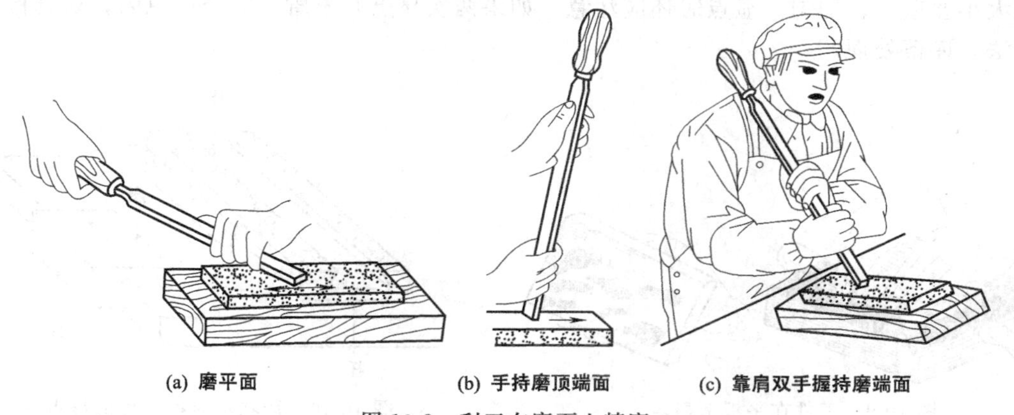

图 10-8　刮刀在磨石上精磨

(6) 刃磨时的安全注意事项

① 刮刀毛坯锻打后应先磨去棱角及边口毛刺。

② 刃磨刮刀端面时，用力的方向应通过砂轮轴线，操作人员应站立在砂轮的侧面或斜侧面。

③ 刃磨时施加的压力不能太大，刮刀应缓慢接近砂轮，避免刮刀颤抖过大造成事故。

④ 热处理工作场地应保持整洁，淬火操作时应小心谨慎，以免灼伤。

4. 显示剂

工件和校准工具对研时，所加的涂料称显示剂。其作用是显示工件误差的位置和大小。

(1) 显示剂的用法　显示剂的用法见表 10-1。

(2) 显示剂的种类　常用的显示剂的种类及应用见表 10-2。

表 10-1　显示剂的用法

类　别	显示剂的选用	显示剂的涂抹	显示剂的调和
粗刮	红丹粉	涂在研具上	调稀
精刮	蓝油	涂在工件上	调干

表 10-2　常用显示剂的种类及应用

种　类	成　分	应　用
红丹粉	由氧化铅和氧化铁用机油调和而成，前者呈橘红色，后者呈红褐色，颗粒较细	广泛用于钢和铸铁工件
蓝油	用蓝粉和蓖麻油及适量的机油调和而成	多用于精密工件和有色金属及其合金的工件

(3) 显点的方法　显点的方法应根据不同形状和刮削面积的大小有所区别。

① 中、小型工件的显点　一般是校准平板固定不动，工件被刮面在平板上推研。推研时压力要均匀，避免显示失真。如果工件被刮面小于平板面，推研时最好不要超过平板，如果被刮面等于或稍大于平板面，允许工件超出平板，但超出部分应小于工件长度的 1/3，见图 10-9 所示。推研应在整个平板上进行，以防止平板局部磨损。

② 大型工件的显点　将工件固定，平板在工件的被刮面上推研。推研时，平板超出工件被刮面的长度应小于平板长度的 1/5。

③ 形状不对称工件的显点　推研时应在工件某个部位托或压，见图 10-10 所示。但用力的大小要适当、均匀。显点时还应注意，如果两次显点有矛盾，应分析原因，认真检查推研方法，谨慎处理。

图 10-9　工件在平板上显点

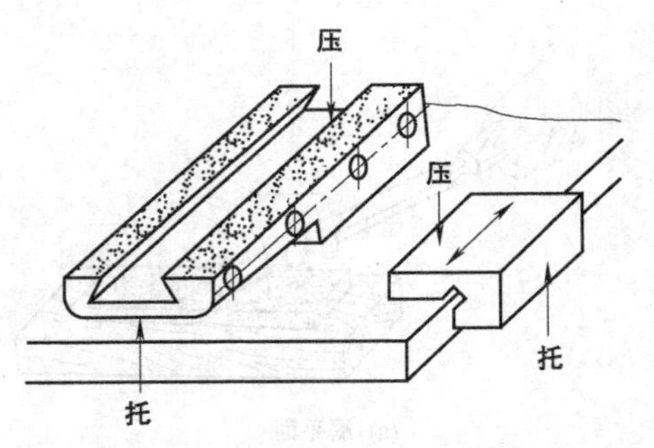

图 10-10　形状不对称工件的显点

5. 平面刮削的过程

平面刮削有单个平面刮削（如平板、工作台面等）和组合平面刮削（如 V 形导轨面、燕尾槽面等）两种。一般过程要经过粗刮、细刮、精刮和刮花等过程。其刮削的要求见表 10-3。

表 10-3　平面刮削步骤及要求

类别＼要求	目　的	方　法	研点数/(25mm×25mm)
粗刮	用粗刮刀在刮削面上均匀地铲去一层较厚的金属。目的是去余量、去锈斑、去刀痕	连续推铲法，刀迹要连成长片	2～3 点
细刮	用细刮刀在刮削面上刮去稀疏的大块研点(俗称破点)，以进一步改善不平现象	短刮法，刀痕宽而短。随着研点的增多，刀迹逐步缩短	12～15 点
精刮	用精刮刀更仔细地刮削研点(俗称摘点)，以增加研点，改善表面质量，使刮削面符合精度要求	点刮法，刀迹长度约为 5mm。刮面越窄小，精度要求越高，刀迹越短	大于 20 点
刮花	在刮削面或机器外观表面上刮出装饰性花纹，既使刮削面美观，又改善了润滑条件，见图 10-11 所示		

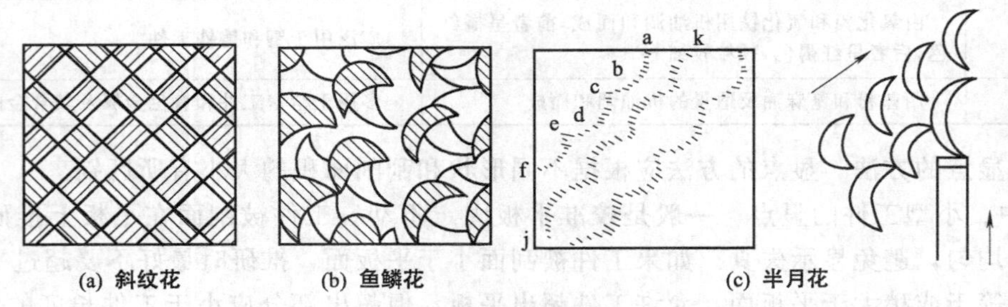

图 10-11　刮花的花纹

6. 刮削精度的检验

刮削精度包括尺寸精度、形位精度、接触精度、配合间隙及表面粗糙度等。接触精度常用 25mm×25mm 正方形方框内的研点数检验，见图 10-12 所示。各种平面接触精度研点数见表 10-4。

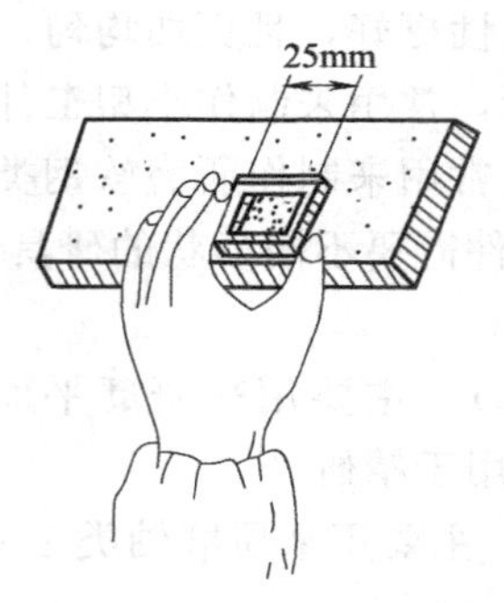

图 10-12 工件在平板上显点

表 10-4 各种平面接触精度研点数

平面种类	每 25mm×25mm 内的研点数	应　用
一般平面	2～5	较粗糙机件的固定结合面
	5～8	一般结合面
	8～12	机器台面、一般基准面、机床导向面、密封结合面
	12～16	机床导轨及导向面、工具基准面、量具接触面
精密平面	16～20	精密机床导轨、直尺
	20～25	1 级平板、精密量具
超精密平面	25	0 级平板、高精度机床导轨、精密量具

注：表中 1 级平板、0 级平板是指通用平板的精度等级。

10.1.2 研磨

1. 研磨的特点及作用

（1）研磨可以获得其他方法难以达到的高尺寸精度和形状精度。通过研磨后的尺寸精度可达到 0.001～0.005mm。

（2）研磨容易获得极小的表面粗糙度。一般情况下表面粗糙度为 $Ra1.6\sim0.1\mu m$，最小可达 $Ra0.012\mu m$。

（3）研磨加工方法简单、不需复杂设备，但加工效率低。

（4）经研磨后的零件能提高表面的耐磨性、抗腐蚀能力及疲劳强度，从而延长了零件的使用寿命。目前，很多工厂在制作模具时，常采用油石直接研磨或研磨机研磨的方法来提高模具精度要求。

2. 研磨余量

研磨是微量切削，因此研磨余量不能太大，也不宜太小，一般在 0.005～0.030mm 之间比较合适。

3. 研具

研具是保证被研磨工件的几何形状精度的重要因素，因此，对研具材料、精度和表面粗糙度都有较高的要求。

（1）研具材料　硬度应比被研磨工件低，组织均匀，具有较高的耐磨性和稳定性，有较好的嵌存磨料的性能等。常用的研磨材料有：

① 灰铸铁　硬度适中、嵌入性好、价格低、研磨效果好等特点，是一种应用广泛的研磨材料。

② 球墨铸铁　比灰铸铁的嵌入性更好，且更加均匀、牢固，常用于精密工件的研磨。

③ 软钢　韧性较好，不易折断，常用来制作小型工件的研具。

④ 铜　性质较软，嵌入性好，常用来制作研磨软钢类工件的研具。

(2) 研具类型　不同形状的工件需要不同形状的研具，常用的研具有研磨平板、研磨环和研磨棒等。

① 研磨平板（见图 10-13 所示）　主要用来研磨平面，如研磨量块、精密量具的平面等。其中有槽的用于粗研，光滑的用于精研。

② 研磨环（见图 10-14 所示）　主要用来研磨轴类工件的外圆表面。

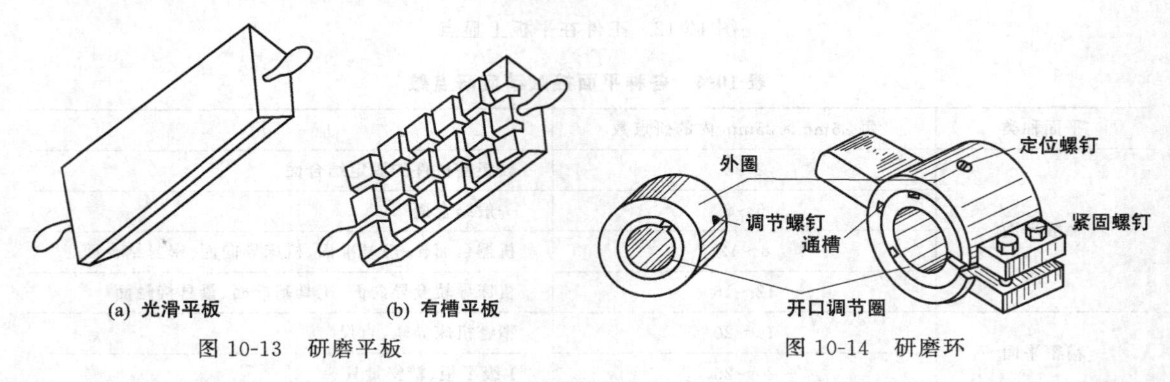

图 10-13　研磨平板

图 10-14　研磨环

③ 研磨棒（见图 10-15 所示）　主要用来研磨套类工件的内孔。研磨棒有固定式和可调式两种，固定式研磨棒制造简单，但磨损后无法补偿，多用于单件工件的研磨。可调式研磨棒的尺寸可在一定的范围内调整，其寿命较长，应用广泛。

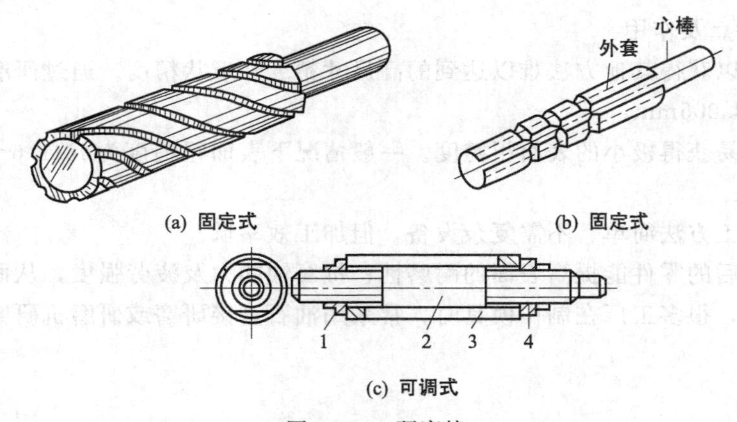

图 10-15　研磨棒

1,4—调整螺母；2—锥度心轴；3—开槽研磨套

4. 研磨剂

研磨剂是由磨料和研磨液调和而成的混合剂。

(1) 磨料　在研磨中起切削作用，研磨效率、研磨精度都和磨料有密切的关系。磨料的系列及用途见表 10-5。

磨料的粗细用粒度表示，按颗粒尺寸分为 41 个粒度号，有两种表示方法。其中磨粉有

4号，5号，…，240号共27个，粒度号越大，磨粒越细；微粉类有W63，W50，…，W0.5共14个，号数越大，磨粒越粗。在选用时应根据精度高低进行选取，常用研磨磨料见表10-6。

表10-5 磨料的系列与用途

系列	磨料名称	代号	特性	适用范围
氧化铝系列	棕刚玉	A	棕褐色，硬度高，韧性大，价格便宜	粗、精研磨钢、铸铁和黄铜
	白刚玉	WA	白色，硬度比棕刚玉高，韧性比棕刚玉差	精研磨淬火钢、高速钢、高碳钢及薄壁零件
	铬刚玉	PA	玫瑰红或紫红色，韧性比白刚玉高，磨削粗糙度值低	研磨量具、仪表零件等
	单晶刚玉	SA	淡黄色或白色，硬度和韧性比白刚玉高	研磨不锈钢、高钒高速钢等强度高、韧性大的材料
碳化物系	黑碳化硅	C	黑色有光泽，硬度比白刚玉高，脆而锋利，导热性和导电性良好	研磨铸铁、黄铜、铝、耐火材料及非金属材料
	绿碳化硅	GC	绿色，硬度和脆性比黑碳化硅高，具有良好的导热性和导电性	研磨硬质合金、宝石、陶瓷、玻璃等材料
	碳化硼	BC	灰黑色，硬度仅次于金刚石	精研磨和抛光硬质合金、人造宝石等硬质材料
金刚石系	人造金刚石		无色透明或淡黄色、黄绿色、黑色，硬度高，比天然金刚石略脆，表面粗糙	粗、精研磨硬质合金、人造宝石、半导体等高硬度脆性材料
	天然金刚石		硬度最高，价格昂贵	
其他	氧化铁		红色至暗红色，比氧化铬软	精研磨或抛光钢、玻璃等材料
	氧化铬		深绿色	

表10-6 常用研磨磨料

粒度号	研磨加工类型	可达表面粗糙度 $Ra/\mu m$
100号～240号	最初的研磨加工	
W40～W20	粗研磨加工	0.4～0.2
W14～W7	半精研磨加工	0.2～0.1
W5以下	精研磨加工	0.1以下

(2) 研磨液　在加工过程中起调和磨料、冷却和润滑的作用，它能防止磨料过早失效和减少工件（或研具）的发热变形。常用的研磨液有煤油、汽油、10号和20号机械油、淀子油等。

知识扩展

油石的知识

油石在使用过程中，主要是利用磨料对被加工表面进行磨削。加工表面光洁度好，加工精度高，油石的切削刃具有自锐作用。一般有六种：绿碳化硅的、白刚玉的、棕刚玉的、碳化硼的、红宝石的（又名烧结刚玉）和天然玉的。在模具制作中，经常采用人工或机器对模具型腔进行研磨加工。

油石种类分为陶瓷结合剂油石和树脂结合剂油石。陶瓷结合剂油石品种有正方油石(sf)、长方油石（sc)、三角油石（sj)、半圆油石（sb)、圆柱油石（sy)、刀型油石(sd)、珩磨油石（sh)、网纹油石（swh)、砂轮片、磨头、双面油石及其他特殊非标准油石等；树脂结合剂油石有珩磨平台油石（sph)。

不同粒度磨料的适用范围见表10-7。磨料的硬度等级及代号见表10-8。

表 10-7　不同粒度磨料的适用范围

	粒度号	使用范围
1	4、5、6、8、10、12、14、16、20、22、24、30	用于粗磨及切割等
2	36、40、46、54	用于一般要求的半精磨
3	60、70、80、90、100	用于一般要求的精磨
4	120、150、180、220、240、W63、W50、W40、W28、W20	用于研磨、螺纹磨等
5	W14、W10、W7、W5、W3.5、W2.5、W1.5、W1.0、W0.5	用于镜面磨、精细抛光等

表 10-8　磨料的硬度等级及代号

大级	超软	软			中软		中		中硬			硬		超硬
小级	D、E、F	软 1	软 2	软 3	中软 1	中软 2	中 1	中 2	中硬 1	中硬 2	中硬 3	硬 1	硬 2	Y
代号		G	H	J	K	L	M	N	P	Q	R	S	T	

【思考与练习】

1. 什么是刮削？刮削有哪些特点？
2. 什么是粗刮、细刮、精刮？刮花有什么作用？
3. 刮刀刃磨方法及刃磨注意事项？
4. 什么叫研磨？研磨的作用是什么？
5. 对研具材料有哪些要求？常用的研具材料有哪些？
6. 影响研磨质量的因素有哪些？

10.2　技能训练 1：平面刮削

操作准备：平面刮刀、平板、显示剂、25mm×25mm 方框、刮研桌等。

操作步骤：

平面刮削的操作方法有挺刮法和手刮法两种。

1. 挺刮法的操作方法

见图 10-16（a）所示。将刮刀柄顶在小腹右下侧，双手握住刀身，距刀刃约 80mm（左手正握在前，右手反握在后）。刮削时，刀刃对准研点，左手下压，落刀要轻，利用腿部、臀部和腰部的力量使刮刀向前推挤，并利用双手引导刮刀前进。在推挤进行到所需要距离后的瞬间，用双手迅速将刮刀提起，即完成一次挺刮动作。由于挺刮法用下腹肌肉施力，容易掌握，每刀切削量大，工作效率高，适合大余量的刮削，因此应用最广泛。但工作时需要弯曲身体操作，故腰部易产生疲劳。

2. 手刮法的操作方法

见图 10-16（b）所示。右手握刀柄，左手握刀杆，距刀刃约 50mm 处，刮刀与被刮削表面成 25°～30°角。同时，左脚前跨一步，上身随着向前倾斜，这样便于用力，而且容易看清刮刀前面的研点情况。右臂利用上身摆动使刮刀向前推进，推的同时，左手向下压，并引导刮刀的运动方向，当推进到所需距离后，左手迅速抬起，刮刀即完成一次刮削动作。手刮动作灵活，适应性强，但每刀切削量较小，操作者手容易疲劳，因此不适于加工余量较大的场合。

注意事项：

（1）涂色显点时，平板必须放置稳定，施力要均匀，以保证研点显示真实。涂色时，表面必须保持清洁，防止平板表面划伤拉毛。

（2）细刮时每个研点尽量只刮一刀，逐步提高刮点的准确性。

（3）刮刀用钝时，要及时修磨，并正确刃磨好刮刀的切削角度。

（4）在刮削中要勤于思考，善于分析，随时掌握工件的实际误差情况，并选择适当的部位进行刮削修整，以最少的加工量和刮削时间来达到技术要求。

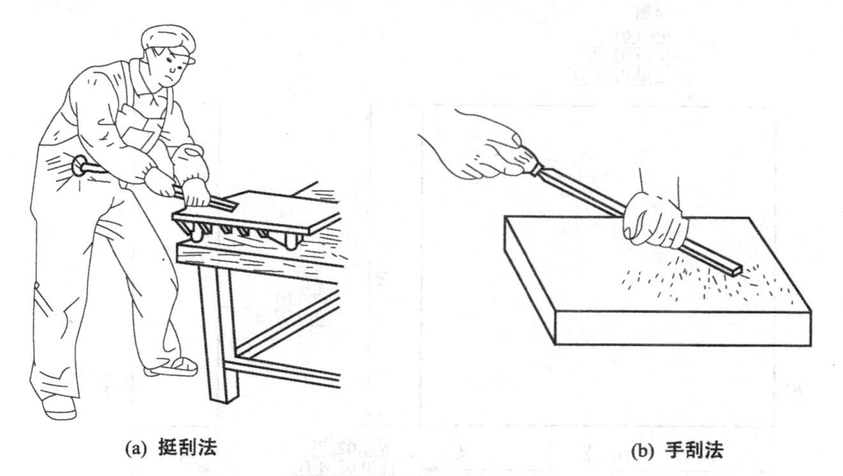

图 10-16　平面刮削的方法

温馨提示

刮削时，粗刮是为了获得工件初步形位精度，一般都是要刮去较多的金属，所以刮削要有力，每刀刮削量要大。而细刮和精刮主要是为了提高刮削表面的光整及研点数，所以必须挑点准确，刀迹要细小光整。因此，不要在平板还没有达到粗刮要求的情况下，过早地进入细刮工序，这样既影响刮削速度，也不易将平板刮好。

10.3　技能训练 2：刮削四方块

操作准备：准备 100mm×100mm×25mm 材料（HT200，刨加工）、平面刮刀、平板、显示剂、25mm×25mm 方框、刮研桌、测量垂直度误差的圆柱或 0 级精度的宽座直角尺、百分表、百分表架、千分尺等。

相关知识（见图 10-17）

1. 平行面的刮削与测量

平行面采用百分表来进行测量（见图 10-18）。测量时，将工件基准平面放在标准平面上，百分表测杆头在加工表面上，在触及测量表面时，应调整到使其有 0.3mm 左右的初始读数。测量时应沿着工件被测表面的四周及两条对角线方向进行，测得的最大读数与最小读数之差即为平行度误差。

平行面刮削时，用标准平板平面为测量基准，先粗、精刮基准面，达到表面粗糙度值及研点数要求，再刮对面平行面。粗刮平行面时，应先用百分表测量该面对基准面的平行度误差，以确定刮削部位及刮削量，并结合涂色显点刮削，以保证该面的平面度。在初步保证平面度和平行度的条件下，可进入细刮工序，此时主要根据涂色显点来确定刮削部位。再用百分表进行平行度误差的测量，作必要的刮削修整，达到要求后可过渡到精刮工序。此时主要按研点挑点精刮，以达到表面粗糙度值和研点要求，同时也要间断地进行平行度误差的测量。

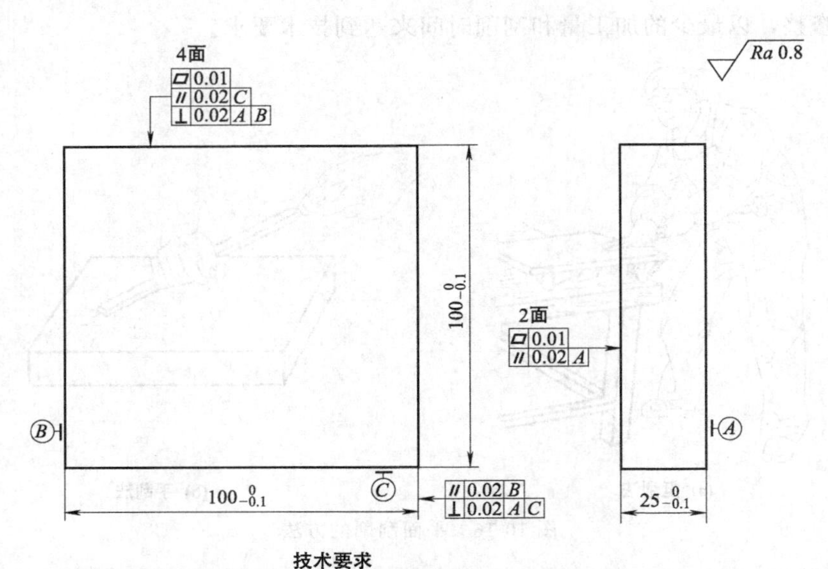

图 10-17　刮削四方块

2. 垂直面的刮削与测量

垂直面的刮削方法与平行面刮削相似，即粗刮时主要靠垂直度测量来确定其刮削部位，并结合涂色显点刮削来保证平面度误差的要求。精刮时，主要按研点进行挑点刮削，并进行控制垂直度误差的测量。垂直度误差的测量方法见图 10-19 所示。四个垂直侧面的刮削顺序与锉削四方体相同。

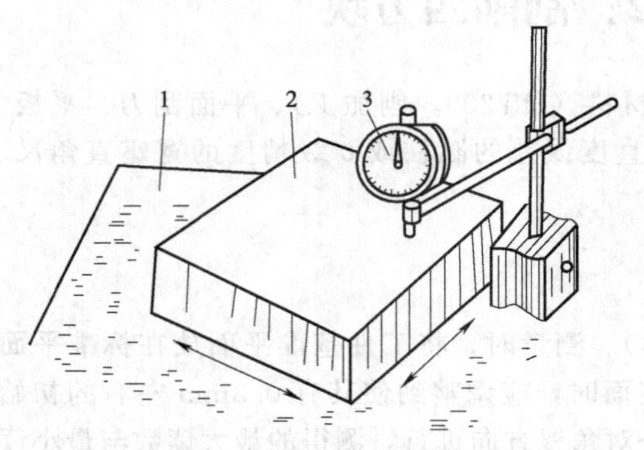

图 10-18　百分表测量平行度

1—标准平板；2—工件；3—百分表

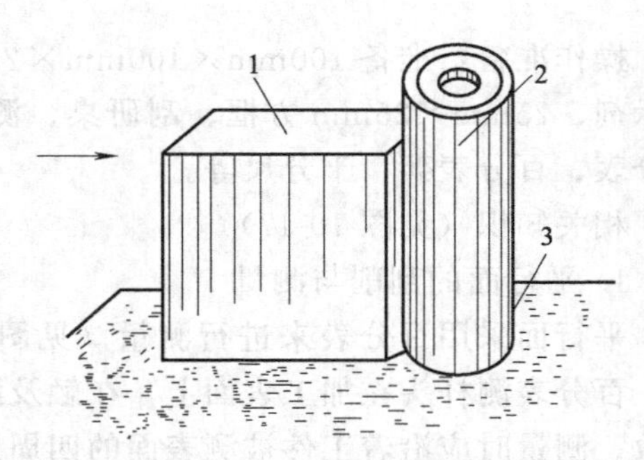

图 10-19　垂直度误差的测量方法

1—工件；2—圆柱角尺；3—标准平板

操作步骤：

（1）检查来料，各棱边倒角。

（2）测量来料尺寸和各面位置误差，正确控制加工余量，有目的地进行刮削加工。

（3）粗、精刮两大平面，使其研点达到16～20个，各项精度达到图样要求。

（4）粗、精刮四个侧面，使各项精度达到图样要求，研点在25mm×25mm方框内达到16～20个。

（5）全面复检、修整。

注意事项：

（1）不要因为研点分布不均匀，就在研点时不适当地增加局部压力，使显点不正确。有时为了使工件得到正确的显点，可在工件上压一个适当的重物，采取自重力研点，以保证研点的准确性。

（2）每刮削一面应兼顾其他各有关面，以保证各项技术指标都达到要求，避免因修整某一面时影响其他面的精度。

（3）加工时应取中间公差值，以补偿测量误差和留有修整余量。

（4）测量时要认真、细致，测量基准面和被测表面必须擦拭干净，保证测量的可靠性和准确性。

成绩评定：

学号		姓名		总得分	

项目：刮削四方块

序号	质量检查的内容	配分	评分标准	扣分	得分
1	$25_{-0.1}^{\ 0}$mm	10	超差不得分		
2	$100_{-0.1}^{\ 0}$mm，2处	10	一处超差扣5分		
3	平行度 A、B、C 三处	12	一处超差扣4分		
4	垂直度2处	16	一处超差扣8分		
5	16～20点/25mm×25mm，6面	24	一处达不到要求扣4分		
6	研点清晰，分布均匀	12	一处不均匀扣2分		
7	无明显刀痕和振痕，6面	6	一处有扣1分		
8	安全文明生产	10	违者每项扣5分		

10.4　技能训练3：平面及圆柱面的研磨

操作准备：研磨平板、汽油、研磨粉、研磨环、研磨用工件等。

操作步骤：

10.4.1　操作一　平面的研磨

平面研磨方法见图10-20所示。工件沿平板全部表面，用8字形、仿8字形、螺旋形、直线形、直线摆动形运动轨迹相结合进行研磨。

1. 直线形

常用于研磨有台阶的狭长平面，如平面样板、角尺的测量面等，能获得较高的几何精度，见图 10-20（a）所示。

2. 直线摆动形

用于研磨某些圆弧面，如样板角尺、双斜面直尺的圆弧测量面，见图 10-20（b）所示。

3. 螺旋形

用于研磨圆片或圆柱形工件的端面，能获得较好的表面粗糙度和平面度，见图 10-20（c）所示。

4. 8 字形或仿 8 字形

常用于研磨小平面工件，如量规的测量面等，见图 10-20（d）所示。

5. 狭窄平面研磨

采用直线研磨的运动轨迹，见图 10-21 所示。为防止研磨平面产生倾斜和圆角，研磨时可用金属块做“导靠”。研磨工件的数量较多时，可采用 C 形夹头，将几个工件夹在一起研磨，既防止了工件加工面的倾斜，又提高了效率。

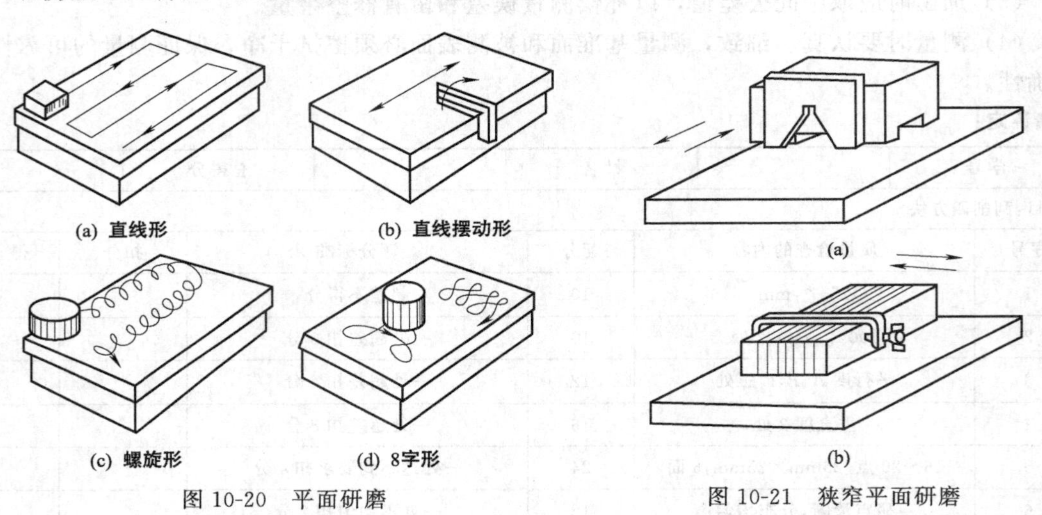

图 10-20　平面研磨　　图 10-21　狭窄平面研磨

10.4.2　操作二　圆柱面的研磨

圆柱面研磨一般是手工与机器配合进行研磨。圆柱面研磨分外圆柱面和内圆柱面研磨。外圆柱面研磨见图 10-22 所示。研磨外圆柱面一般是在车床或钻床上用研磨环对工件进行研磨。工件由车床带动，均匀涂上研磨剂，用手推动研磨环，通过工件的旋转和研磨环在工件上沿轴线方向作往复运动进行研磨。一般工件的转速在直径小于 ϕ80mm 时为 100r/min，直径大于 ϕ100mm 时为 50r/min。研磨环的往复移动速度，可根据工件在研磨时出现的网纹来

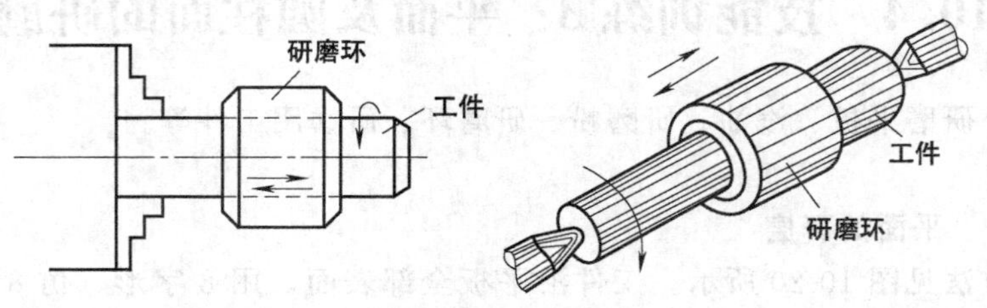

图 10-22　外圆柱面研磨

控制。当出现45°交叉网纹时，说明研磨环的移动速度适宜，见图10-23。

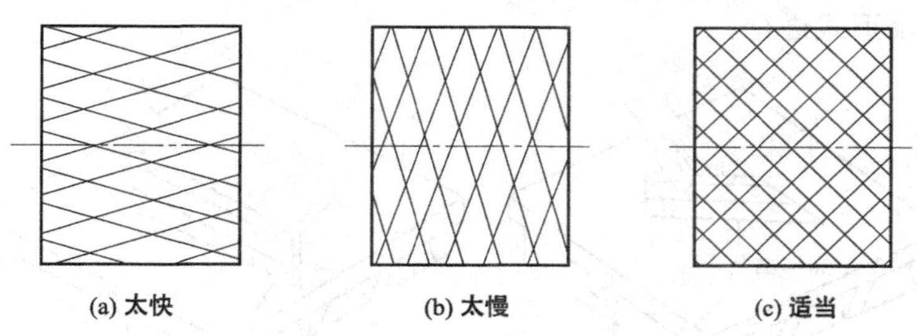

图10-23 研磨环的移动速度

注意事项：

(1) 研磨时，要控制好压力。压力太大，研磨切削量虽大，但表面粗糙度差，且容易把磨料压碎而使表面划出深痕。一般情况粗磨时压力可大些，精磨时压力应小些。

(2) 研磨时，要控制好速度。速度过快，会引起工件发热变形。尤其是研磨薄形工件和形状规则的工件时更应注意。一般情况，粗研磨速度为40～60次/min；精研磨速度为20～40次/min。

温馨提示

通常研磨的质量检验采用光隙判别法（见图10-24所示）。观察时，以光隙的颜色来判断其直线度误差。当光隙颜色为亮白色或白光时，其直线度误差小于0.02mm；当光隙颜色为白光或红光时，其直线度误差大于0.01mm；当光隙颜色为紫光或蓝光时，其直线度误差大于0.005mm；当光隙颜色为蓝光或不透光时，其直线度误差小于0.005mm。

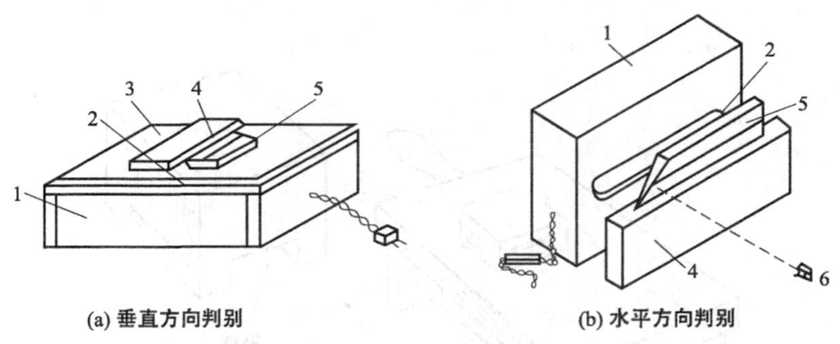

图10-24 光隙判别法

1—灯箱；2—荧光灯；3—玻璃板；4—标准平尺；5—工件；6—眼睛

10.5 技能训练4：研磨刀口直尺

操作准备：研磨平板、研磨粉、煤油、汽油、方铁导靠块、刀口形直尺等。

操作步骤：

1. 粗研磨

用浸湿汽油的棉花蘸上W20～W10的研磨粉，均匀涂在平板的研磨面上，握持刀口形直尺［见图 10-25（a）、（b）所示］，采用沿其纵向移动与以刀口面为轴线而向左右作 30°角摆动相结合的运动形式进行。

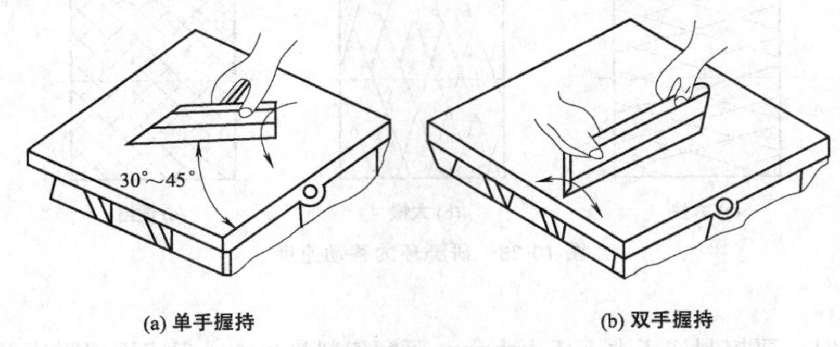

图 10-25　研磨刀口形直尺时的握持方法

2. 精研磨

运动形式与粗研磨大致相同。采用压砂平板，选用 W5 或 W7 的研磨粉，利用工件自重进行精研磨，使其表面粗糙度值达到 $Ra0.025\mu m$。

3. 采用光隙判别法来检验质量

观察光隙的颜色，判断其直线度误差。

注意事项：

（1）研磨内直角时要用护套进行保护，以免碰伤。

（2）刀口形直尺在研磨时如不需磨出刀口处圆弧，则要保持平稳，并加靠铁（见图 10-26 所示）支承，防止不稳。

（3）研磨时工件要经常调头，不断改变工件在研具上的研磨位置，防止研具局部磨损。

（4）粗研与精研时不可使用同一块研磨平板。若用同一块研磨平板，必须用汽油将粗研磨料清洗干净。

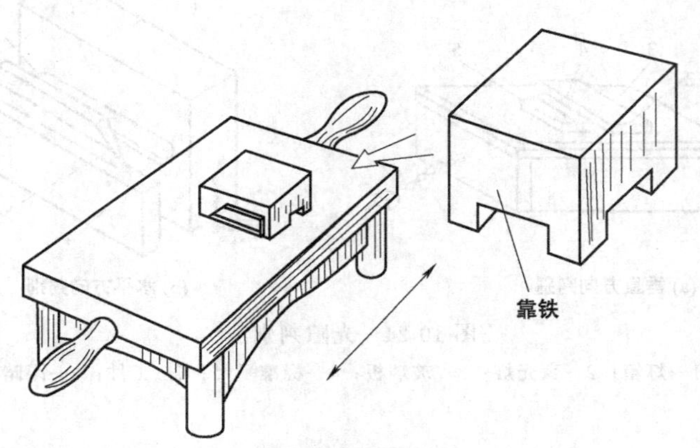

图 10-26　加靠铁

任务十一　钳工常用设备调整与使用

任务情境描述

前面学习了钳工的常用知识及操作技能，已经具备一定的钳工基础。但在钳工实际生产中机械设备的使用是必不可少的，随着我国机械工业的快速发展，模具钳工使用的机械设备种类和数量越来越多，如钻床、铣床、车床、磨床、冲床、线切割机床、电火花机床、砂轮机、手电钻、电磨头、磨光机等。正确安全地操作和使用这些设备，是一名合格模具钳工必须具备的基本能力。

本任务重点介绍钳工常用钻床、砂轮机、电动工具三类机械设备的使用。

教学目标

1. 掌握台式钻床的调整与使用
2. 掌握砂轮机的调整与使用
3. 掌握常用电动工具的调整与使用
4. 掌握台式钻床、砂轮机、常用电动工具的安全操作规程

知识要求

11.1 基础知识

11.1.1 钻床

钻床是钳工常用的孔加工机床。在钻床上可完成单个或多个孔的钻孔、扩孔、锪孔、铰孔和攻螺纹等多项操作，见图 11-1 所示。常用的钻床有台式钻床、立式钻床和摇臂钻床等。

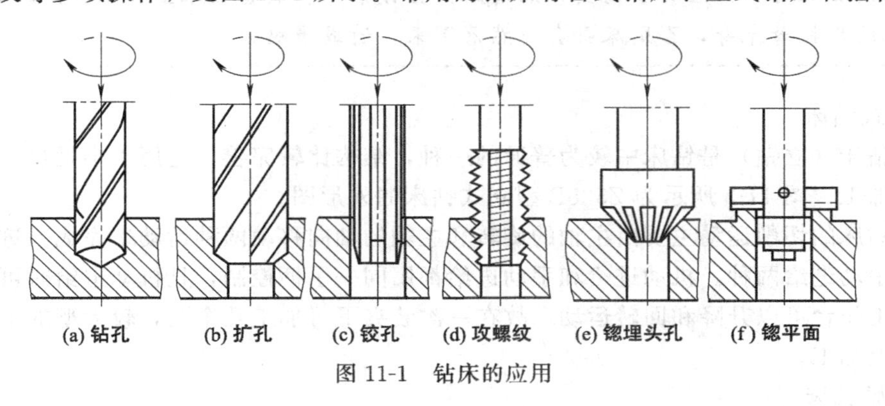

图 11-1　钻床的应用

1. 台式钻床

台式钻床简称台钻，台钻结构简单，操作方便，适用于在小型工件上钻、扩直径为 12mm 以下的孔。其结构见图 11-2 所示。

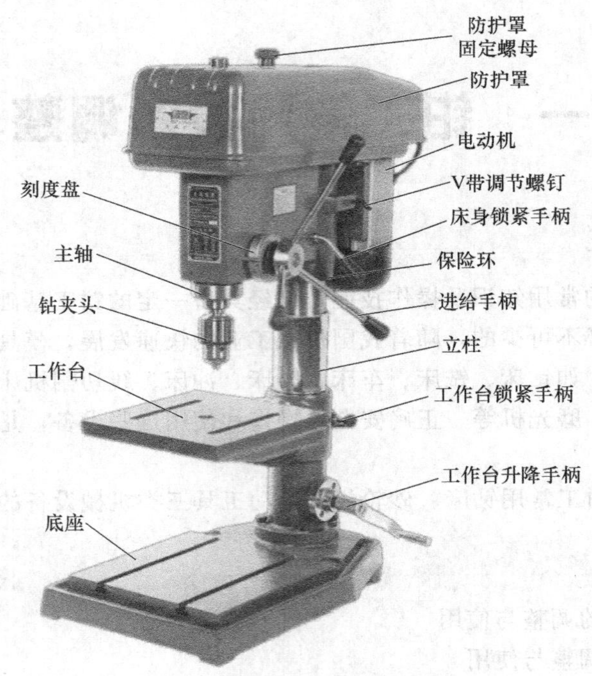

图 11-2　台钻结构

床身主轴套在立柱上可作上下移动，也可绕着立柱轴心转到任意位置，调整到所需要的位置后可用床身锁紧手柄锁紧；松开工作台锁紧手柄，可使工作台左右转动；较小的工件可放在工作台上钻孔，较大的工件，应把工作台转开，直接放在底座上钻孔。底座工作台可放平口钳等辅助钻孔设备。台式钻床的主轴进给运动（即钻头向下的直线运动）只能用进给手柄手动进给，而且一般都带有表示和控制钻孔深度的装置，如刻度尺等，钻孔后，主轴在弹簧的作用下能自动复位。

温馨提示

在使用钻床时，保险环一定要紧贴着床身并锁紧。在调整钻床主轴床身高度时，一定要确认保险环托着床身，否则床身会突然落下来，造成事故。

2. 立式钻床

立式钻床（立钻）是钻床中较为普通的一种，结构比较完善，适用于小批量、单件的中型工件孔加工。图 11-3 所示为 Z525B 型立式钻床的外形图。

立式钻床的切削运动主要由主轴的旋转和主轴的轴向移动两种运动来完成，进给则有机动进给和手动进给两种。机动进给和手动进给都用同一手柄控制，且机动进给时可以手动超越进给。工作台可以升降和回转运动，故在一次装夹下可加工几个孔，较大型的工件可直接放在底座上加工。

3. 摇臂钻床

摇臂钻床，也可以称为摇臂钻。可以用来钻孔、扩孔、铰孔、攻螺纹及修刮端面等多种形式的加工。摇臂钻床操作方便、灵活，适用范围广，具有典型性，特别适用于单件、小批量或批量生产。摇臂钻床的摇臂可沿外柱上下升降，以适应加工不同高度的工件。较小的工件可安装在工作台上，较大的工件可直接放在机床底座或地面上。其结构见图 11-4 所示。

摇臂钻床在体积大的工件或形状复杂的工件上加工较大的孔时，可做一个镗杆装入钻床主轴内，安装镗刀后即可实现镗孔加工。加工时，立柱、摇臂、主轴箱应夹紧牢靠，防止在加工中因主轴摆动而损坏镗刀。

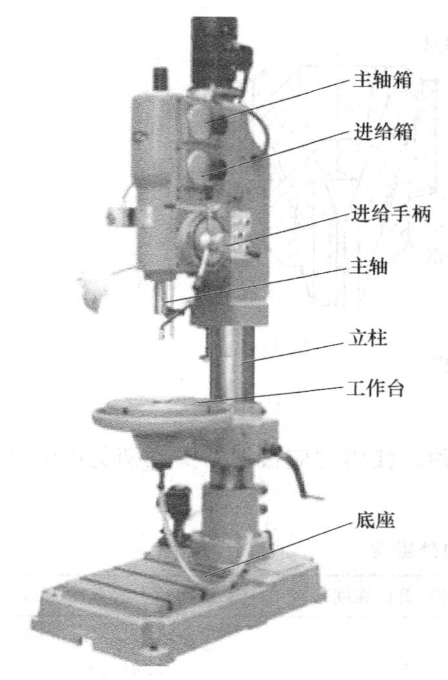

图 11-3 Z525B 型立式钻床

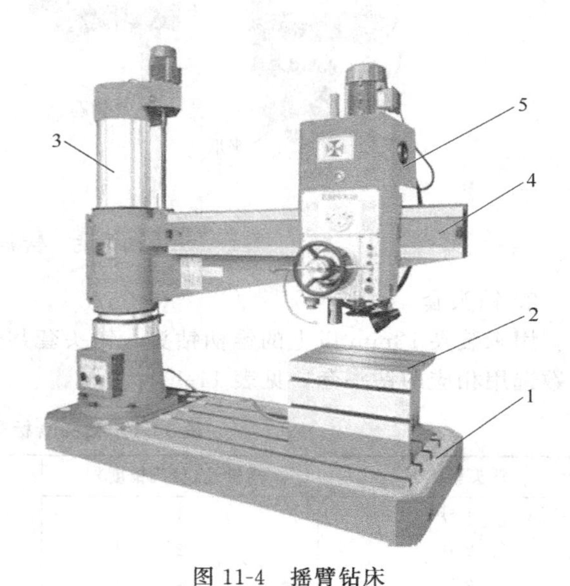

图 11-4 摇臂钻床

1—底座；2—工作台；3—立柱；4—摇臂；5—主轴变速箱

摇臂钻床日常保养：

（1）清洗机床外表及死角，拆洗各罩盖，要求内外清洁、无锈蚀、无黄袍，做到漆见本色铁见光。

（2）清洗导轨面及清除工作台面毛刺，并检查螺钉、手球、手板有无缺少，各手柄是否灵活可靠。

（3）摇臂钻床主轴进刀箱保养：检查油质，保持良好，油量符合要求。清除主轴锥孔毛刺。清洗液压变速系统、滤油网，调整油压。

（4）摇臂钻床摇臂及升降夹紧机构检查：检查调整升降机构和夹紧机构达到灵敏可靠。

（5）摇臂钻床润滑系统检查：清洗油毡，要求油杯齐全、油路畅通，油窗明亮。

（6）摇臂钻床冷却系统检查：清洗冷却泵、过滤器及冷却液槽。检查冷却液管路，要求无漏水现象。

（7）摇臂钻床电器系统检查：清扫电机及电器箱内外尘土。关闭电源，打开电器门盖，检查电器接头和电器元件是否有松动、老化。检查限位开关是否工作正常。开门断电是否起到作用。检查液压系统是否正常，有无漏油现象。各电器控制开关是否正常。

11.1.2 钻床附具

1. 钻夹头

用来装夹 13mm 以内的直柄钻头，其结构见图 11-5 所示。夹头体的上端有一锥孔，用来与夹头柄紧配。夹头柄做成莫氏锥体，装入钻床的主轴锥孔内。钻夹头中的三个夹爪用来夹紧钻头的直柄。当带有小圆锥齿轮的钥匙带动夹头套上的大圆锥齿轮转动时，与夹头套紧配的内螺纹也同时旋转。此内螺纹圈与三个夹爪上的外螺纹相配，于是三个夹爪便伸出或缩进，使钻头直柄被夹紧或放松。

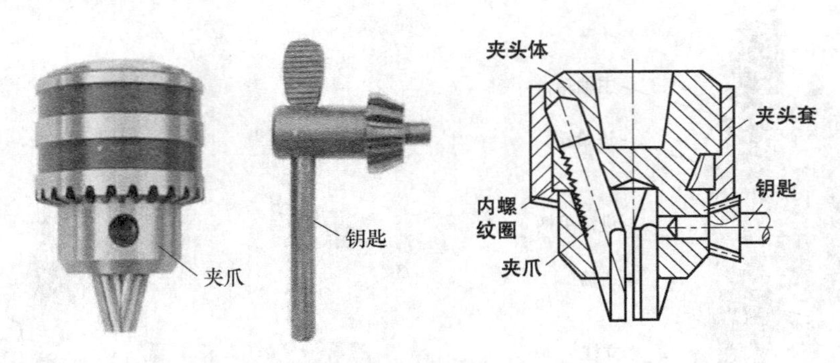

图 11-5　钻夹头结构

2. 钻头套

用来装夹 13mm 以上的锥柄钻头。钻头套共分 5 种，使用时应根据钻头锥柄莫氏锥度的号数选用相应的钻头套，见表 11-1。

表 11-1　钻头套标号与内外锥度

钻头套标号	内锥孔(莫氏锥度)	外圆锥(莫氏锥度)	锥柄钻头的直径/mm
1 号	1	2	15.5 以下
2 号	2	3	15.6～23.5
3 号	3	4	23.6～32.5
4 号	4	5	32.6～49.5
5 号	5	6	49.5～65

3. 快换钻夹头

在钻床上加工同一工件时，往往需要调换直径不同的钻头或其他孔加工刀具。如用普通的钻夹头或钻头套来装夹刀具，需停车换刀，既不方便，又浪费时间，而且容易损坏刀具和钻头套，甚至影响到钻床的精度。这时可采用快换钻夹头，见图 11-6 所示。

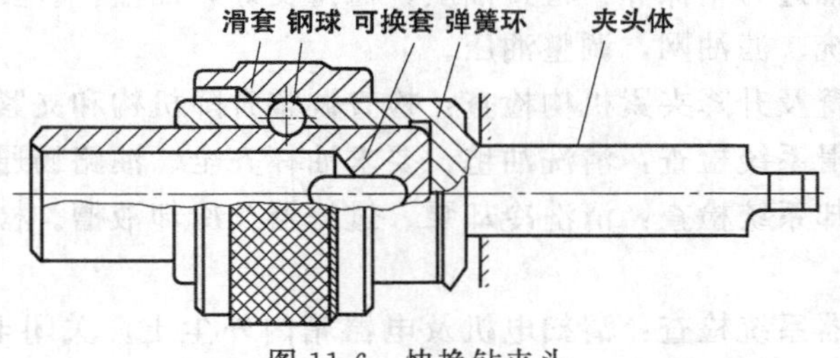

图 11-6　快换钻夹头

夹头体的莫氏锥柄装在钻床主轴锥孔内。可换套的外圆表面有两个凹坑，钢球嵌入时便可传递动力，当需要更换刀具时，不必停车，只要用手把滑套向上推，两粒钢球就因受离心力作用而贴于滑套端部的大孔表面。此时另一只手就可把装有刀具的可换套取出，把另一个可换套插入，放下滑套，两粒钢球被重新压入可换套的凹坑内，带动钻头继续旋转。根据孔加工的需要可备有很多个可换套，并预先装好所需要的刀具，这样可提高效率。快速钻夹头上的弹簧环的作用是限制滑套上下的位置。由此可见，使用快换钻夹头可做到不停车换装刀具，从而大大提高了生产效率，也减少了对钻床精度的影响。

11.1.3　砂轮机

砂轮机是钳工工作场地的常用设备，主要用来刃磨錾子、钻头、刮刀等刃具或其他工具。除此之外，还可以磨去工件或材料的毛刺、锐边等。砂轮机也是较容易发生安全事故的设备，具有质地脆易碎、转速高等特点，如使用不当，容易发生砂轮碎裂而造成人身事故。另外，砂轮机托架的安装位置是否合理及符合安全要求，砂轮机的使用方法是否符合安全操作规程，这些问题都直接关系到每一位操作者的人身安全。因此，使用砂轮机时要严格按照操作规程进行工作，以防止出现安全事故。

砂轮机按外形不同可分为台式砂轮机和立式砂轮机两种，见图 11-7 所示。按功能不同分带吸尘器［见图 11-7（a）所示］和不带吸尘器［见图 11-7（b）、（c）所示］两种。

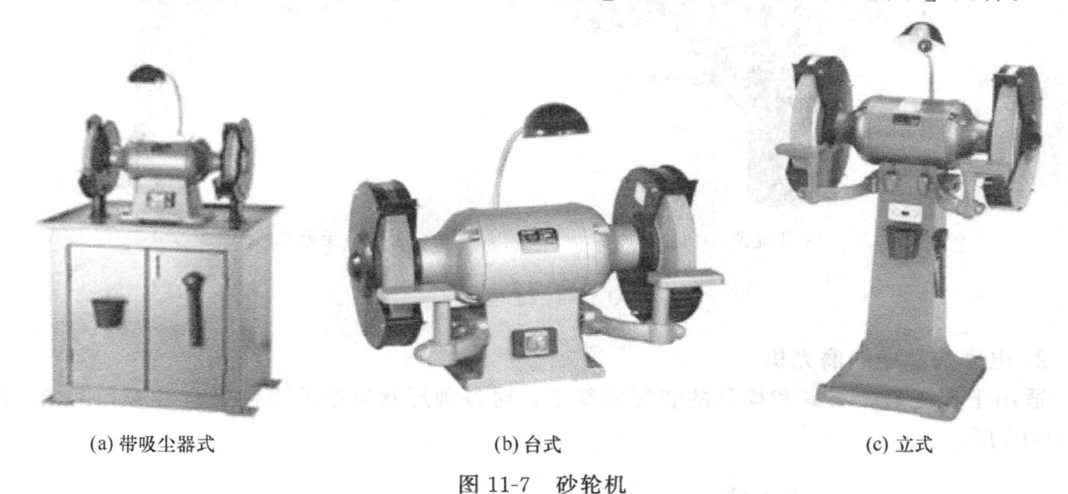

(a) 带吸尘器式　(b) 台式　(c) 立式

图 11-7　砂轮机

砂轮机主要由砂轮、电动机、防护罩、照明灯、机体和托架组成，见图 11-8 所示。

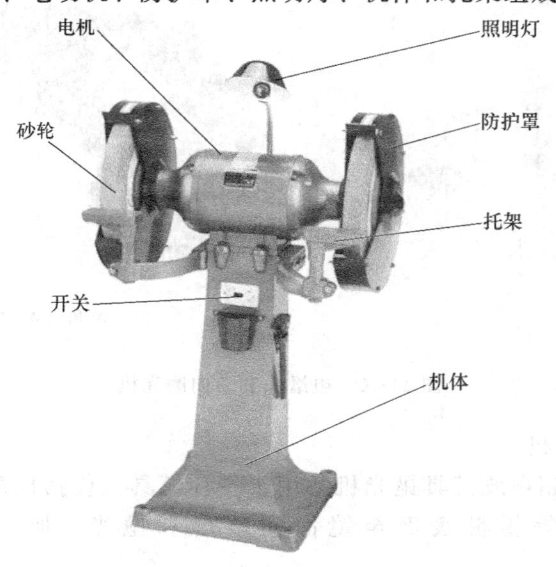

图 11-8　砂轮机构造

11.1.4 钳工常用的电动工具

1. 手电钻

是一种便携式电动钻孔工具，见图 11-9 所示。在装配、维修工作中，当受工件形状或加工部位的限制不能用钻床钻孔时，则可使用手电钻加工。手电钻的电源电压分单相（220V，36V）和三相（380V）两种。电钻的规格是以其最大钻孔直径来表示的，采用单相电压的手电钻规格有 6mm，10mm，13mm，19mm 和 23mm 五种；采用三相电压的电钻规格有 13mm，19mm 和 23mm 三种。在使用时可根据不同情况进行选择。

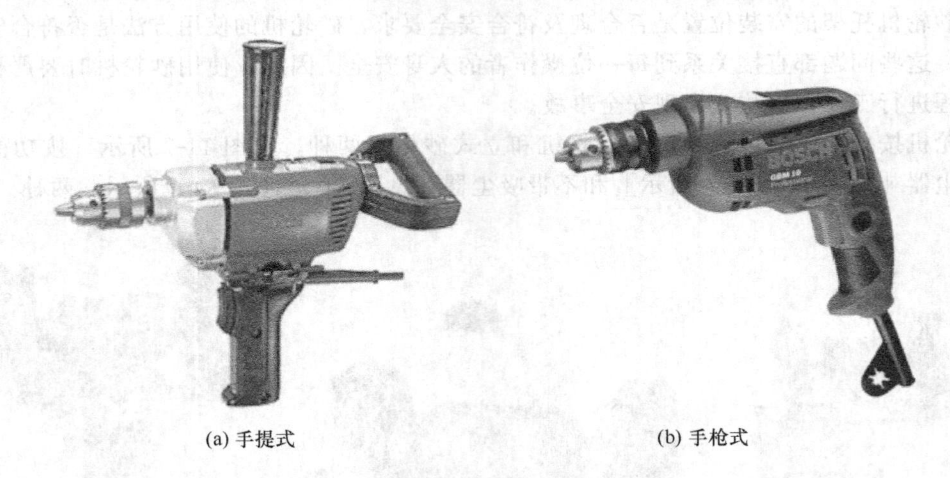

(a) 手提式　(b) 手枪式

图 11-9　手电钻

2. 电磨头和角向磨光机

适用于在工具、夹具和模具的装配调整中，对各种形状复杂的工件进行修磨和抛光，见图 11-10 所示。

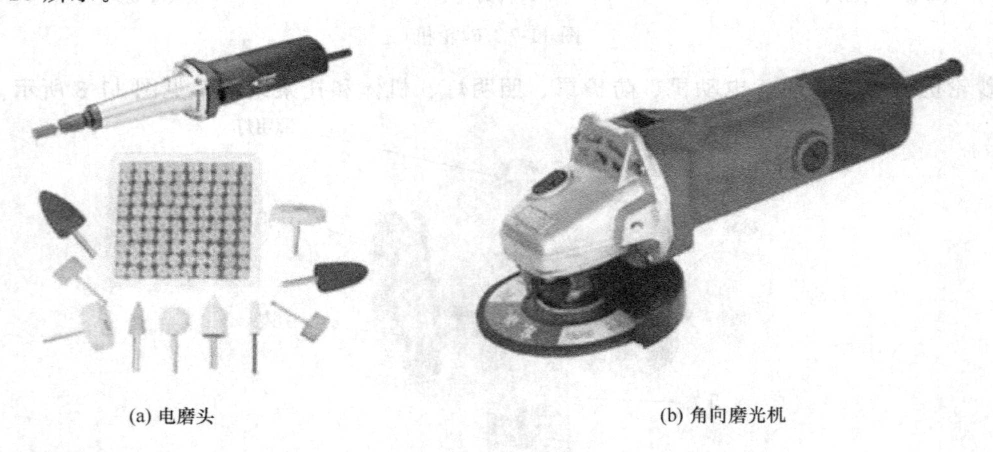

(a) 电磨头　(b) 角向磨光机

图 11-10　电磨头和角向磨光机

3. 超声波模具抛光机

见图 11-11 所示，超声波模具抛光机适用于各种模具（包括硬质合金模具）的复杂型腔、窄槽狭缝、盲孔等粗糙表面至镜面的整形和抛光。加工后的表面粗糙度可达 $Ra0.012\mu m$。

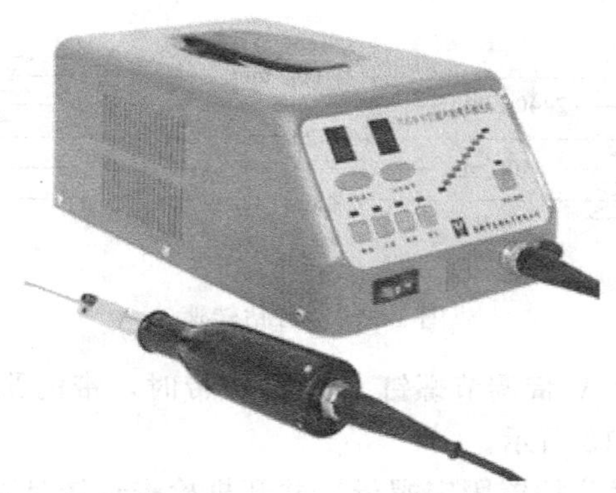

图 11-11　超声波模具抛光机

知识扩展

什么叫超声波抛光？

频率在 20kHz 以上的振动波称为超声波。

超声波抛光的原理：

超声波抛光的原理是：换能器将输入的超音频电信号转换成机械振动，经变幅杆放大后，传输至装在变幅杆上的工具头，带动附着在工具头上的金刚石或磨料的悬浮液等高速摩擦工件，致使工件表面粗糙度迅速降低，直至镜面，从而实现抛光的功能。

超声波抛光的特点：

(1) 适用于窄小部位，如工艺品的复杂形状、模具的复杂型腔、窄槽狭缝、盲孔等其他抛光工具无法到达的部位。

(2) 由超声波的高频振动作为磨料磨削的动力，振动传输的好坏直接影响工作效率。因此，使用超声波抛光，必须确保连接良好。

11.2　技能训练 1：钻床操作

操作准备：钻夹头、钻夹头钥匙、钻头、扳手等。

操作步骤：

11.2.1　操作一　调整台钻转速

台钻转速的调整是通过改变 V 带在两个五级塔轮上的相对位置来实现的。

(1) 变速时必须先停车。松开防护罩固定螺母，取下防护罩，便可看到两个五级塔轮和 V 带。

(2) 松开台钻两侧的 V 带调节螺钉，向外侧拉 V 带，电机会向内移动，使 V 带变松。

(3) 改变 V 带在两个五级塔轮上的相对位置，即可使主轴得到五种转速，见图 11-12 所示。调整时，一手转动塔轮，另一手捏住塔轮中间的 V 带，将其向上或向下推向塔轮的小轮端；按“由大轮调到小轮”的原则，当向上调整 V 带时，应先在主轴端塔轮调整，向下则应先调电机端塔轮。

(4) V 带调整到位后，用双手将电动机向外推出，使 V 带收紧。操作时，应一手推住

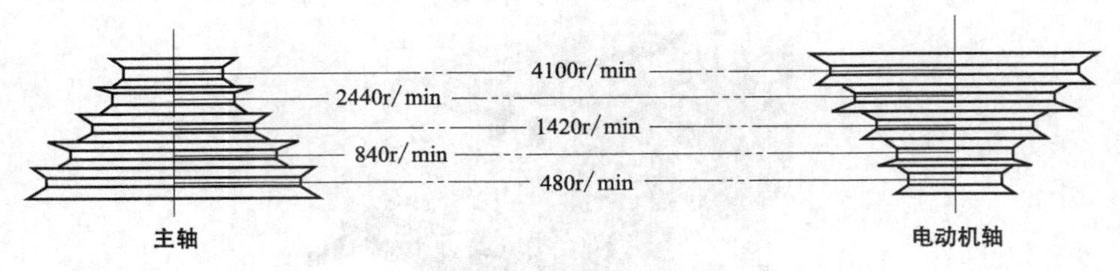

图 11-12　台钻转速

电机，另一手分别锁紧两个 V 带调节螺钉。安装 V 带时，带的张紧程度应以大拇指能将带按下 15mm 为宜，见图 11-13 所示。

(5) 合上防护罩，锁紧防护罩固定螺母，并开机检查运转是否正常。

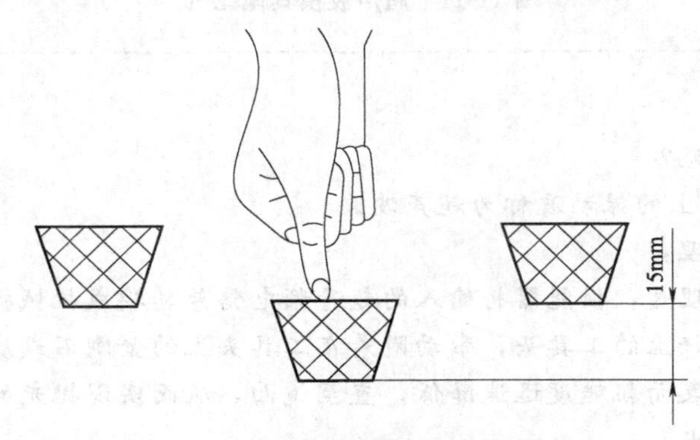

图 11-13　V 带调整的张紧程度示意图

温馨提示

在钻孔时，孔较大或材料较硬一般选用低转速，孔较小或材料较软可采用较高的转速。在调整钻床 V 带时，将 V 带送入塔轮时应小心夹伤手指，同时注意不要被防护罩边缘的毛刺划伤。

11.2.2　操作二　台钻的安全操作规程

(1) 工作前必须穿好紧身工作服，扎好袖口，上衣下摆不能敞开，不准围围巾，不得在开动的机床旁穿、脱衣服，严禁戴手套。

(2) 操作时必须戴防护眼镜，女生戴工作帽，并将辫子放入帽内，不得穿裙子进入车间。

(3) 不得穿中裤或穿拖鞋进入车间或操作钻床。

(4) 钻床的各部位要锁紧，工件要夹紧。钻小工件时，要用平口钳或专用工具夹持，夹紧后再钻孔。防止加工工件旋转甩出伤人，不准用手持工件或按压着工件进行钻孔。

(5) 开钻床前应检查机床转动是否正常，防护罩是否合上，钻夹头钥匙有无取下。

(6) 操作者的头部不允许与旋转的主轴靠得太近，停车时应让主轴自然停止，不可用手进行制动。

(7) 钻孔时，工件快钻穿时应减压慢速，以免用力过猛造成事故。

(8) 钻床开动后，不准接触运动着的工件、钻头或传动部分。

(9) 禁止用口吹铁屑，钻头上绕长铁屑时，不可用手拉，应使用刷子或铁钩清除。

（10）调整钻床转速、行程或擦拭机床时，须停机并切断电源操作。

（11）钻床运转时，不准离开工作岗位，因故要离开时必须停车并切断电源。

11.2.3　操作三　摇臂钻床的安全操作规程

（1）工作前必须穿好紧身工作服，扎好袖口，上衣下摆不能敞开，不准围围巾，不得在开动的机床旁穿、脱衣服，严禁戴手套。

（2）操作时必须戴防护眼镜，女生戴工作帽，并将辫子放入帽内，不得穿裙子进入车间。

（3）不得穿中裤及穿拖鞋进入车间或操作摇臂钻床。

（4）不准在旋转的刀具下，翻转或测量工件，手不准触摸旋转的刀具。

（5）操作者的头部不允许与旋转的主轴靠得太近，停车时应让主轴自然停止，不可用手进行制动。

（6）使用摇臂钻时，横臂回转范围内不准有障碍物。工作前，横臂必须夹紧。

（7）横臂和工作台上不准存放物件，被加工件必须按规定夹紧，以防工件移位造成重大人身伤害事故和设备事故。

（8）禁止用口吹铁屑，钻头上绕长铁屑时，不可用手拉，应使用刷子或铁钩清除。

（9）使用自动走刀时，要选好进给速度，调整好行程限位块。手动进刀时，一般按照逐渐增压和逐渐减压原则进行，以免用力过猛造成事故。

（10）钻床运转时，不准离开工作岗位，因故要离开时必须停车并切断电源。

（11）工作结束时，将横臂降到最低位置，主轴箱靠近立柱，并且都要锁紧。

11.3　技能训练2：砂轮机的调整与使用

操作准备：扳手、砂轮、螺丝刀等。

操作步骤：

11.3.1　操作一　砂轮的检查

（1）砂轮在使用前必须目测检查有无破裂和损伤，对有缺陷的砂轮不能使用，否则容易造成事故。

（2）对砂轮进行敲击检查。检查方法是将砂轮通过中心孔悬挂，用小木槌敲击，敲击在砂轮任一侧面上，离砂轮外圆面20～50mm处。敲打后将砂轮旋转45°再重复进行一次。若砂轮无裂纹则发出清脆的声音，允许使用。如果发出闷声或哑声，则为有裂纹，不准使用。

11.3.2　操作二　砂轮的拆装

当砂轮磨损或需要使用不同材质的砂轮时就需要进行更换。更换砂轮时需要严格按照要求仔细安装。砂轮安装结构图见图11-14所示。

具体操作步骤如下：

（1）用螺丝刀拆下砂轮外侧的防护罩。

（2）松开砂轮机托刀架后，一只手握紧砂轮（由于砂轮比较利，握砂轮时可加用棉布握住，以防伤手），另一只手用扳手旋开主轴上的螺母，注意旋出的方向要正

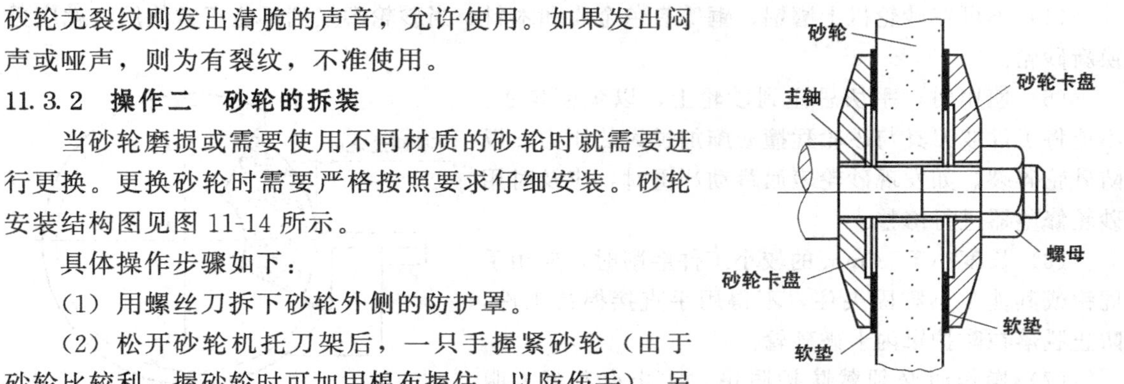

图11-14　砂轮安装结构图

确（在使用者右侧的砂轮螺母为右旋螺纹，左侧的为左旋螺纹）。

（3）拆下砂轮卡盘，取出旧砂轮。

（4）将新砂轮换上，垫好软垫，并装上砂轮卡盘。

（5）把砂轮和砂轮卡盘装在主轴上，拧上螺母，注意扳螺母用力不可过大，防止压碎砂轮。

（6）用手转动砂轮，检查安装是否合格。

（7）安装和调节砂轮机托刀架与砂轮的距离，装上防护罩，拧紧防护罩螺丝。

（8）接通电源，空运转试验 3min，确认没有问题后，修整砂轮。

注意事项：

（1）安装砂轮前必须核对砂轮机主轴的转速，不准超过砂轮允许的最高工作速度。

（2）砂轮必须平稳地装到砂轮主轴或砂轮卡盘上，并保持适当的间隙。

（3）砂轮与砂轮卡盘压紧面之间必须衬以如纸板、橡胶等柔性材料制的软垫，其厚度过为 1～2mm，直径比压紧面直径大 2mm。

（4）砂轮、砂轮机主轴、衬垫和砂轮卡盘安装时，相互配合面和压紧面应保持清洁，无任何附着物。

温馨提示

用砂轮修整器或金刚石笔修整砂轮时，手要拿稳，压力要轻。修至砂轮表面平整、无跳动即可。金刚石笔修整时，中途不可蘸水，防止其遇冷碎裂。

11.3.3 操作三 砂轮机的安全操作规程

在使用砂轮机时，必须正确操作，严格按照安全操作规程进行工作，以防止出现砂轮碎裂等安全事故的发生。

（1）使用砂轮机时，开动前应首先认真检查砂轮与防护罩之间有无杂物。砂轮是否有撞击痕迹或破损，确认无任何问题时再启动砂轮机。启动砂轮后，观察砂轮的旋转方向是否正确，砂轮的旋转是否平稳，有无异常现象。待砂轮正常转动后，再进行磨削。

（2）时常检查托刀架是否完好和牢固，及时调整托架与砂轮之间的距离，控制在 3mm 之内（见图 11-15 所示）。如果距离过大则可能造成磨削件轧入砂轮与托刀架之间而发生事故。

（3）磨削时，操作者的站立位置和姿势必须规范。操作者应站在砂轮侧面或斜侧面位置，以防砂轮碎裂飞出伤人。严禁面对砂轮磨作，避免在砂轮侧面进行刃磨。

（4）不可在砂轮机上磨铝、铜等有色金属和木料。当砂轮磨损到不能正常使用时就应更换新砂轮。

（5）使用时，手切忌碰到砂轮上，以免磨伤手。不能将工件或刀具与砂轮猛撞或施加过大的压力，以防砂轮碎裂。如发现砂轮表面跳动严重时，应及时用砂轮修整器进行修整。

（6）长度小于 50mm 的较小工件磨削时，应用手虎钳或其他工具牢固夹住，不得用手直接握持工件，防止脱落在防护罩内卡破砂轮。

（7）操作时必须戴防护眼镜，防止火花溅入眼睛。不允许戴手套或用棉布包住工件进行操作，避免

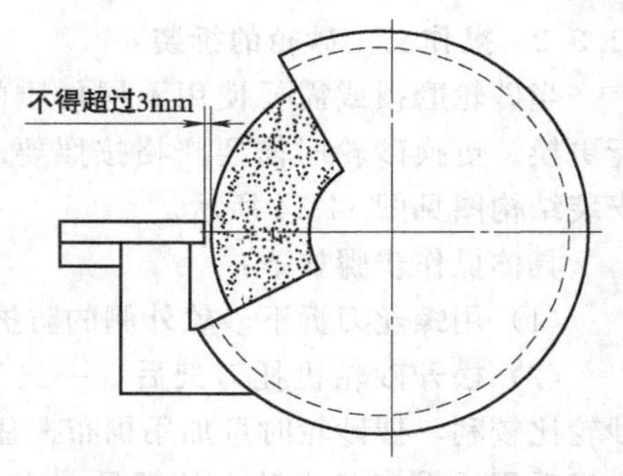

图 11-15　砂轮与托刀架的距离

被卷入发生危险。不允许二人同时使用同一片砂轮，严禁围堆操作。

(8) 砂轮机在使用时，其声音应始终正常，如发生嗡嗡声或其他杂声时，应立即停止使用，关掉开关，切断电源，并通知专业人员检查修理后，方可继续使用。

(9) 合理选择砂轮；刃磨工具、刀具和清理工件毛刺时，应使用白色氧化铝砂轮；刃磨硬质合金刀具则应使用绿色碳化硅砂轮。

(10) 使用完毕后，立即切断电源，清理现场，养成良好的工作习惯。

温馨提示

磨削工件时，工件尺寸必须要大于砂轮与托架距离一半以上，如果工件过小，而砂轮与托架距离过大则可能造成磨削件轧入砂轮与托刀架之间而发生事故。磨削淬火钢时应及时蘸水冷却，防止烧焦退火；磨削硬质合金时不可蘸水冷却，防止硬质合金碎裂。

11.4　技能训练3：常用电动工具的使用及安全

操作准备：手电钻、钥匙、角向磨光机、电磨头等。

操作步骤：

11.4.1　操作一　手电钻

(1) 手电钻在使用前，必须先空转1min，检查传动部分运转是否正常。如有异常的振动噪声，应立即进行调整检修，排除故障后再使用。

(2) 插入钻头后用钥匙旋紧钻夹头。不可用手锤等敲击钻夹头，防止损坏电钻。

(3) 钻孔时，使用的钻头必须锋利，且钻孔时不宜用力过猛。钻通孔时，当孔将要钻穿时，应相应减轻压力，以防发生事故。

(4) 钻孔时必须拿紧电钻，不可晃动，小的晃动会使孔径增大，大的晃动会使电钻卡死，甚至折断钻头。

注意事项：

(1) 长发者须戴工作帽，钻孔时勿将手指或手套触及旋转部件，以免缠绕造成事故。严禁戴布、线手套作业。

(2) 手电钻外壳要采取接零或接地保护措施。

(3) 在潮湿的地方工作时，必须戴绝缘手套，穿绝缘鞋，并站在绝缘垫或干燥的木板上工作，以防触电。

(4) 电钻的转速突然降低或停止转动时要赶快松开开关并切断电源，慢慢拔出钻头。

(5) 电钻未完全停止转动时，不能卸、换钻头。停电、休息或离开工作地时，应立即切断电源。在有易燃易爆气体的场合不能使用电钻钻孔。

温馨提示

由于手电钻是移动钻孔设备，要防止电钻在使用过程中，电线被锋利的工件或其他硬物损坏，如果发现电线有缺口或露电现象时，应及时送电工检修，防止触电事故的发生。如在使用过程中，出现振动、高热或有异声时，应立即停止工作，找电工检查检修合格才能使用。

11.4.2 操作二 角向磨光机和电磨头

(1) 使用前须先开机空转 2～3 分钟，检查旋转声音是否正常，运转正常才可以使用。

(2) 检查砂轮片或磨头是否有裂纹或其他不良因素，不合格的砂轮片或磨头不能使用。

(3) 使用砂轮片或磨头的外径应符合标牌上规定的尺寸，装夹时用附带的扳手将砂轮片或磨头装夹牢固。

(4) 操作角向磨光机或电磨头时，砂轮和工件的接触压力不宜过大，不能用砂轮猛压工件，也不能用砂轮撞击工件，以防砂轮爆裂而造成事故。

注意事项：

(1) 使用角向磨光机必须装有用钢板制成的防护罩，并确认完好无松动，应能保证当砂轮片碎裂时挡住碎片。

(2) 严禁使用雨淋或受潮的砂轮片及磨头。

(3) 应戴防护眼镜，在打磨时还应注意磨削时不要对着其他操作人员或易燃易爆物品，要注意保护周围人员的安全。

(4) 操作时，要紧握磨机手把，严禁单手执持操作磨机。

(5) 对小工件应夹持后再打磨，大工件也应确认放置平稳才可以打磨。

温馨提示

使用角向磨光机或电磨头时，磨削动作要“轻、顺”，时刻注意拿稳磨机才是安全操作的要点。磨机用完放置时，要等到磨轮完全停止以后再安放。

任务十二　微型冷冲模制作

任务情境描述

冲压成形作为现代工业中一种十分重要的加工方法，用以生产各种板料零件，具有很多独特的优势，其成形件具有生产率高、操作简单、容易实现机械化和自动化，特别适合于批量或大批量生产。冲压后的零件表面光洁，尺寸精度稳定，互换性好，成本低廉，可得到其他加工方法难以加工或无法加工的复杂形状零件。冲压是一种其他加工方法所不能相比和不可代替的先进制造技术，在制造业中具有很强的竞争力，被广泛用于汽车、能源、机械、信息、航空航天、国防业和日常生活的生产之中。

教学目标

1. 了解冷冲模基本工序及分类
2. 了解冷冲模的基本结构及常用材料的选用
3. 能看懂简单冷冲模装配图
4. 能利用钳加工方法完成微型冷冲模制作
5. 能正确编制零件加工工艺
6. 能根据图纸正确对微型冷冲模进行装配

知识要求

12.1　基础知识

12.1.1　冷冲压工艺基本概念

冷冲压工艺是利用模具与冲压设备完成加工的过程。一般的冲压加工，一台冲压设备每分钟可生产零件的数目是几件到几十件，有时甚至可达每分钟数百件或千件以上。所以它的生产率非常高，且操作简便，便于实现机械化与自动化。冲压产品的尺寸精度是由模具保证的，质量稳定，一般不需再经机械加工即可使用。

冷冲压加工不需要加热，也不像切削加工那样在切除金属余量时要消耗大量的能量，所以它是一种节能的加工方法。而且，在冲压过程中材料表面不受破坏。冷冲压加工是集表面质量好、重量轻、成本低等优点于一身的加工方法，在现代工业生产中得到广泛的应用。

12.1.2　冲压工序分类

一个冲压件往往需要经过很多道冲压工序才能完成。由于冲压件的形状、尺寸精度、生产批量、原材料等的不同，其冲压工序也是多样的，但大致可分为分离工序和塑性成形工序两大类。

分离工序是使冲压件与板料沿一定的轮廓相互分离的工序。例如切断、落料、冲孔等。

塑性成形工序是指材料在不破裂的条件下产生塑性变形的工序，从而获得一定形状、尺寸和精度要求的零件。例如弯曲、拉伸、成形、冷挤压等。

常用冷冲压工序分类及所用模具见表 12-1。

表 12-1　常用冷冲压工序分类及所用模具

工序	图　例	特点及应用范围
落料	工件 废料	用模具沿封闭线冲切板料，冲下的部分为工件，其余部分为废料
冲孔	废料 工件	用模具沿封闭线冲板材，冲下的部分是废料
剪切		用剪刀或模具切断板材，切断线不封闭
切口		在坯料上将板材部分切开，切口部分发生弯曲
切边		将拉深或成形后的半成品边缘部分的多余材料切掉
剖切		将半成品切开成两个或几个工件，常用于成双冲压
弯曲		用模具使材料弯曲成一定形状
卷圆		将板料端部卷圆
扭曲		将平板毛坯的一部分相对于另一部分扭转一个角度
拉深		把板材毛坯用成形方法成各种空心的零件
变薄拉深		把拉深加工后的空心半成品进一步加工成为底部厚度大于侧壁厚度的零件

续表

工序		图例	特点及应用范围
翻边	孔的翻边	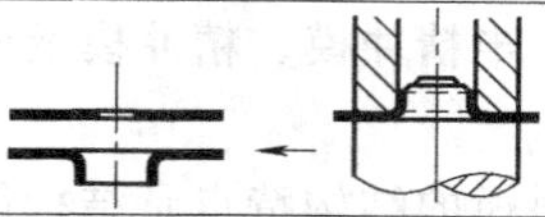	将板料或工件上有孔的边缘翻边成竖立边缘
	外缘翻边	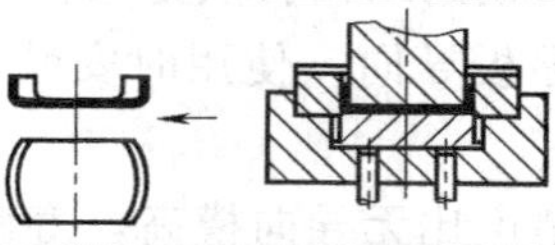	将工件的外缘翻边起圆弧或曲线状的竖立边缘
缩口		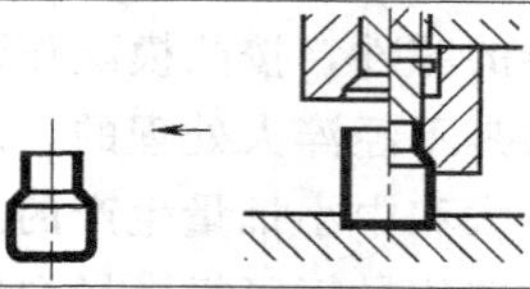	将空心件的口部缩小
扩口		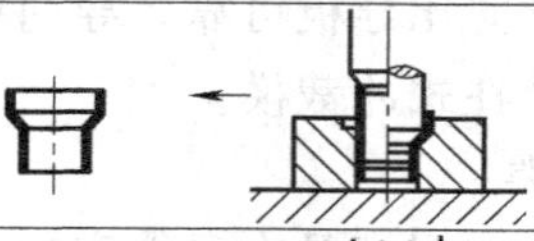	将空心件的口部扩大，常用于管子
起伏		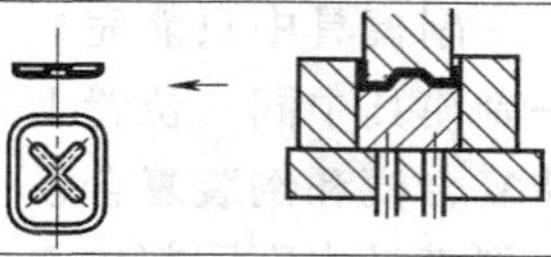	在板料或工件上压出肋条、花纹或文字，在起伏处的整个厚度上都有变薄
卷边		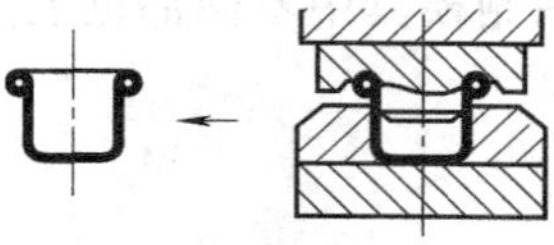	将空心件的边缘卷边一定的形状
胀形		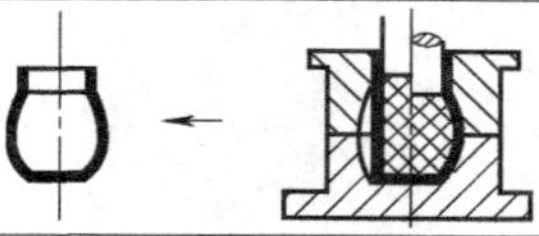	使空心件（或管料）的一部分沿径向扩张，呈凸肚形
旋压		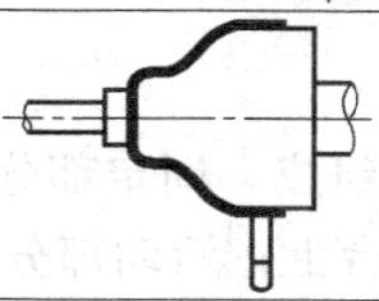	利用擀棒或滚轮将板料毛坯压成一定形状（分变薄与不变两种）
整形		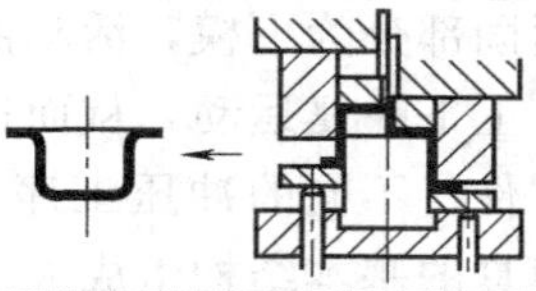	把形状不太准确的工件校正成形
校平		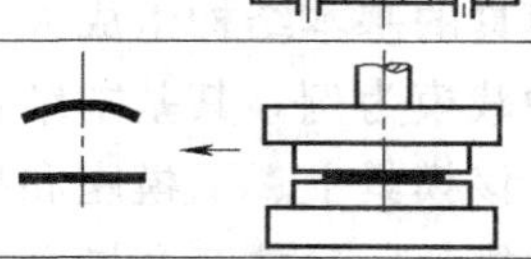	将毛坯或工件不平的面或弯曲予以压平
压印		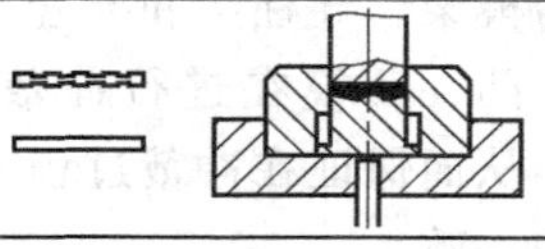	改变工件厚度，在表面上压出文字或花纹

12.1.3 冷冲压模具分类

每种冲压产品都有相对应的模具，而完成同一产品的模具结构形式多种多样。通常按不同的特征对冲模进行分类，其分类方法有以下几种。

1. 按所完成的冲压工序分类

冲裁模、拉深模、翻边模、胀形模、弯曲模等。习惯上把冲裁模当成所有分离工序的总称，包括落料模、冲孔模、切断模、切边模、半精冲模、精冲模及整修模等。

2. 按模具的导向形式分类

（1）无导向简单落料模。无导向简单落料模的结构特点是结构简单、质量较小、尺寸较小、制造容易，成本低廉。模具依靠压力机导板导向，使用时安装调整麻烦，模具寿命低，工件精度差，操作也不安全。

（2）导板式简单落料模。导板模的导向精度比无导向模高，寿命长，使用安装容易，操作安全。但制造比较复杂，尤其是对形状复杂的零件，按凸模配作形状复杂的导板型孔困难很大。由于受到热处理变形的影响，导板常常是不经淬火处理的，从而不影响寿命和导向精度，故导板一般用于生产形状较简单、尺寸不大和中小批量生产的工件。

（3）导柱式简单落料模。用导柱和导套导向比导板可靠，导向精度高，使用寿命长，更换安装方便，在大量和成批生产中广泛采用导柱式冲裁模。

3. 按完成冲压工序的数量及组合程度分类

（1）单工序模。在压力机的一次行程内，一副模具中只能完成一道冲压工序的模具。

（2）复合模。在压力机一次行程中，在一副模具中同一位置上完成两道以上冲压工序的模具。复合模按凸凹模的安装位置可分为正装复合模和倒装复合模。

（3）级进模。在压力机一次行程中，在一副模具中不同部位上完成前后两次冲裁中有连续的数道冲压工序的模具。

4. 按卸料方式分类

分为刚性卸料板模具和弹性卸料板模具。

5. 按进料、出件及排除废料的方式分类

分为手动模、半自动模、全自动模。

12.1.4　冷冲压模具结构

1. 模具结构介绍

一般来说，冲模都是由固定部分和活动部分组成，固定部分用压板、螺栓紧固在压力机的工作台上；活动部分固定在压力机的滑块上。通常紧固部分为下模，活动部分为上模。上模随着滑块作上下往复运动，从而进行冲压工作。不同的冲压零件、不同的冲压工序所使用的模具也不一样，但模具的基本结构组成大致相同。以典型的导柱导套冲裁模为例，其基本结构见图 12-1 所示。

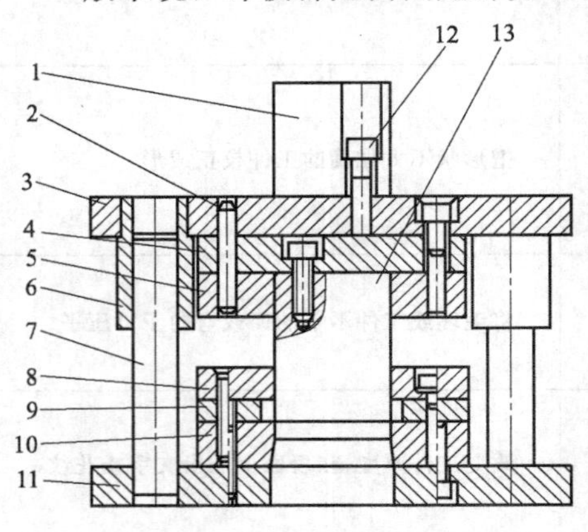

图 12-1　导柱导套式冲裁模

1—模柄；2—定位销；3—上模座；4—上垫板；5—凸模固定板；6—导套；7—导柱；8—刚性卸料板；9—导料板；10—凹模；11—下模座；12—螺钉；13—凸模

该模具上、下模座和导柱导套装配组成的部件称为模架。导柱 7 和导套 6 实现上下模精确导向定位。凸、凹模在进行冲裁之前，导柱已经进入导套，从而保证在冲裁过程中凸模和凹模之间的间隙均匀一致。

这种模具的结构特点是：导柱与模座孔为 h6/R6 的过盈配合；导套与上模座孔也为 H7/r6 过盈配合。其主要目的是防止工作时导柱从下模座孔中被拔出和导套从上模座中脱落下来。为了使导向准确和运动灵活，导柱与导套的配合采用H7/h6的间隙配合。冲模工作时，条料靠导料板9和挡料销实现准确定位，以保证冲裁时条料上的搭边值均匀一致。这副冲模采用了刚性卸料板8卸料，冲出的工件在凹模空洞中由凸模逐个顶出凹模直壁处，实现自然漏料。

由于导柱式冲裁模导向准确可靠，并能保证冲裁间隙均匀稳定，因此，冲裁件的精度比用导板模冲制的工件精度高，冲模使用寿命长，而且在冲床上安装使用方便。与导板冲模相比，其敞开性好，视野广，便于操作。卸料板不再起导向作用，单纯用来卸料。导柱式冲模目前使用较为广泛，适合大批量生产。

导柱式冲裁模的缺点是：冲模外形轮廓尺寸较大，结构较为复杂，制造成本高。目前各工厂逐渐采用标准模架，这样可以大大减少设计时间和制造周期。

2. 部件分类与功能

任何一副冲模都是由各种不同的零件组成，也可以由几十个甚至由上百个零件制作成。但无论它们的复杂程度如何，冲模上的零件都可以根据其作用分为六种类型。

(1) 工作零件。直接对坯料、板料进行冲压加工的冲模零件。如凸模、凹模。

(2) 定位零件。确定条料或坯料在冲模中准确定位的零件。如挡料销、导料板。

(3) 卸料及压料零件。将冲切后的零件或废料从模具中卸下来的零件。如固定卸料板。

(4) 导向零件。用以确定上下模的相对位置，保证运动导向精度的零件。如导柱、导套及导板模中的导板。

(5) 支撑零件。将凸模、凹模固定于上、下模上，以及将上下模固定在压力机上的零件。如上模座、下模座、凸模固定板和模柄等。

(6) 连接零件。把模具上所有零件连接成一个整体的零件。如螺钉等。

3. 冲模零部件分类

(1) 工作零件：凸模、凹模、凸凹模。

(2) 定位零件：定位板、定位销、挡料销、导正销、导料板、侧刃。

(3) 压料、卸料及顶出件零部件：卸料板、推件装置、顶件装置、压边圈。

(4) 导向零件：导柱、导套、导板、导筒。

(5) 支撑零件：上、下模座，模柄，凸、凹模固定板，垫板。

(6) 紧固及其他零件：螺钉、销钉、限位器、弹簧、橡胶垫等。

温馨提示

在试制或小批量生产时，为了缩短试制周期和降低成本，可以把冲模简化成只有工作零件、卸料零件和几个固定零件的简易模具；而在大批量生产时，为了确保工件品质和模具寿命及提高劳动生产率，冲模上除了包括上述五类零件外还附加自动送、出料装置。

12.1.5　冷冲模常用材料

1. 高速钢

高速钢（见图12-2所示），主要钢号有W18Cr4V、W12Cr4V4Mo、W6Mo5Cr4V2、W9Mo3Cr4V3、W6Mo5Cr4V3、W6Mo5Cr4V5SiNbAl（B201）、W6Mo5Cr4V2、6W6Mo5Cr4V（6W6）等。其中最常用的是W18Cr4V和含钨量较少的钼高速钢W6Mo5Cr4V2、6W6MoSCr4V。它们具有高强度、高硬度、高耐磨性、高韧性等性能，是制造高精密、高耐磨的高级模具材料，但价格较贵，因此适用于小件的冲模或用于大型冲模的嵌镶部分。由于高速钢在高温状态下能保持高的硬度和耐磨性，所以又是制造温挤、热挤等模具的极好材料。其中6W6Mo5Cr4V有更高的韧性，虽然耐磨性略差，但可用低温氮碳共渗来提高其表面硬度和耐磨性，主要用于制作易于脆断或劈裂的冷挤压或冷镦凸模，可成倍提高使用寿命。

2. 基体钢

基体钢（见图12-3所示），是以高速钢成分为基体，具有高速钢正常淬火后的基本成分，碳的质量分数一般在0.5%左右，合金元素的质量分数在10%～12%范围内，故而得名。这类钢不仅具有高速钢的特点，而且抗疲劳强度和韧性均优于高速钢，材料成本比高速钢低。有很高的抗压强度和耐磨性，在高温条件下使用时，其红硬性很好。耐磨性比高速钢和高铬合金钢差，多用于热处理中容易开裂的冲模，经淬火、回火、低温氮碳共渗处理后，用作冷挤压凸模比高速钢寿命高。

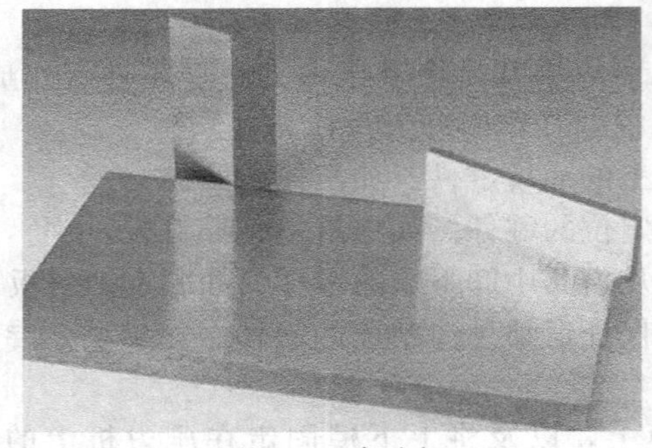

图12-2　高速钢

图12-3　基体钢

3. 硬质合金和钢结硬质合金

硬质合金（见图12-4所示），由硬度和熔点很高的碳化物粉末为主要成分（如碳化钨、碳化钛、碳化铬等）和金属胶黏剂（如钴），用粉末冶金的方法制成。硬质合金的种类有钨钴类（YG）、钨钴钛类（YT）、通用合金类（YW）、碳化钛基类（YN）等。冲模常采用钨钴类硬质合金（YG）制作。

硬质合金与其他模具钢比较，具有更高的硬度和耐磨性，但抗弯强度和韧性差，所以，一般都选用含钴量多、韧性大的牌号。对冲击大、工作压力大的模具，如冷挤压模可选用含钴量较高的YG20、YG25等牌号；YG15、YG20用于冲裁模；YG6、YG8、YG11用于拉深模。用硬质合金比一般工具钢制模具寿命可高出5～100倍。

用硬质合金作模具材料，硬度和耐磨性比较理想，但韧性差，加工困难。而钢结硬质合金却可取长补短。钢结硬质合金（见图12-5所示），是一种新型的模具材料，是以一种或几

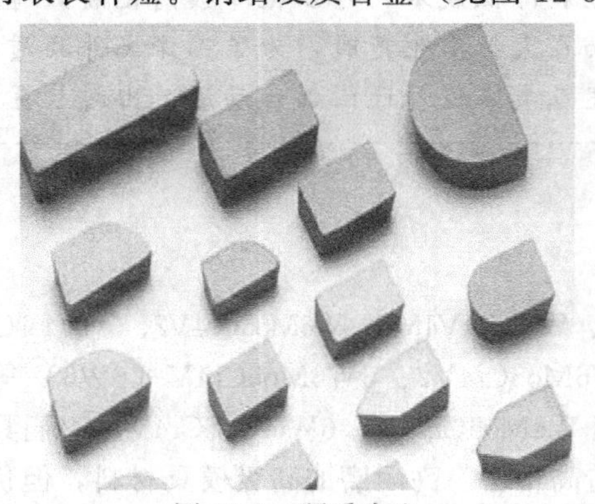

图12-4　硬质合金

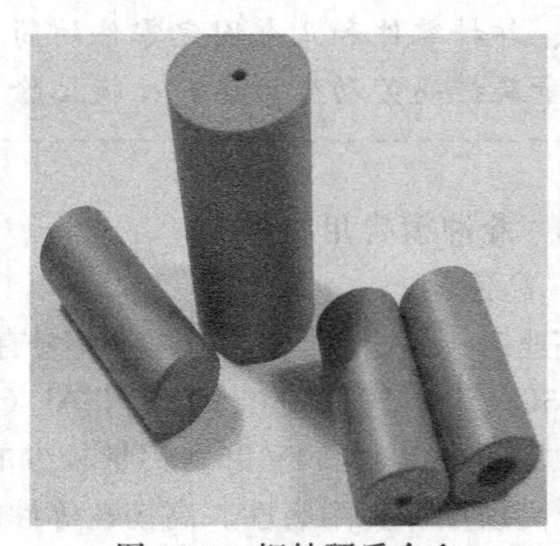

图12-5　钢结硬质合金

种碳化物（碳化钛、碳化钨），以合金钢（如高速钢、铬钼钢）粉末为胶黏剂，经配料、混料、压制、烧结而成的粉末冶金材料。其性能介于钢与硬质合金之间。它既有高强度、韧性，又可进行各种机械加工及热加工，并具有硬质合金的高硬度。经淬火、回火后可达68～73HRC，具有高耐磨性。因此，极适于制造各种模具。但由于硬质合金和钢结硬质合金价格贵，且又韧性差，因此宜用镶嵌件形式在模具中出现，以提高模具的使用寿命、节约材料、降低成本。常用的钢结硬质合金牌号有GT35、TLW50、TLMW50、GW50和DT等。

4. 调质预硬钢

调质预硬钢（见图12-6所示）。这类钢是合金结构钢，属于热作模具钢种，由于这类钢有一定的淬透性，经过调质处理后即可用于冷作模具，因此近些年来许多冲模都用这类钢制造。这种材料便于切削加工，又简化了热处理工艺，降低了模具成本，并提高了制造精度。可用于制造小批量的成形模，拉深模的凸、凹模，各种模具的卸料板、凸模座、凸模衬套、凹模衬套、凸模板、凹模板及垫板等。常用的预硬钢牌号有35Cr、35CrMo、40Cr、42CrMo等。

5. 火焰淬火钢

为适应产品结构不断变化，更新换代迅速，制造模具方便，研究开发了火焰淬火冷作模具钢（见图12-7所示）。火焰淬火是在刃口或需要硬度和耐磨性高的部位用乙炔火焰加热至淬火温度，在空气中冷却，即可达到火焰淬火的目的。由于火焰淬火温度区域宽，所以操作方便，变形小，整个凸模或凹模均可采用分段淬硬。

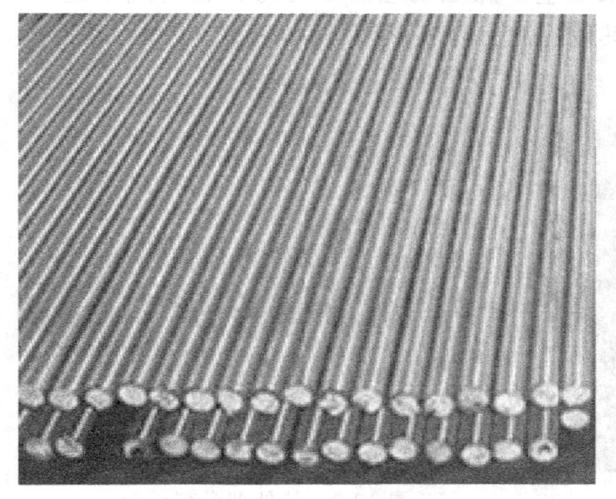

图12-6 调质预硬钢

图12-7 火焰淬火钢

由于火焰淬火钢制造模具，各机械加工工序均在火焰淬火之前完成，材料处于低硬度下加工，故加工容易，且能保证精度。由于火焰淬火只淬刃口部分，基体硬度较低，如遇有加工遗漏，设计更改，尺寸变动，都具有重新改制加工的余地。对于多孔位的冲模或复杂型腔的零部件，刃口表面火焰淬火，型腔和孔距变形小，因此简化了制造工艺，从而降低了成本。此外，这类钢还具有良好的焊接性能，对在使用中崩刃的模具可进行焊补。

火焰淬火钢可用于薄板冲孔模、整形模、切边模、拉深模及冷挤压模的型腔面。我国开发的火焰淬火新型模具钢有7CrSiMnMoV（CH-1）、6CrNiMnSiMoV（GD）。与常用模具钢9Mn2V、CrWMn、Cr12MoV相比，CH-1钢的强韧性更高，是适用于火焰表面加热淬火的专用钢，表面加热后空冷淬火可获得58HRC以上的硬度和一定的淬透深度。但因其成分设计者首先考虑的是满足火焰淬火的目的，故其韧性和脱碳敏感性尚不够理想。GD钢是高强韧低合金冷作模具钢，淬火加热温度低，区间宽，可采用油淬、风冷及火焰加热淬火。可用它代替 CrWMnCr12 型、GCr15、9SiCr、9Mn2V、6CrW2Si 等材料制作各类易崩刃、易断裂模具，可不同程度提高模具寿命。

6. 真空淬火钢

真空淬火钢（见图 12-8 所示）。真空淬火的优点是被加工工件表面无氧化和脱碳现象，热处理变形极小，一般选用 Cr12MoV 钢及其他的基体钢进行真空淬火处理。高速工具钢不宜于真空淬火处理，淬火温度低的低合金钢，由于需经油冷淬硬，也不宜真空淬火。火焰淬火钢 CH-1 和 GD 钢均可采用真空淬火处理，其淬火温度为 880～920℃可得到 60HRC 以上的硬度。热处理后变形小，强度、硬度及耐磨性均好。

7. 高耐磨、高韧性钢

高铬、高速钢耐磨性高，但易脆断。为此研究了高耐磨、高韧性的冷作模具钢 GM 钢和 ER5 钢。GM 钢在强韧性好的基础上弥散分布细小、均匀的碳化物，使其具有最佳的二次碳化能力和磨损抗力。GM 钢的硬度指标远高于基体钢和高铬工具钢，而十分接近高速钢，耐磨性好。在韧性和强度方面 GM 钢优于高速钢和高铬工具钢，耐磨性与强韧性得到了最佳配合。GM 钢作为一种新型耐磨钢在冷作模具材料领域替代 C12 系列钢种，有广阔的应用前景。已在高速冲床多工位级进模、滚丝模、切边模上应用，比 65Nb、Cr12MoV 钢的寿命提高 2～6 倍以上。ER5 钢在强度、韧性、耐磨性等方面均优于 Cr12 型钢，而且在锻造、热处理、机加工、电加工等方面无特殊要求，生产加工工艺简单可行，材料成本适中，适用于制作大型重载冷镦模、精密冷冲模以及其他冷冲、冷成形模具。

图 12-8 真空淬火钢

图 12-9 热处理微变形钢

8. 热处理微变形钢

热处理微变形钢（见图 12-8 所示）。减小热处理变形，对于形状复杂、精密的模具十分重要。我国研制的 Cr2Mn2SiWMoV 钢，热处理变形率低于±0.004%，比正常热处理变形率±0.1%～±0.2%低得多。生产实践证明：在 100mm 的矩形凹模上，长和宽的尺寸变化为±0.01mm。

【思考与练习】

1. 什么是冲压加工？
2. 冷冲压加工的基本工序有哪些？
3. 按导向方式分，冷冲模可分为哪几类？
4. 按工序组合方式分，冷冲模可以分为哪几类？
5. 复合模的分类有哪些？

6. 冷冲模主要由哪些零部件组成？

7. 单工序模有什么特点？

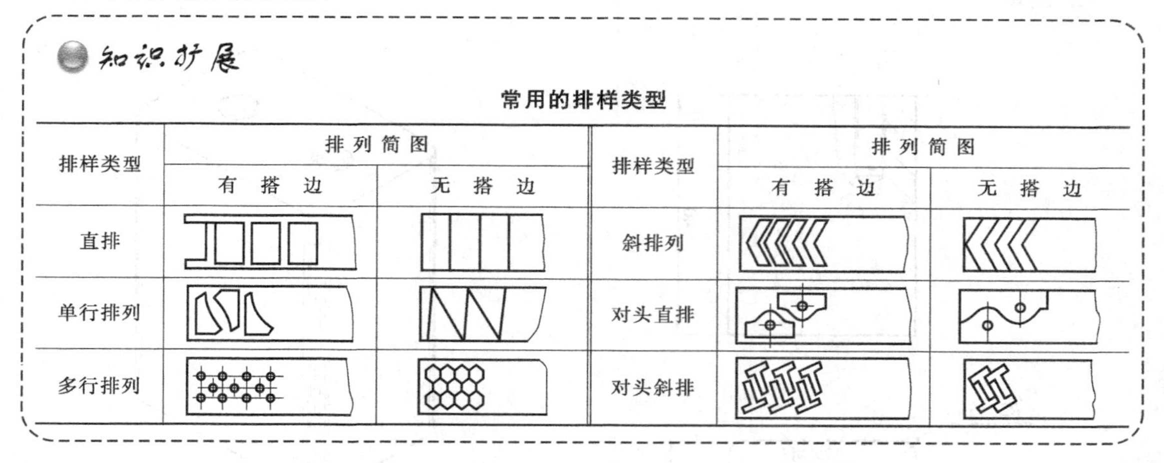

知识扩展

常用的排样类型

排样类型	排列简图		排样类型	排列简图	
	有搭边	无搭边		有搭边	无搭边
直排			斜排列		
单行排列			对头直排		
多行排列			对头斜排		

12.2　技能训练1：微型冲裁模制作

操作准备：锉刀、Q235钢板、直角尺、毛刷、铜丝刷等。

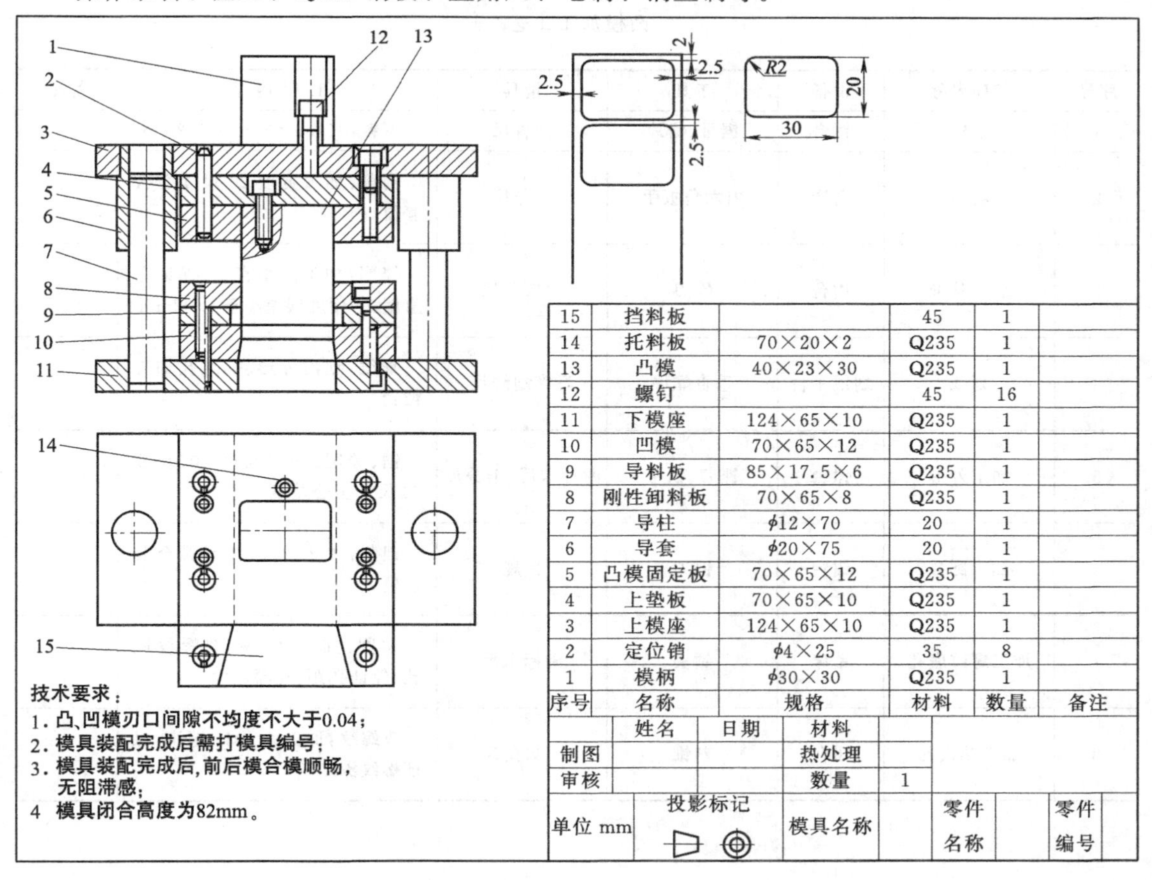

序号	名称	规格	材料	数量	备注
15	挡料板		45	1	
14	托料板	70×20×2	Q235	1	
13	凸模	40×23×30	Q235	1	
12	螺钉		45	16	
11	下模座	124×65×10	Q235	1	
10	凹模	70×65×12	Q235	1	
9	导料板	85×17.5×6	Q235	1	
8	刚性卸料板	70×65×8	Q235	1	
7	导柱	ϕ12×70	20	1	
6	导套	ϕ20×75	20	1	
5	凸模固定板	70×65×12	Q235	1	
4	上垫板	70×65×10	Q235	1	
3	上模座	124×65×10	Q235	1	
2	定位销	ϕ4×25	35	8	
1	模柄	ϕ30×30	Q235	1	

	姓名	日期	材料	
制图			热处理	
审核			数量	1

单位 mm	投影标记	模具名称		零件名称		零件编号	

12.2.1　操作一　凸模和凹模的制作

1. 凸模

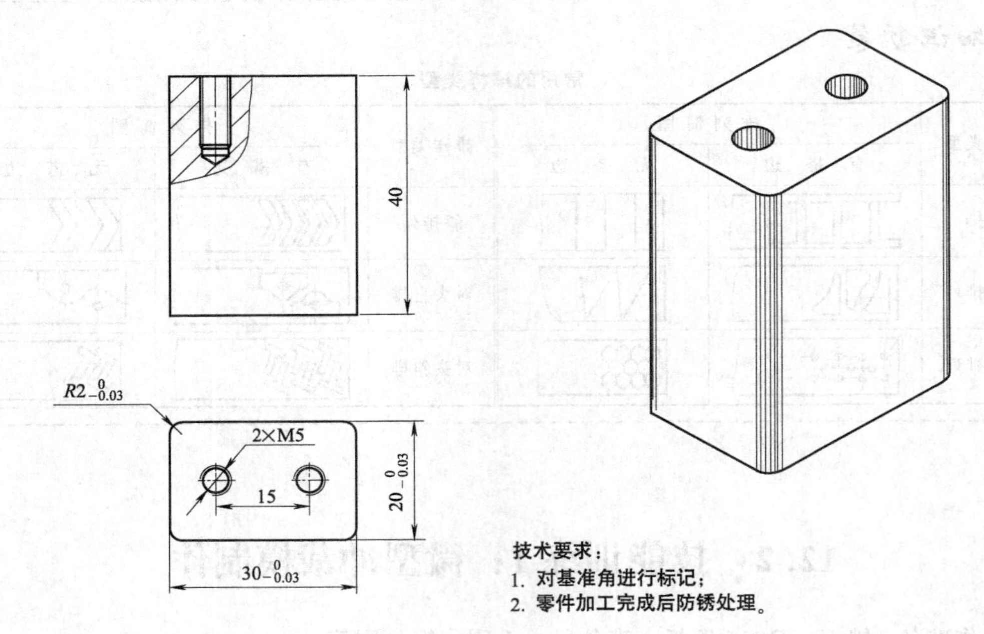

凸模加工工艺

序号	工序名称	设备	工具	量具	工序内容	备注
1	下料	钳台	锯弓、锯片	钢直尺	下料：35mm×21mm×42mm	
2	磨削	磨床	内六角扳手	千分尺	磨削：加工宽度 20 尺寸至公差值	
3	加工基准	钳台	锉刀	刀口角尺	锉削：加工两垂直边，保证垂直度、平面度误差小于 0.02mm	
4	划线	划线平台	垂直靠块	高度划线尺	划线：划出外形、螺纹孔加工位置	
5	加工外形	钳台	锉刀、锯弓	游标卡尺、千分尺	锯、锉削：加工高度 40、长度 30 尺寸至公差值	
6	加工圆弧	钳台	锉刀	R 规	锉削：加工 4×$R2$ 圆弧至公差值	
7	加工螺纹底孔	钻床	钻头	游标卡尺	钻削：加工 2×$\phi4.3$ 螺纹底孔，保证孔距、孔深尺寸	
8	加工螺纹孔	钳台	丝锥	刀口角尺	攻螺纹：加工 2×M5 螺纹，保证螺纹深度	

2. 凹模

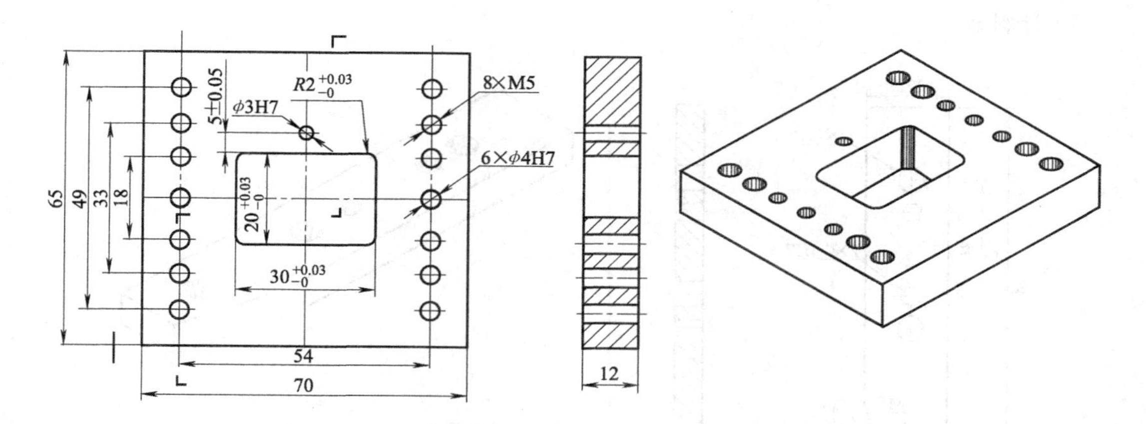

凹模加工工艺

序号	工序名称	设备	工具	量具	工 序 内 容	备注
1	下料	钳台	锯弓、锯片	钢直尺	下料：75mm×70mm×12mm	
2	磨削	磨床	内六角扳手	千分尺	磨削：加工厚度12尺寸	
3	加工基准面	钳台	锉刀	刀口角尺	锉削：加工两垂直边，保证垂直度、平面度误差小于0.02mm	
4	划线	划线平台	垂直靠块	高度划线尺	划线：划出外形、凹模型孔、螺纹孔、挡料销孔加工位置	
5	加工外形	钳台	锉刀、锯弓	千分尺、游标卡尺	锯、锉削：加工长度70、宽度65尺寸至公差值	
6	加工凹模型孔	钳台	锉刀	千分尺、游标卡尺	钻锉削：钻排孔去除凹模型孔余料；锉削型孔、保证型孔尺寸至公差值	
7	加工螺纹底孔	钻床	钻头	游标卡尺	钻削：加工8×ϕ4.3螺纹底孔，保证孔距、孔深尺寸	
8	加工螺纹孔	钳台	丝锥	刀口角尺	攻螺纹：加工8×M5螺纹	
9	加工挡料销孔	钻床	钻头	游标卡尺	钻、铰削：钻削ϕ2.9挡料销底孔、铰削ϕ3挡料销孔	

12.2.2 操作二 定位零件的制作

1. 导料板

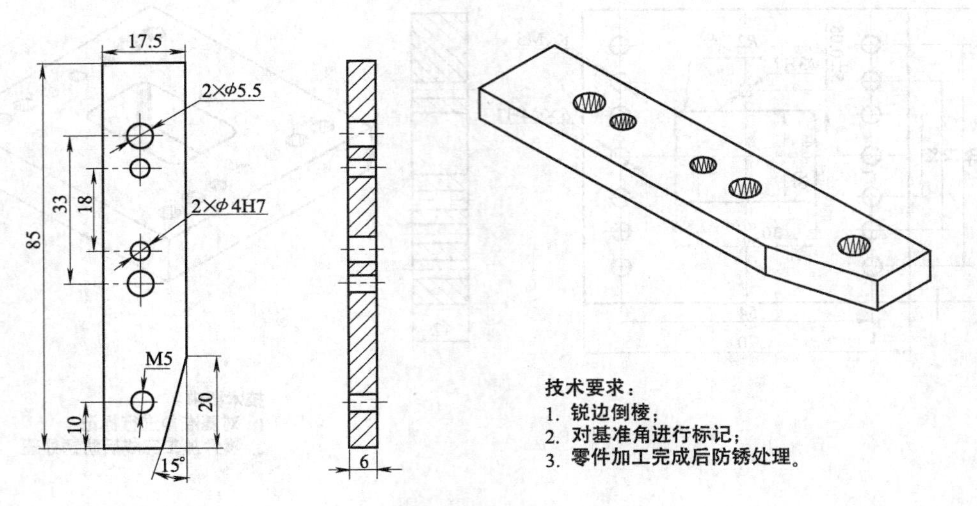

导料板加工工艺

1	下料	钳台	锯弓、锯片	钢直尺	下料：90mm×20mm×6mm	备注
2	磨削	磨床	内六角扳手	千分尺	磨削：加工厚度 6 尺寸	
3	加工基准面	钳台	锉刀	刀口角尺	锉削：加工两垂直边，保证垂直度、平面度误差小于 0.02mm	
4	划线	划线平台	垂直靠块	高度划线尺	划线：划出外形、螺纹孔、螺钉过孔加工位置	
5	加工外形	钳台	锉刀、锯弓	千分尺、游标卡尺	锯、锉削：加工长度 85、宽度 17.5 尺寸至公差值	
6	加工 15°倒角	钳台	锉刀	游标卡尺、万能角度尺	锯、锉削：加工 15°倒角，保证角度、20 尺寸至公差值	
7	加工螺纹底孔	钻床	钻头	游标卡尺	钻削：加工 ϕ4.3 螺纹底孔，保证孔距尺寸	
8	加工螺纹孔	钳台	丝锥	刀口角尺	攻螺纹：加工 M5 螺纹	
9	加工螺钉过孔	钻床	钻头	游标卡尺	钻削：钻削 2×ϕ5.5 螺钉过孔保证孔距尺寸	
10	倒角	钳台	锉刀		锐边倒角	

2. 托料板

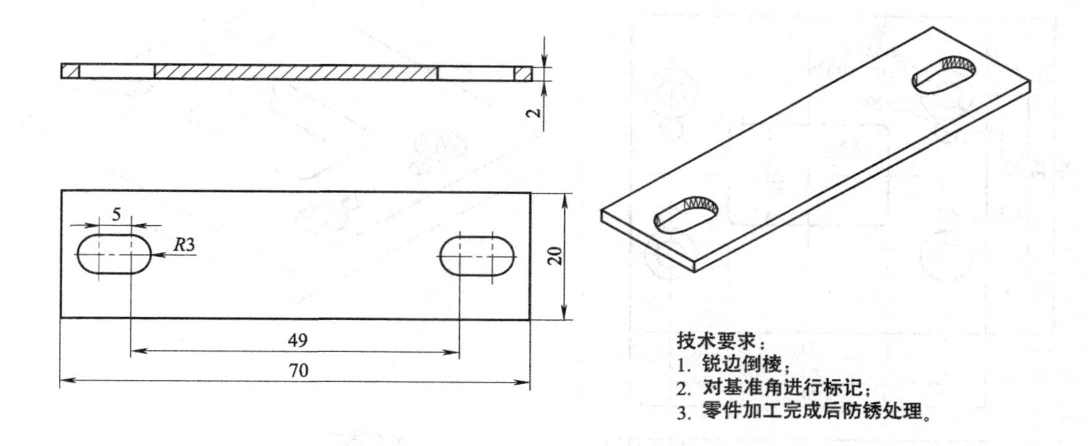

托料板加工工艺

序号	工序名称	设备	工具	量具	工序内容	备注
1	下料	钳台	锯弓、锯片	钢直尺	下料：75mm×25mm×2mm	
2	磨削	磨床	内六角扳手	千分尺	磨削：加工厚度2尺寸	
3	加工基准面	钳台	锉刀	刀口角尺	锉削：加工两垂直边，保证垂直度、平面度误差小于0.02mm	
4	划线	划线平台	垂直靠块	高度划线尺	划线：划出外形、腰形孔加工位置	
5	加工外形	钳台	锉刀、锯弓	千分尺、游标卡尺	锯、锉削：加工长度70、宽度20尺寸至公差值	
6	钻削腰形孔	钻床	钻头	游标卡尺	钻削：钻削4×ϕ6腰形孔	
7	锉削腰型孔	钳台	钻头	游标卡尺	锉削：加工两个腰形孔，保证孔距、槽宽尺寸	
8	倒角	钳台	锉刀		锐边倒角	

12.2.3 操作三 卸料零件制作

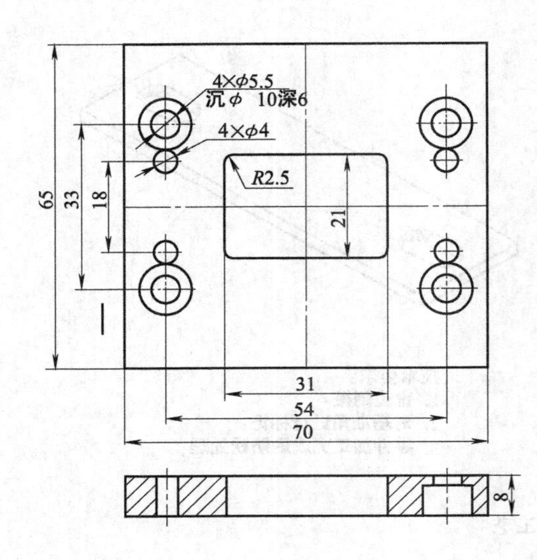

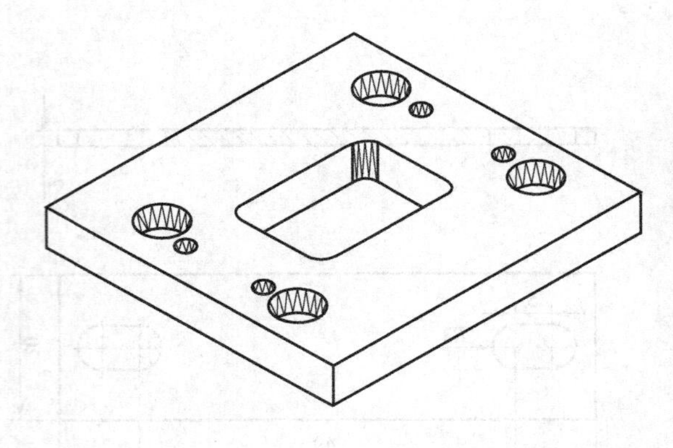

技术要求：
1. 锐边倒棱；
2. 对基准角进行标记；
3. 零件加工完成后防锈处理。

刚性卸料板加工工艺

序号	工序名称	设备	工具	量具	工序内容	备注
1	下料	钳台	锯弓、锯片	钢直尺	下料：75mm×70mm×8mm	
2	磨削	磨床	内六角扳手	千分尺	磨削：加工厚度 8 尺寸	
3	加工基准面	钳台	锉刀	刀口角尺	锉削：加工两垂直边，保证垂直度、平面度误差小于 0.02mm	
4	划线	划线平台	垂直靠块	高度划线尺	划线：划出外形、卸料型孔、沉头孔加工位置	
5	加工外形	钳台	锉刀、锯弓	千分尺、游标卡尺	锯、锉削：加工长度 70、宽度 65 尺寸至公差值	
6	加工卸料型孔	钳台	锉刀	千分尺、游标卡尺	钻锉削：钻排孔去除卸料型孔余料；锉削型孔、保证型孔尺寸至公差值	
7	加工沉头孔	钻床	钻头	游标卡尺	钻削：加工 4×ϕ5.5 沉 ϕ10 深 6 沉头孔，保证孔距、沉头孔深尺寸	
8	倒角	钳台	锉刀		锐边倒角	

12.2.4 操作四 支撑零件制作

1. 上模座

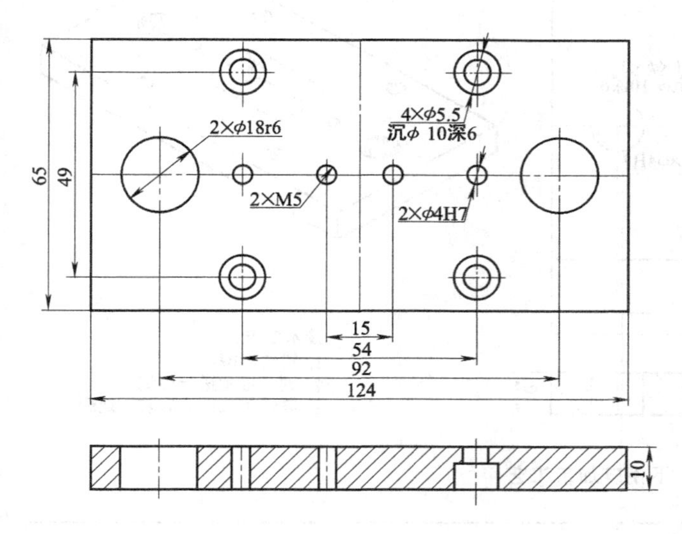

技术要求：
1. 锐边倒棱；
2. 对基准角进行标记；
3. 零件加工完成后防锈处理。

上模座加工工艺

序号	工序名称	设备	工具	量具	工 序 内 容	备注
1	下料	钳台	锯弓、锯片	钢直尺	下料：130mm×70mm×10mm	
2	磨削	磨床	内六角扳手	千分尺	磨削：加工厚度 10 尺寸	
3	加工基准面	钳台	锉刀	刀口角尺	锉削：加工两垂直边，保证垂直度、平面度误差小于 0.02mm	
4	划线	划线平台	垂直靠块	高度划线尺	划线：划出外形、导套孔、沉头孔、螺纹孔加工位置	
5	加工外形	钳台	锉刀、锯弓	千分尺、游标卡尺	锯、锉削：加工长度 124、宽度 65 尺寸至公差值	
6	加工导套孔（与下模座导柱孔配钻）	钻床	钻头、铰刀	游标卡尺	钻削：与下模座导柱孔配钻 2×φ11.8 导套底孔，再单独扩孔 2×φ17.8 铰削 2×φ18 导套孔	
7	加工沉头孔	钻床	钻头	游标卡尺	钻削：加工 4×φ5.5 沉 φ10 深 6 沉头孔，保证孔距、沉头孔深尺寸	
8	加工螺纹底孔	钻床	钻头	游标卡尺	钻削：2×φ4.3 螺纹底孔，保证孔距尺寸	
9	加工螺纹孔	钳台	丝锥	刀口角尺	攻螺纹：加工 2×M5 螺纹	
10	倒角	钳台	锉刀		锐边倒角	

2. 下模座

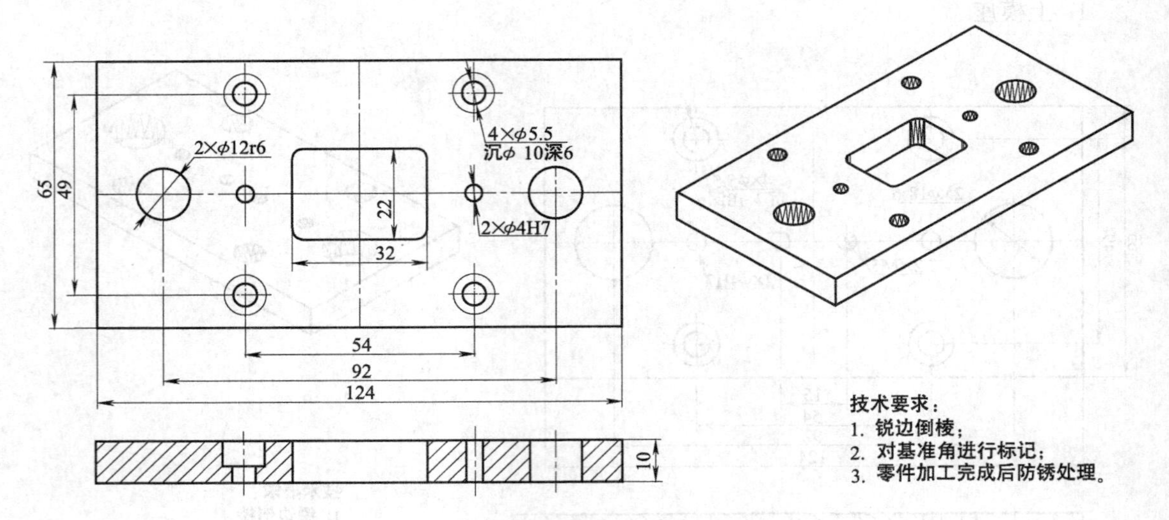

下模座加工工艺

序号	工序名称	设备	工具	量具	工序内容	备注
1	下料	钳台	锯弓、锯片	钢直尺	下料：130mm×70mm×10mm	
2	磨削	磨床	内六角扳手	千分尺	磨削：加工厚度10尺寸	
3	加工基准面	钳台	锉刀	刀口角尺	锉削：加工两垂直边，保证垂直度、平面度误差小于0.02mm	
4	划线	划线平台	垂直靠块	高度划线尺	划线：划出外形、导柱孔、沉头孔、漏料型孔加工位置	
5	加工外形	钳台	锉刀、锯弓	千分尺、游标卡尺	锯、锉削：加工长度124、宽度65尺寸至公差值	
6	加工漏料型孔	钳台	锉刀	千分尺、游标卡尺	钻锉削：钻排孔、去除漏料型孔余料；锉削型孔、保证型孔尺寸至公差值	
7	加工导柱孔（与上模座导套孔配钻）	钻床	钻头、铰刀	游标卡尺	钻削：与上模座导柱孔配钻2×ϕ11.8导套底孔，铰削2×ϕ12导套孔。	
8	加工沉头孔	钻床	钻头	游标卡尺	钻削：加工4×ϕ5.5沉ϕ10深6沉头孔，保证孔距、沉头孔深尺寸	
9	倒角	钳台	锉刀		锐边倒角	

3．上垫板

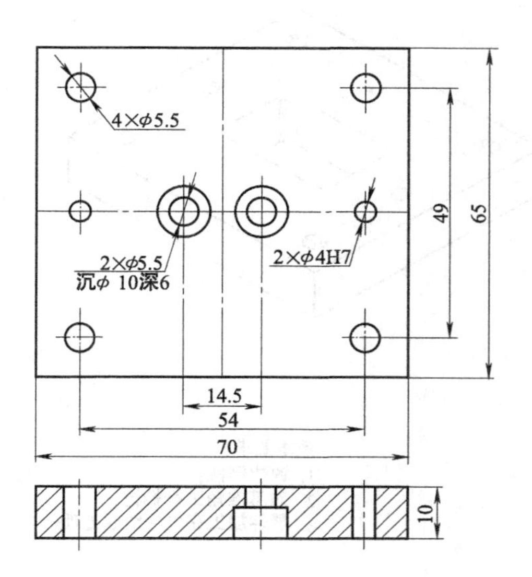

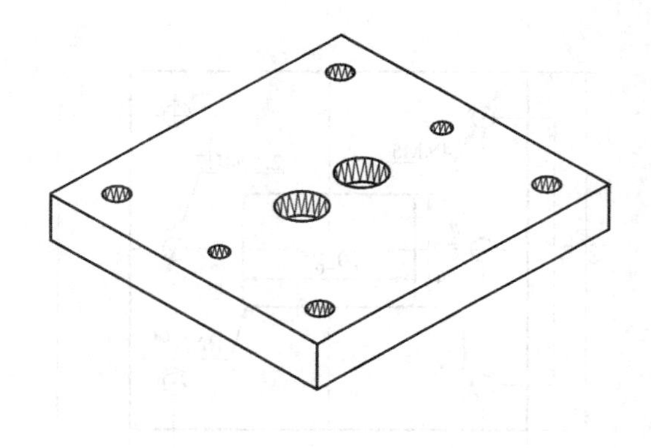

技术要求：
1. 锐边倒棱；
2. 对基准角进行标记；
3. 零件加工完成后防锈处理。

上垫板加工工艺

序号	工序名称	设备	工具	量具	工 序 内 容	备注
1	下料	钳台	锯弓、锯片	钢直尺	下料：75mm×70mm×10mm	
2	磨削	磨床	内六角扳手	千分尺	磨削：加工厚度10尺寸	
3	加工基准面	钳台	锉刀	刀口角尺	锉削：加工两垂直边，保证垂直度、平面度误差小于0.02mm	
4	划线	划线平台	垂直靠块	高度划线尺	划线：划出外形、沉头孔、螺钉过孔加工位置	
5	加工外形	钳台	锉刀、锯弓	千分尺、游标卡尺	锯、锉削：加工长度70、宽度65尺寸至公差值	
6	加工沉头孔	钻床	钻头	游标卡尺	钻削：加工2×ϕ5.5沉ϕ10深6沉头孔，保证孔距、沉头孔深尺寸	
7	加工螺钉过孔	钻床	钻头	游标卡尺	钻削：钻削2×ϕ5.5螺钉过孔，保证孔距尺寸	
8	倒角	钳台	锉刀		锐边倒角	

4. 凸模固定板

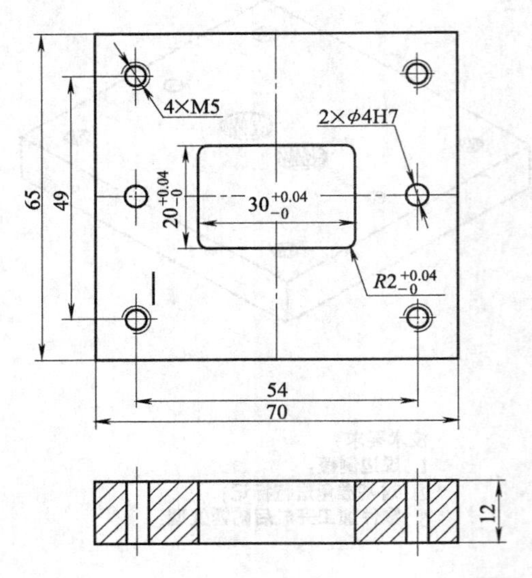

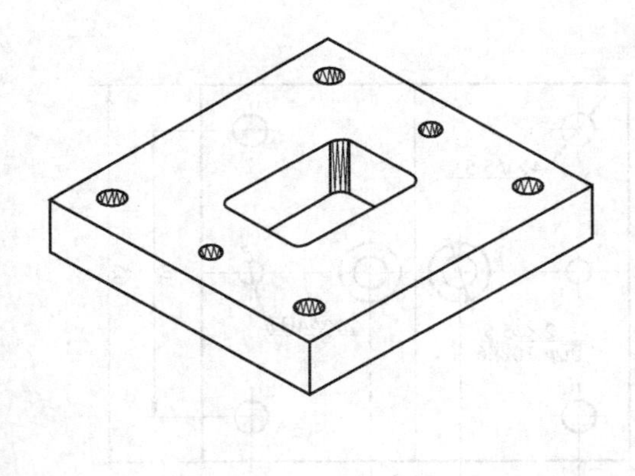

技术要求：
1. 锐边倒棱；
2. 对基准角进行标记；
3. 零件加工完成后防锈处理。

凸模固定板加工工艺

序号	工序名称	设备	工具	量具	工序内容	备注
1	下料	钳台	锯弓、锯片	钢直尺	下料：75mm×70mm×12mm	
2	磨削	磨床	内六角扳手	千分尺	磨削：加工厚度 12 尺寸	
3	加工基准面	钳台	锉刀	刀口角尺	锉削：加工两垂直边，保证垂直度、平面度误差小于 0.02mm	
4	划线	划线平台	垂直靠块	高度划线尺	划线：划出外形、凹模型孔、螺纹孔、挡料销孔加工位置	
5	加工外形	钳台	锉刀、锯弓	千分尺、游标卡尺	锯、锉削：加工长度 70、宽度 65 尺寸至公差值	
6	加工固定凸模型孔	钳台	锉刀	千分尺、游标卡尺	钻锉削：钻排孔、去除固定凸模型孔余料；锉削型孔，保证型孔尺寸至公差值	
7	加工螺纹底孔	钻床	钻头	游标卡尺	钻削：加工 4×ϕ4.3 螺纹底孔，保证孔距、孔深尺寸	
8	加工螺纹孔	钳台	丝锥	刀口角尺	攻螺纹：加工 4×M5 螺纹	
9	倒角	钳台	锉刀		锐边倒角	

12.2.5 操作五 导向零件制作

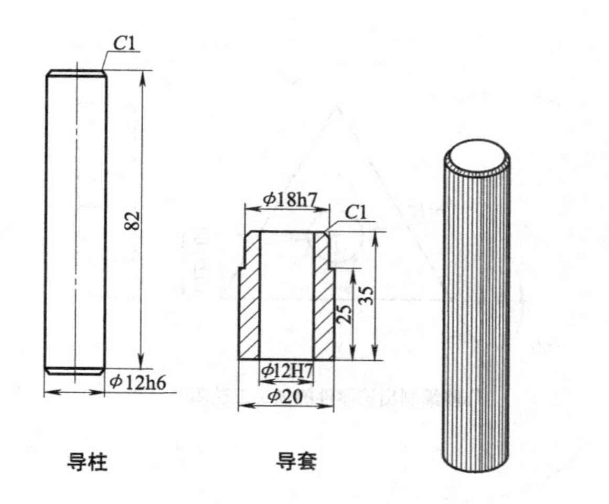

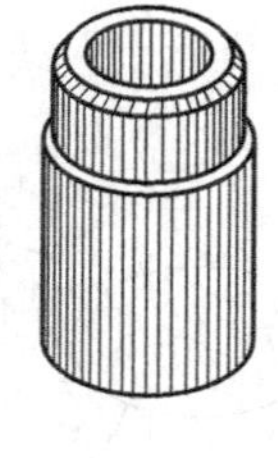

导柱加工工艺

序号	工序名称	设备	工具	量具	工序内容	备注
1	下料	钳台	锯弓、锯片	钢直尺	下料：ϕ15mm×100mm	
2	车削	车床	90°车刀	千分尺	车削：粗、精车直径 ϕ12 尺寸，保证尺寸至公差值，倒角 C1	
3	车削	车床	切断刀	游标卡尺	车削：切断，保证长度 82 尺寸至公差值	

导套加工工艺

序号	工序名称	设备	工具	量具	工序内容	备注
1	下料	钳台	锯弓、锯片	钢直尺	下料：ϕ25mm×50mm	
2	车削	车床	90°车刀	千分尺	车削：粗、精车 ϕ20、ϕ18 台阶轴至公差值，倒角 C1	
3	车削	车床	中心钻、钻夹头等	千分尺	钻孔：中心站定点，钻削 ϕ11.8 底孔，铰削 ϕ12 孔至公差值	
4	车削	车床	切断刀	游标卡尺	车削：切断，保证长度 35 尺寸至公差值	

练一练

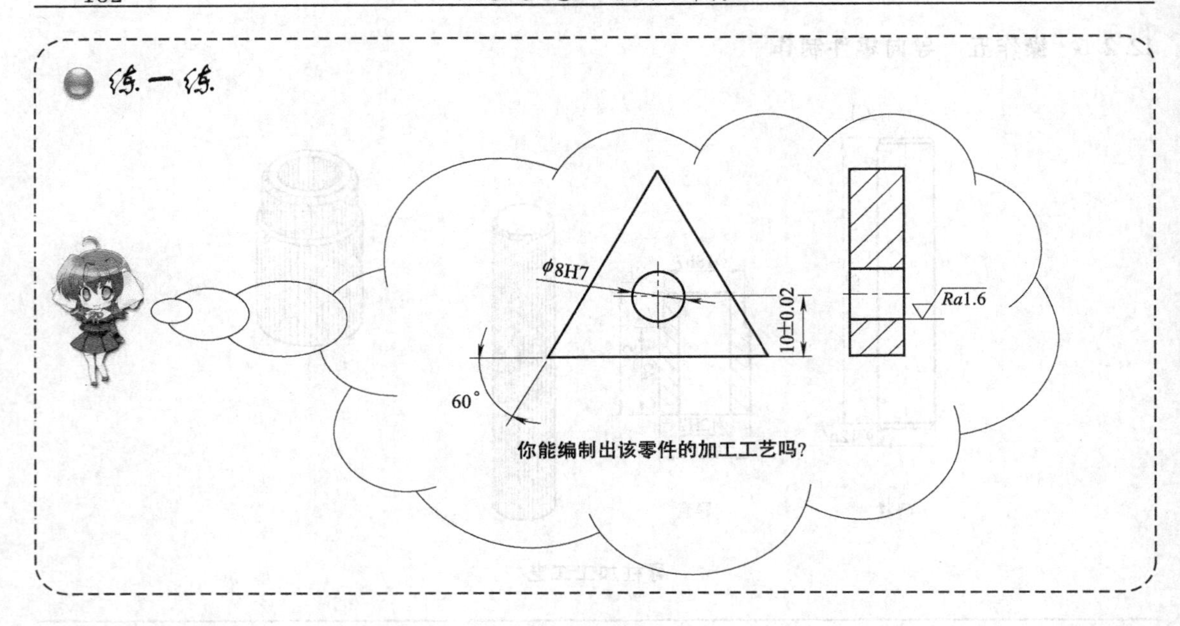

温馨提示

在制订工艺规程的过程中，往往要对前面已初步确定的内容进行调整，以提高经济效益。在执行工艺规程过程中，可能会出现前所未料的情况，如生产条件的变化，新技术、新工艺的引进，新材料、先进设备的应用等，都要求及时对工艺规程进行修订和完善。

操作步骤提示：

(1) 分组，以三人为一小组，完成微型冲裁模零件的加工。

(2) 以小组为单位，讨论微型冲裁模零件的加工工艺。

(3) 编制微型冲裁模零件加工工艺。

(4) 分工，填写模具进度表（见附录附表 3）。

(5) 下料，检查下料毛坯尺寸是否合格。

(6) 根据图纸、加工工艺完成微型冲裁模零件的制作。

(7) 检查各零件精度。

注意事项：

(1) 制作时应注意各零件的基准统一。

(2) 制作工艺零件时，刃口不允许倒角。

(3) 各零件基准边应做上标记。

(4) 钻孔时必须带上眼镜操作。

(5) 量具应进行校正后再使用。

(6) 工作时工量具应摆放整齐。

(7) 加工过程中小组成员应经常讨论，了解模具制作的进度以及需要配钻、配做的位置，再进行相应的操作。

12.3 技能训练2：微型冲裁模装配

操作准备：锉刀、内六角扳手、直角尺、毛刷、铜棒等。

相关知识：本节主要以单落料模为例，介绍微型冲裁模的装配要点。

12.3.1 冲压模装配技术要求

在装配之前，要仔细研究设计图样，按照模具的结构及技术要求确定合理的装配顺序及装配方法，选择合理的检测方法及测量工具等。

微型冲裁模装配后，应符合以下装配结构及技术要求：

1. 模具外观

（1）铸造表面应清理干净，使其光滑并涂以绿色、蓝色或灰色油漆，使其美观。

（2）模具加工表面应平整、无锈斑、锤痕、碰伤、焊补等，并对除刃口、型孔以外的锐边、尖角倒钝。

（3）模具的正面模板，应按规定打刻编号。

2. 工作零件

（1）凸模、凹模与固定板安装基面装配后在100mm长度上垂直度允许误差小于0.04mm。

（2）凸模、凹模与固定板装配后，其安装尾部与固定板安装面必须修平。

3. 紧固零件

（1）螺钉装配后，必须拧紧。不许有任何松动。螺纹旋入长度与钢件连接时，不小于螺纹直径。

（2）定位圆柱销与销孔的配合松紧适当。圆柱销与每个零件的配合长度应大于1.5倍直径。

（3）导向零件：导柱压入模座后的垂直度，在100mm长度内允差小于0.015mm。

4. 凸凹模间隙

冲裁模凸、凹模的配合间隙必须均匀。其误差不大于规定间隙20%，局部尖角或转角处不大于规定间隙的30%。

5. 模具闭合高度

模具闭合高度＜200mm时，允许误差1～3mm。

6. 卸料件

卸料机构动作要灵活，无阻滞现象。

7. 平行度要求

装配后上模板上平面与下模板下平面的平行度300mm长度内允差为0.06mm。

8. 模柄装配

模柄与上模板垂直度在100mm长度内允差不大于0.05mm。

12.3.2 装配工艺过程

1. 工作准备

（1）分析阅读装配图和工艺过程　通过阅读装配图了解模具的功能、原理关系、结构特征及各零件间的连接关系，通过阅读工艺规程了解模具装配工艺过程中的操作方法及验收等内容，从而清晰地知道该模具的装配顺序、装配方法、装配基准、装配精度，为顺利装配模具构思出一个切实可行的装配方案。

（2）清点零件、标准件及辅助材料　按照装配图上的零件明细表，首先列出加工零件清单，领出相应的零件进行清洗整理，特别是对凸、凹模等重要零件进行仔细检查，以防出现裂纹等缺陷影响装配。其次列出标准件清单，准备好橡胶、铜片等辅助材料。

（3）布置装配场地　装配场地是安全文明生产不可缺少的条件，所以要将划线平台和钻床等设备清理干净。还要将所需的工具、量具、刀具及夹具等工艺装备准备好，待用。

2. 装配工作

由于模具属于单件小批量生产，所以在装配过程中通常集中在一个地点装配。按装配模具的结构内容可分为组件装配和总装配。

（1）组件装配　组件装配是把两个或两个以上的零件按照装配要求使之连成为一个组件的局部装配工作。如冲模中的凸模与固定板的组装等。

这是根据模具结构复杂程度和精度要求进行的，使模具装配精度得到保证，能够减小模具装配时的积累误差。

（2）总体装配　总体装配是把零件和组件通过连接或固定而成为模具整体的装配工作。

这是根据装配工艺规程安排的，按照装配的顺序和方法进行，保证装配精度，达到规定的各项技术指标。

3. 检验

检验工作是一项重要不可缺少的工作，它贯穿于整个工艺过程之中。在单个零件加工之后，组件装配之后以及总装配完工之后，都要按照工艺规程的相应技术要求进行检验，其目的是控制和减小每个环节的误差，最终保证模具整体装配的精度要求。

模具装配完工后经过检验、认定，在质量上没有问题后，就可以安排试模发现是否存在设计与加工等技术上的问题，并随之进行相应的调整或修配，直到使制件产品达到质量标准时，模具才算合格。

12.3.3 冲裁间隙控制

1. 测量法

测量法是将凸模和凹模分别用螺钉固定在上下模柄的适合位置，将凸模插入凹模（通过导向装置），用塞尺检查凸、凹模之间的间隙是否均匀，根据测量结构进行校正，直至间隙均匀后再拧紧螺钉并配做。

2. 透光法

透光法是凭肉眼观察，根据透过光线的强弱来判断间隙的大小和均匀性，见图 12-10 所示。有经验的操作者凭透光法来调整间隙可达到较高的均匀程度。

3. 试切法

当凸、凹模之间间隙小于 0.1mm 时，可将其装配后试切纸。根据切下制件四周毛刺的分布情况来判断间隙的均匀程度，并进行适当的调整。

4. 垫片法（见图 12-11 所示）

在凹模刃口四周的适当地方安放垫片，垫片厚度等于单边间隙值，然后将上模座的导套慢慢套进导柱，观察凸模及凹模是否顺利进入凹模与垫片接触，用敲击固定板方法调整间隙直到其均匀为止，并将上模座螺钉拧紧，见图 12-12 所示。

5. 镀铜法

在凸模的工作段镀上厚度为单边间隙值的铜层来代替垫片。由于镀层均匀，可提高装配

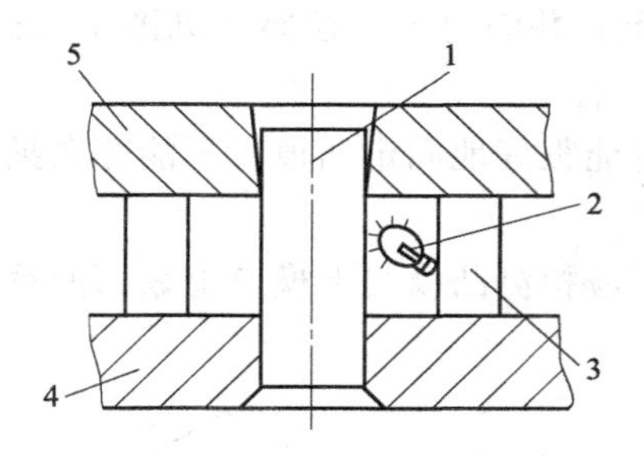

图 12-10 透光法调整间隙

1—凸模；2—光源；3—垫铁；4—固定板；5—凹模

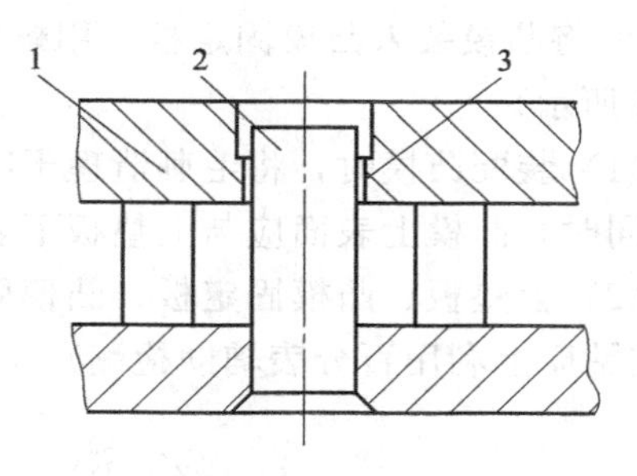

图 12-11 垫片法

1—凹模；2—凸模；3—垫片

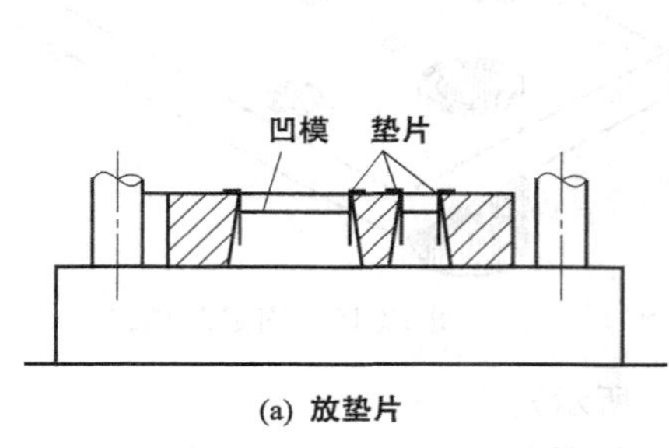

(a) 放垫片

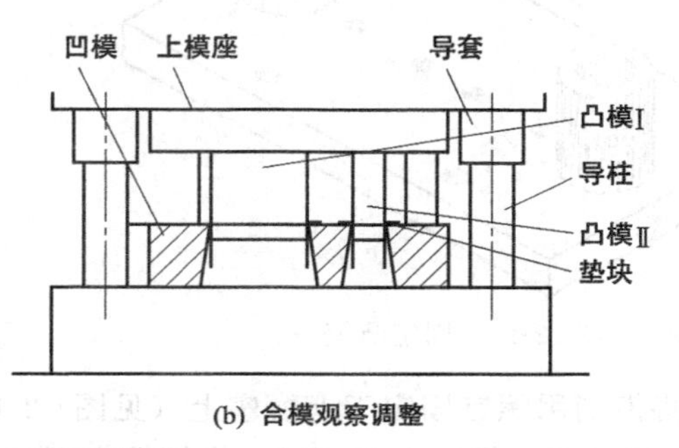

(b) 合模观察调整

图 12-12 调整间隙

间隙的均匀性。镀层本身会在冲模使用中自行剥落而无需安排去除工序。

6. 涂层法

与镀铜法相似，仅在凸模工作段涂以厚度为单边间隙值的涂料来代替镀层。

7. 酸蚀法

将凸模的尺寸做成与凹模型孔尺寸相同，待装配好后，再将凸模工作部分用酸腐蚀以达到间隙要求。

装配步骤：

1. 将导套压入上模座（见图 12-13、图 12-14 所示）

（1）装配时应注意导套孔轴线与上模座上表面的垂直度（可用刀口角尺辅助测量）。

（2）装配后导套上表面应该低于上模座上表面 0.5～1mm，见图 12-14 所示。

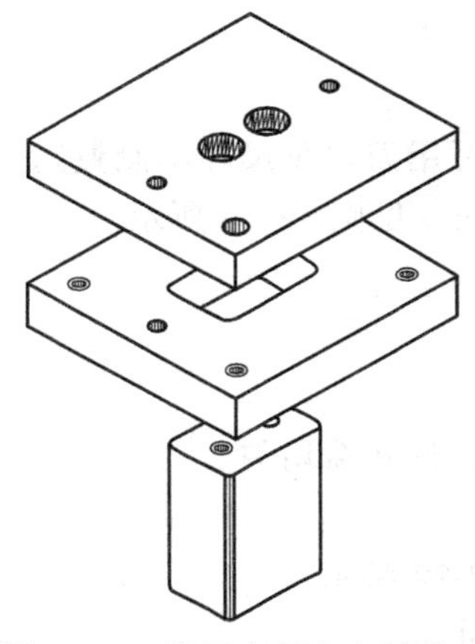

图 12-13 将导套压入上模座一

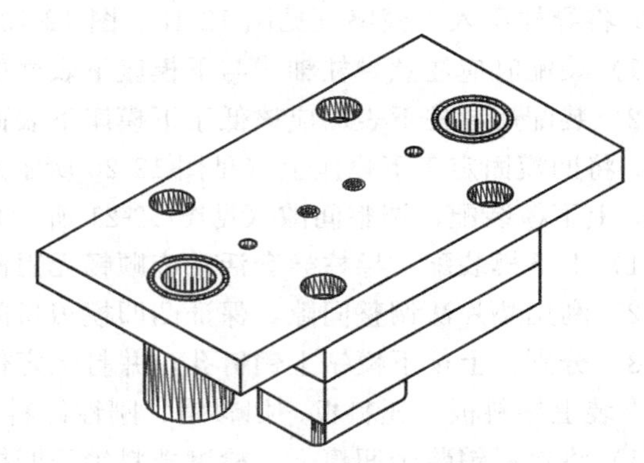

图 12-14 将导套压入上模座二

2. 将凸模装入凸模固定板，用螺钉固定于上垫板上，并固定于上模座（见图 12-15、图 12-16 所示）

(1) 装配凸模时，将毛刺清理干净，凸模固定板应能很好地固定凸模，不能存在晃动现象。同时，凸模上表面应与上垫板下表面应充分接触。

(2) 上垫板、凸模固定板、凸模固定于上模座上，应检测凸模与上模座上表面的垂直度（可在钻床上利用百分表辅助检测）。

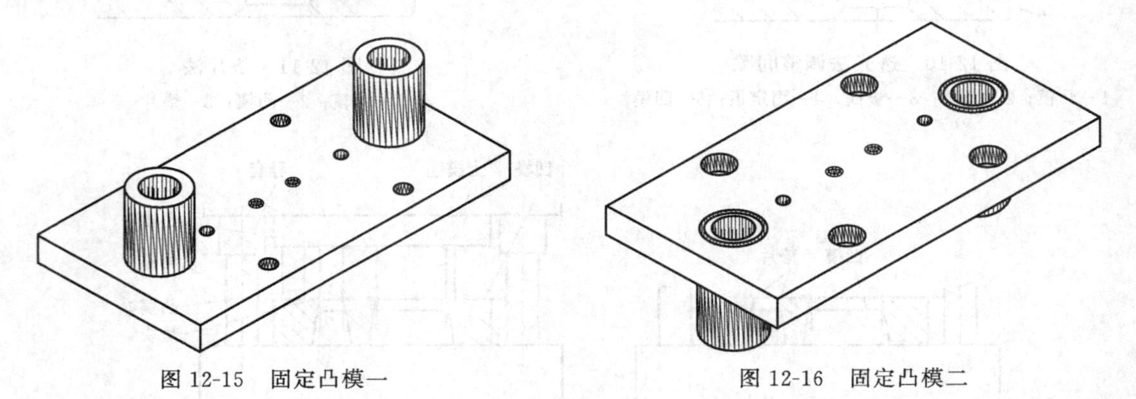

图 12-15　固定凸模一　　　　图 12-16　固定凸模二

3. 将模柄用螺钉固定于上模座上（见图 12-17 所示）。

模柄固定于上模座上表面时，模柄外表面应与上模座上表面垂直（可用刀口角尺辅助检测），并且应固定模柄不能转动。

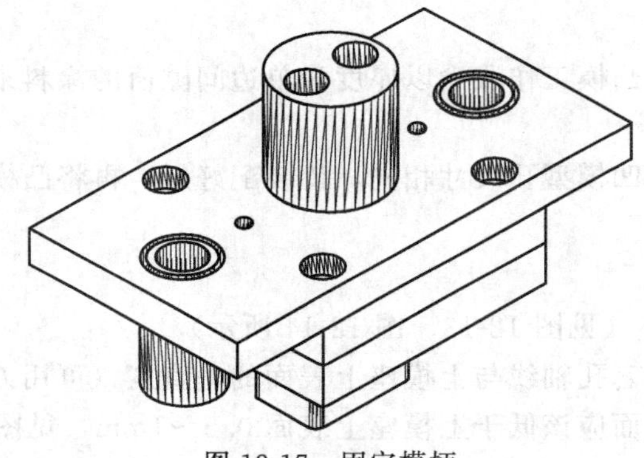

图 12-17　固定模柄

4. 将导柱压入下模座（见图 12-18、图 12-19 所示）

(1) 装配时应注意导柱轴线与下模座下表面的垂直度（可用刀口角尺辅助测量）。

(2) 装配后导柱下表面应该低于下模座下表面 0.5～1mm。见图 12-19 所示。

5. 将凹模固定于下模座上（见图 12-20 所示）

6. 上下模装配，调整间隙（见图 12-21 所示）

(1) 上下模装配，导柱导套活动应顺畅无阻滞。

(2) 利用垫片法调整间隙，保证凸凹模刃口间的间隙值，且间隙均匀。

(3) 分别在上模下模钻上销钉孔，并打上定位销。

7. 装上导料板、托料板、挡料销、刚性卸料板（见图 12-22 所示）

(1) 将挡料销装于凹模上，检测挡料销至凹模刃口的尺寸。

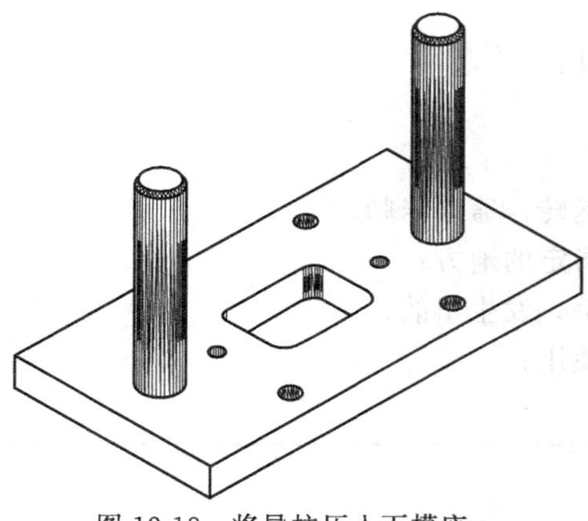

图 12-18 将导柱压入下模座一

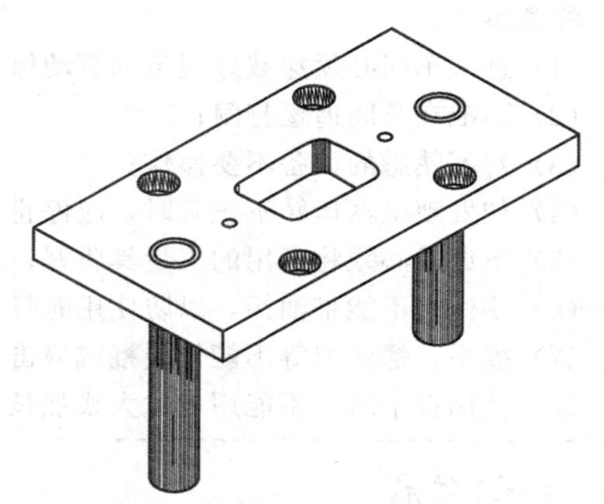

图 12-19 将导柱压入下模座二

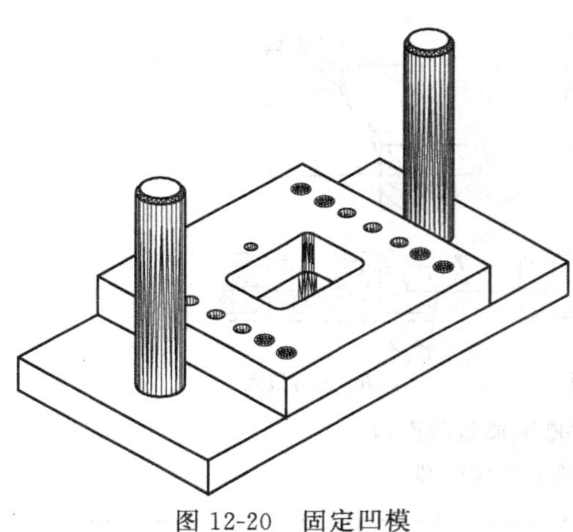

图 12-20 固定凹模

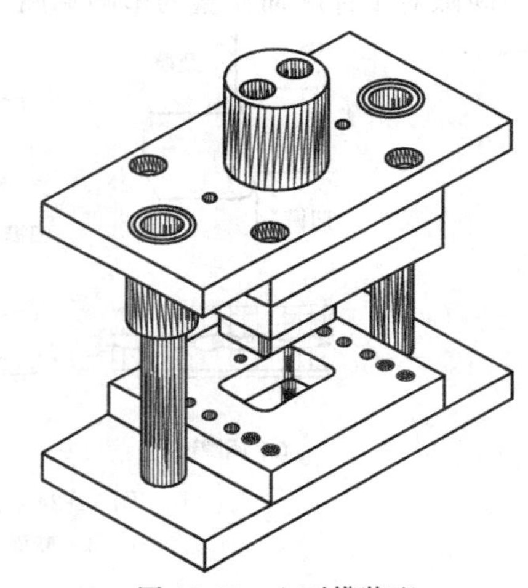

图 12-21 上下模装配

(2) 装上导料板，盖上刚性卸料板，调整导料板的位置以及刚性卸料板的位置。

(3) 钻销钉孔，打上定位销。

(4) 装上托料板。

8. 合上上下模（见图 12-23 所示）

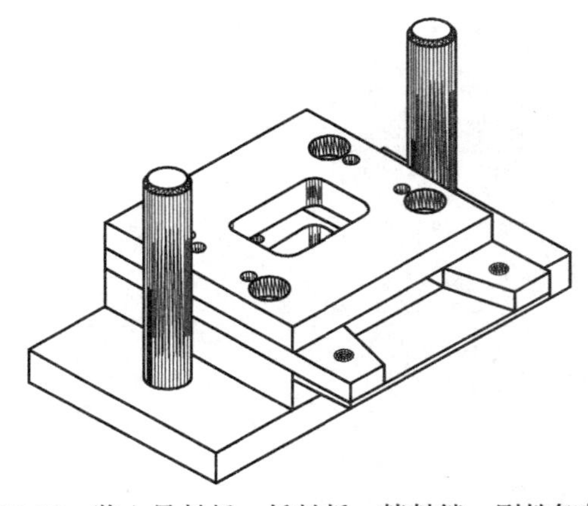

图 12-22 装上导料板、托料板、挡料销、刚性卸料板

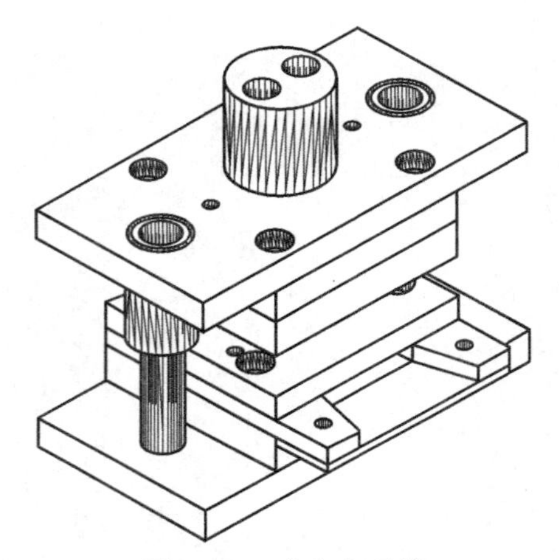

图 12-23 合上上下模

注意事项：

（1）进入车间必须穿戴好规定的劳动保护用具；

（2）不准在车间追逐打闹；

（3）对不熟悉的设备不要操作；

（4）如发现机器运转不正常时，应停止机器运转，通知老师；

（5）下课后必须将所用的工量具收好，放到指定的地方；

（6）手锤柄不能带油污，以防使用时打滑脱手，发生事故；

（7）扳手、螺丝刀等不能作撬棍或敲击工具使用；

（8）使用扳手时，不能用力过大或加长杆。

知识扩展

间隙对工件断面质量的影响见图 12-24 所示。

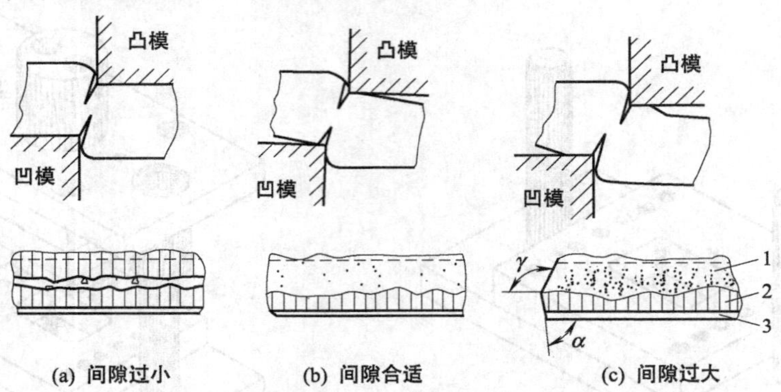

图 12-24　间隙对工件断面质量的影响

1—断面带；2—光亮带；3—圆角带

任务十三　微型塑料模制作

任务情境描述

当前，日常生产、生活中所使用到的各种工具和产品，如很多家用电器的外壳、电脑鼠标、手机壳、塑料水杯、矿泉水瓶等都和模具有着密切的关系。随着社会的进步，越来越多的塑料制品应用在生产、生活中，而生产这些产品离不开塑料模具。因此，注塑模得到了快速发展。本任务主要介绍塑料的相关知识和钳工制作微型塑料模具，是模具专业学生了解和掌握模具制作的基本技能。

教学目标

1. 掌握塑料的相关知识
2. 了解注射成型的过程
3. 注射成型模具基本结构及分类
4. 掌握微型塑料模具的制作
5. 掌握微型塑料模的装配

知识要求

13.1　基础知识

13.1.1　塑料的组成

塑料是以高分子聚合物为主要成分，经与不同的添加剂混炼而成的可塑成型的混合物，在加热、加压等条件下具有可塑性，而在常温下为柔韧的固体。

塑料以合成树脂为主要成分，它由合成树脂和根据不同的需要而增添的不同添加剂所组成。

1. 合成树脂

合成树脂是塑料的基本成分，是人们模仿天然树脂的成分用化学方法人工制取得到的各种树脂。

2. 填充剂（又称填料）

添加填充剂的目的是降低塑料中树脂的使用量，从而降低制品成本；其次是改善塑料的加工性能和使用性能，填充剂在塑料中的含量一般控制在40％以下。

3. 增塑剂

增塑剂的作用是提高塑料的可塑性和柔软性。

4. 增强剂

增强剂用于改善塑料制件的机械力学性能。但增强剂的使用会带来流动性的下降，恶化成型加工性，降低模具的寿命以及流动充型时会带来纤维状填料的定向问题。

5. 稳定剂

添加稳定剂的作用是提高塑料抵抗光、热、氧及霉菌等外界因素作用的能力，阻缓塑料在成型或使用过程中的变质。稳定剂的用量一般为塑料的 0.3%～0.5%。

6. 润滑剂

润滑剂对塑料的表面起润滑作用。

7. 着色剂

合成树脂的本色大都是白色半透明或无色透明的。在工业生产中常利用着色剂来增加塑料制品的色彩。对着色剂的要求是：耐热、耐光，性能稳定，不分解、不变色、不与其他成分发生不良化学反应，易扩散，着色力强，不发生析出现象。着色料添加量应＜2%。

8. 固化剂

在热固性塑料成型时，有时要加入一种可以使合成树脂完成交联反应而固化的物质。

9. 其他辅助剂

根据塑料的成型特性与制品的使用要求，在塑料中添加的添加剂成分还有阻燃剂、发泡剂、静电剂、导电剂、导磁剂、相容剂等。

13.1.2　塑料的分类

1. 按合成树脂的分子结构及其成型特性分类

(1) 热塑性塑料　见图 13-1 所示，这类塑料的合成树脂都是线型或带有支链型结构的聚合物，在一定的温度下受热变软，成为可流动的熔体。在此状态下具有冷却后保持既得的形状；如再加热，又可变软塑制成另一形状，如此可以反复进行。

(2) 热固性塑料　见图 13-2 所示，这类塑料的合成树脂是带有体型网状结构的聚合物，在加热之初，因分子呈线型结构，具有可熔性和可塑性，可塑制成一定形状的制品，当继续加热温度达到一定程度后，分子呈现网状结构，树脂变成了不熔的体型结构，此时即使再加热到接近分解的温度，也不再软化。

图 13-1　热塑性塑料

图 13-2　热固性塑料

2. 按塑料的应用范围分类

(1) 通用塑料　指产量大、成型性好、价格低、用途广，常作为非结构材料使用的塑料。

(2) 工程塑料　指具有优良的力学性能和较宽温度范围内的尺寸稳定性，同时还具有耐磨、耐腐蚀、自润滑等综合性能，能在一定程度上代替金属作为工程结构材料使用的塑料。

(3) 特殊塑料　指具有某些特殊性能的塑料，这类塑料通常有高的耐热性或高的电绝缘性及耐腐蚀性。

13.1.3　塑料的性能

1. 塑料的成型收缩

(1) 导致塑料成型收缩的因素：

① 塑料材料的热胀冷缩；

② 制品脱模后的弹性恢复；

③ 方向性收缩，成型时由于高分子聚合物沿料流方向取向，而导致制品呈现各向异性。

(2) 影响塑料成型收缩的因素：

① 塑料品种；

② 制品结构；

③ 模具结构；

④ 成型工艺。

2. 塑料的流动性

在塑料的模塑成型过程中，塑料熔体在一定的温度和压力下充填模具型腔的能力，称为塑料的流动性。影响塑料流动性的因素主要有以下几方面：

(1) 塑料的品种；

(2) 成型工艺；

(3) 模具结构。

3. 塑料的相容性（也称为共混性）

相容性是指两种或两种以上不同品种的聚合物，在熔融状态下不产生相分离现象的能力。

4. 塑料的热敏性

热敏性是指某些热稳定性差的塑料，在较高温下受热时间稍长或料温过高时发生变色、降解、分解的倾向。具有这种倾向的塑料称为热敏性塑料，如硬聚氯乙烯、聚甲醛、聚三氟氯乙烯、尼龙等。

5. 塑料的吸水性

吸水性是指塑料对水分的亲疏程度。

6. 结晶性

聚合物的结晶是指某些线型聚合物熔体在冷凝过程中，树脂分子的排列由非晶态转变为晶态的过程。结晶型塑料在模塑成型时应注意以下几点：

(1) 塑化时需要更多的热量，应选择塑化能力强的设备。

(2) 冷凝结晶时放出的热量多，模具应加强冷却。

(3) 成型收缩大，易发生缩孔和气泡。

(4) 制品各向异性显著，内应力大，易产生翘曲与变形，成型后应进行适当的热处理。

7. 聚合物的取向

聚合物的取向是指塑料成型时大分子链在外力（如剪应力或拉应力）的作用下，沿着受力方向作平行排列的现象。聚合物的取向分为流动取向和拉伸取向。

8. 聚合物的交联

聚合物的交联是指热固性塑料在成型过程中，其聚合物分子由线型结构转变为体型结构的化学反应过程，通常也称为“硬化”。

9. 聚合物的降解

聚合物在热、力、辐射及水、氧、酸、碱等因素的作用下所发生的相对分子质量降低、分子结构发生变化的现象，称为降解。

13.1.4 常用塑料

1. 聚乙烯（PE）

(1) 基本特性　聚乙烯塑料由乙烯单体经聚合而成，是塑料工业中产量最大的品种。按聚合时采用的生产压力的高低可分为高压、中压和低压聚乙烯三种。

聚乙烯无毒、无味，呈乳白色的蜡状半透明状，柔而韧，比水轻，有一定的机械强度，但与其他塑料相比机械强度偏低、表面硬度差。聚乙烯的绝缘性能优异，介电性能稳定；化学稳定性好，能耐稀硫酸、稀硝酸及其他任何浓度的酸、碱、盐的侵蚀；除苯及汽油外，一般不溶于有机溶剂；其透水气性能较差，而透氧气、二氧化碳及许多有机物质蒸气的性能好；聚乙烯的耐低温性能较好，在−60℃下仍具有较好的力学性能，但其使用温度不高，一般 LDPE 的使用温度在 80℃左右，HDPE 的使用温度在 100℃左右。

(2) 主要用途　高密度聚乙烯可用于制造塑料管、塑料板以及承载不高的零件，如齿轮、轴承等；低密度聚乙烯常用于制作塑料薄膜、软管、塑料瓶以及电气工业的绝缘零件和包覆电缆等。

(3) 成型特点　聚乙烯成型时，收缩率大，在流动方向与垂直方向上的收缩差异大，且注射方向的收缩率大于垂直方向的收缩率，易产生变形和产生缩孔；冷却速度慢，必须充分冷却；聚乙烯质软易脱模，制品有浅的侧凹时可强行脱模。

2. 聚氯乙烯 (PVC)

(1) 基本特性　聚氯乙烯是世界上产量最大的塑料品种之一：硬聚氯乙烯不含或少含增塑剂，有较好的抗拉、抗弯、抗压和抗冲击性能；软聚氯乙烯含有较多的增塑剂，柔软性、断裂伸长率较好，但硬度、抗拉强度较低。聚氯乙烯有较好的电气绝缘性能，可以用作低频绝缘材料。其化学稳定性也较好，但聚氯乙烯的热稳定性较差。

(2) 主要用途　由于聚氯乙烯的化学稳定性高，所以可用于防腐管道等；由于电气绝缘性能优良而在电气、电子工业中用于制造插座、插头、开关、电缆；在日常生活中用于制造凉鞋、雨衣、玩具、人造革等。

(3) 成型特点　聚氯乙烯在成型温度下容易分解，所以必须加入稳定剂和润滑剂，并严格控制温度及熔料的滞留时间。

3. 聚丙烯 (PP)

聚丙烯是由丙烯单体经聚合而成。无味、无毒，外观似聚乙烯，呈白色的蜡状半透明状，是通用塑料中最轻的聚合物，聚丙烯具有优良的耐热性、耐化学腐蚀性、电学性能和力学性能。强度比聚乙烯好，特别是经定向后的聚丙烯具有极高的抗弯曲疲劳强度，可制作铰链。聚丙烯可在 107～121℃下长期使用，在无外力作用下，使用温度可达 150℃。聚丙烯是通用塑料中唯一能在水中煮沸且在 135℃蒸汽中消毒而不被破坏的塑料。

4. 聚苯乙烯 (PS)

(1) 基本特性　聚苯乙烯是由苯乙烯聚合而成。为无色、无味、无毒的透明塑料，易燃烧，燃烧时带有很浓的黑烟，并有特殊气味。聚苯乙烯具有优良的光学性能，易于着色，聚苯乙烯具有良好的电学性能，尤其是高频绝缘性。质地硬而脆，并具有较高的热膨胀系数。

(2) 主要用途　聚苯乙烯在工业上可制造仪器仪表零件、灯罩、透明模型、绝缘材料、接线盒、电池盒等。在日用品方面可用于制造包装材料、装饰材料、各种容器、玩具等。

(3) 成型特点　流动性和成型性优良，成品率高，但易出现裂纹，成型制品的脱模斜度不宜过小，顶出要均匀；由于热膨胀系数高，制品中不宜有嵌件，否则会因两者的热膨胀系数相差太大而导致开裂。宜用高料温、低注射压力成型并延长注射时间，以防止缩孔及变形，但料温过高，容易出现银丝。因流动性好，模具设计中大多采用点浇口形式。

5. 丙烯腈-丁二烯-苯乙烯共聚物 (ABS)

(1) 基本特性　ABS 是由丙烯腈 (A)、丁二烯 (B)、苯乙烯 (S) 共聚生成的三元共聚物，具有良好的综合力学性能。丙烯腈使 ABS 有较高的耐热性、耐化学腐蚀性及表面硬度；丁二烯使 ABS 具有良好的弹韧性、冲击强度、耐寒性以及较高的抗拉强度；苯乙烯使

ABS具有良好的成型加工性、着色性和介电特性，使ABS制品的表面光洁。ABS无毒、无味、不透明，色泽微黄，可燃烧，有良好的机械强度和极好的抗冲击强度，有一定的耐油性和稳定的化学性和电气性能。

(2) 主要用途　ABS广泛应用于家用电子电器、工业设备及日常生活用品等领域。

(3) 成型特点　ABS在升温时黏度增高，所以成型压力较高，塑料上的脱模斜度宜稍大；易吸水，成型加工前应进行干燥处理；易产生熔接痕。

6. 聚酰胺（PA）

(1) 基本特性　聚酰胺又称尼龙（Nylon），尼龙树脂为无毒、无味，呈白色或淡黄色的结晶颗粒。尼龙具有优良的力学性能，抗拉、抗压、耐磨。作为机械零件材料，具有良好的消音效果和自润滑性能。尼龙还具有良好的耐化学性、气体透过性、耐油性和电性能。但吸水性强、收缩率大，常常因吸水而引起尺寸的变化。

(2) 主要用途　尼龙由于具有较好的力学性能，在工业上广泛地用来制作轴承、齿轮等机械零件和降落伞、刷子、梳子、拉链、球拍等。

(3) 成型特点　熔融黏度低、流动性好，容易产生飞边。成型加工前必须进行干燥处理；易吸潮，制品尺寸变化大；成型时排除的热量多，模具上应设计冷却均匀的冷却回路；熔融状态的尼龙热稳定性较差，易发生降解使制品性能下降，因此不允许尼龙在高温料筒内停留时间过长。

7. 酚醛塑料（PF）

(1) 基本特性　酚醛脂本身很脆，呈琥珀玻璃态，刚性好，变形小，而热耐磨，能在150～200℃的温度范围内长期使用，在水润滑条件下，有极低的摩擦系数。其电绝缘性能优良。缺点是质脆，冲击强度差。

(2) 主要用途　用于制造齿轮、轴瓦、导向轮、轴承及电工结构材料和电气绝缘材料。石棉布层压塑料主要用于高温下工作的零件。木质层压塑料适用于作水润滑冷却下的轴承及齿轮等。

(3) 成型特点　成型性能好，特别适用于压缩成型；模温对流动性影响较大，一般当温度超过160℃时流动性迅速下降；硬化时放出大量热，厚壁大型制品易发生硬化不匀及过热现象。

8. 环氧树脂

(1) 基本特征　环氧树脂具有很强的黏结能力，是人们熟悉的“万能胶”的主要成分。此外还耐化学药品、耐热，电气绝缘性能良好，收缩率小。比酚醛树脂有较好的力学性能。其缺点是耐气候性差、耐冲击性低，质地脆。

(2) 主要用途　环氧树脂可用作金属和非金属材料的胶黏剂，用于封闭各种电子元件；用环氧树脂配以石英粉等来浇注各种模具；还可以作为各种产品的防腐涂料。

(3) 成型特点　流动性好，硬化速度快；用于浇注时，浇注前应加脱模剂，因环氧树脂热刚性差，硬化收缩小，难于脱模；硬化时不析出任何副产物，成型时不需排气。

9. 氨基塑料

氨基塑料也是热固性塑料，由氨基化合物与醛类（主要是甲醛）经缩聚反应而得到，主要包括脲-甲醛（UF）、三聚氰胺-甲醛等（MF）。

(1) 基本特性及主要用途　脲-甲醛塑料经染色后具有各种鲜艳的色彩，外观光亮，部分透明，表面硬度较高，耐电弧性能好，耐矿物油，但耐水性较差，在水中长期浸泡后电气绝缘性能下降。脲-甲醛大量用于压制日用品及电气照明用设备的零件、电话机、收音机、钟表外壳、开关插座及电气绝缘零件。

三聚氰胺-甲醛可制成各种色彩，耐光、耐电弧、无毒，在－20～100℃的温度范围内性能变化小，重量轻，不易碎，能耐茶、咖啡等污染性强的物质。三聚氰胺-甲醛主要用作餐具、航空茶杯及电器开关、灭弧罩及防爆电器的配件。

(2) 成型特点　压注成型收缩率大；含水分及挥发物多，使用前需预热干燥，且成型时有弱酸性分解及水分析出；流动性好，硬化速度快。因此，预热及成型温度要适当，装料、合模及加工速度要快；带嵌件的塑料易产生应力集中，尺寸稳定性差。

13.1.5　注射成型概述

1. 塑料模塑成型的方法

塑料成型方法很多，主要有注塑成型、压缩成型、压注成型、挤出成型、中空成型和固相成型，此外，还有滚塑成型、泡沫塑料成型等。

2. 注射成型的过程

(1) 合模，加料，加热，塑化，挤压；

(2) 注射，保压，冷却，固化，定型；

(3) 螺杆嵌塑，脱模顶出。

3. 注射成型设备

(1) 注射成型机的分类

① 按用途分：热塑性塑料注射成型机，热固性塑料注射成型机。

② 按外形分：立式，卧式，角式。

③ 按能力分：小型（≤$50cm^3$ 注射量），中型（50～$1000cm^3$ 注射量），大型（≥$1000cm^3$ 注射量）。

④ 按塑化分：有塑化装置，无塑化装置。

⑤ 按操作分：手动，半自动，自动。

⑥ 按绕动分：机械绕动，液压绕动，机械液压绕动。

(2) 注射成型的结构组成

① 注射系统：料斗，塑化部件（料筒，螺杆，电热圈），喷嘴。

② 锁模系统：实现模具的启闭，锁紧，塑件顶出。

③ 传动操作控制系统。

(3) 注射机的型号，规格，基本参数

① 一般以注射量表示注射机的容量，Xs-ZY-25 表示：一次最大注射量为 1～$25cm^3$ 的倒式螺杆注射成型机。

② 基本参数：公称注射量，合模压力，注射压力，注射速度，注射功率，塑化能力，合模与开模速率，机器间隙次数，最大成型面积，模板尺寸，模板间距离。

4. 塑料成型工艺条件

(1) 成型温度　通常是指模具成型时需要控制的温度。如在注塑成型时，料筒温度、喷嘴温度和模具温度均需控制。

(2) 成型压力　是指模塑工艺中的压力。如在压缩与压注成型中，成型压力是指压力机对塑件单位面积上所加的压力；而在注射成型中指的是塑化压力、注射压力和模腔压力。

(3) 成型时间　是指一次模塑成型所需要的时间，也称为成型周期。

13.1.6　注射成型模具基本结构及分类

1. 基本结构

根据各部分的作用不同分类：

(1) 浇注系统：将塑料由注射机喷嘴引向型腔的通道称浇注系统，其由主流道、分流道、内浇口、冷料穴等结构组成。

(2) 成型零件：是直接构成塑料件形状及尺寸的各种零件。由型芯（成型塑件内部形状）、型腔（成型塑料外部形状）、成型杆、镶块等构成。

（3）结构零件：构成零件结构的各种零件，在模具中起安装、导向、机构动作及调温等作用。由定模座板、动模座板、垫板、动模板、定模板、支撑板等组成。

（4）顶出机构：将制件从模具型腔中顶出来。由顶针、顶针垫板、顶针固定板等组成。

（5）温度调节系统：调节模具温度，保证塑件的质量。由冷却水嘴、水管通道等组成。

（6）导向系统：对动定模起导向作用。由导柱、导套等组成。

（7）侧向分型与侧向抽芯机构：主要有侧向凹、凸及侧孔的零件，由滑块、斜导柱等组成。

（8）紧固零件：主要是连接、紧固各零件，使其成为模具整体。由螺钉、销钉等标准零件组成。

2. 模具的分类

（1）按注射机类型分：立式注射机、卧式注射机、直角式注射机上用的模具。

（2）按模具的型腔数目分：单型腔和多型腔注射模。

（3）按注射模的总体结构特征分：单分型面注射模、双分型面注射模、带侧向分型与抽芯机构的注射模等。

13.1.7　单分型面注射模结构（两板式注射模）

单分型面注射模也称为两板式注射模，是指制品与浇注系统凝料从同一分型面取出的模具结构，是注射模中较简单的一种形式。这类模具只有一个分型面，见图 13-3 所示。根据需要，单分型面注射模既可设计成单型腔注射模，也可设计成多型腔注射模，应用十分广泛。

单分型面注射模的工作原理如图 13-3 所示：开模时，动模后退，模具从分型面分开，塑件包紧在型芯上随动模部分一起向左移动而脱离型腔，同时，浇注系统凝料在拉料杆的作用下，和塑料制件一起向左移动。移动一定距离后，当注射机的顶杆接触推板时，脱模机构开始动作，推杆推动塑件从型芯上脱下来，浇注系统凝料同时被拉料杆推出，然后人工将塑料制件及浇注系统凝料从分型面取出。闭模时，在导柱和导套的导向定位作用下，动、定模闭合。在闭合过程中，定模板推动复位杆使脱模机构复位。然后，注射机开始下一次注射。

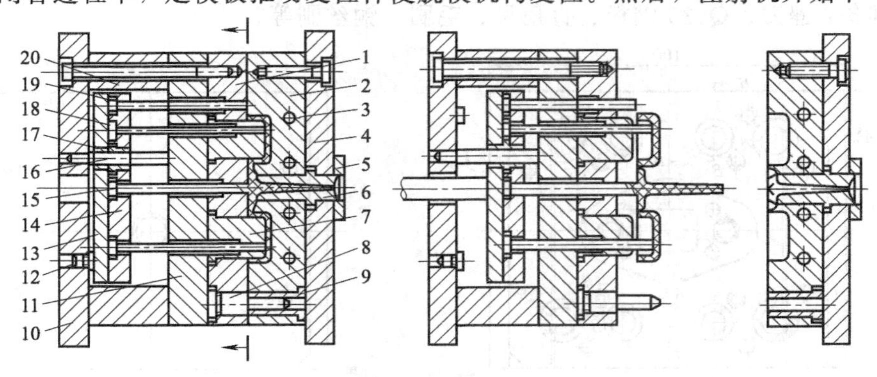

图 13-3　单分型面注射模

1—动模板；2—定模板；3—冷却水孔；4—定模座板；5—定位圈；6—浇口套；7—型芯；8—导柱；9—导套；10—动模座板；11—支撑板；12—垃圾钉；13—推板；14—顶针固定板；15—拉料杆；16—推板导柱；17—推板导套；18—顶针；19—复位杆；20—支撑板

【思考与练习】

1. 塑料有哪些主要成分？
2. 塑料的分类有哪些？
3. 塑料成型的方法主要有哪些？
4. 模塑成型的工艺条件是什么？

5. 简述单分型面注射模的工作原理。

知识扩展

塑料常用材料及热处理工艺要求

模具类型		工作条件	对材料性能要求	常用模具材料	热处理	硬度(HRC)
热固性塑料压模	批量小、形状简单的压塑模	受力大，工作温度较高(200～250℃)，易侵蚀，易磨损，手工操作时还受到脱模的冲击和碰撞	具有高的强韧性、耐磨性以及冷热疲劳抗力，有一定的抗蚀性	20(渗碳)、T8、T10	淬火、回火	＞55
	工作温度高、受冲击的压塑模			5GrMnMo 5GrW2Si 9GrWMn 5GrNiMo	淬火、回火	＞50
	高寿命压塑模			Gr6WV Gr12MoV Gr4W2MoV	淬火、回火	＞53
热塑性塑料注射模	一般注射模	受热、受压及摩擦不严重，部分塑料制品含有氯及氟，在压制时析出腐蚀性的气体，侵蚀型腔表面	具有较高的抗蚀性及一定的耐磨性和强韧性	5GrMnMo 9Mn2V 9GrWMn MnGrWV	淬火、回火	＞55
	高寿命注射模			Gr6WV Gr4W2MoV GrMn2SiWMoV	淬火、回火	＞55
	高耐蚀注射模			2Gr13 38GrMoAl	淬火、回火	35～42

13.2　技能训练1：微型注塑模制作

操作准备：锉刀、Q235钢板、直角尺、毛刷、铜丝刷等。

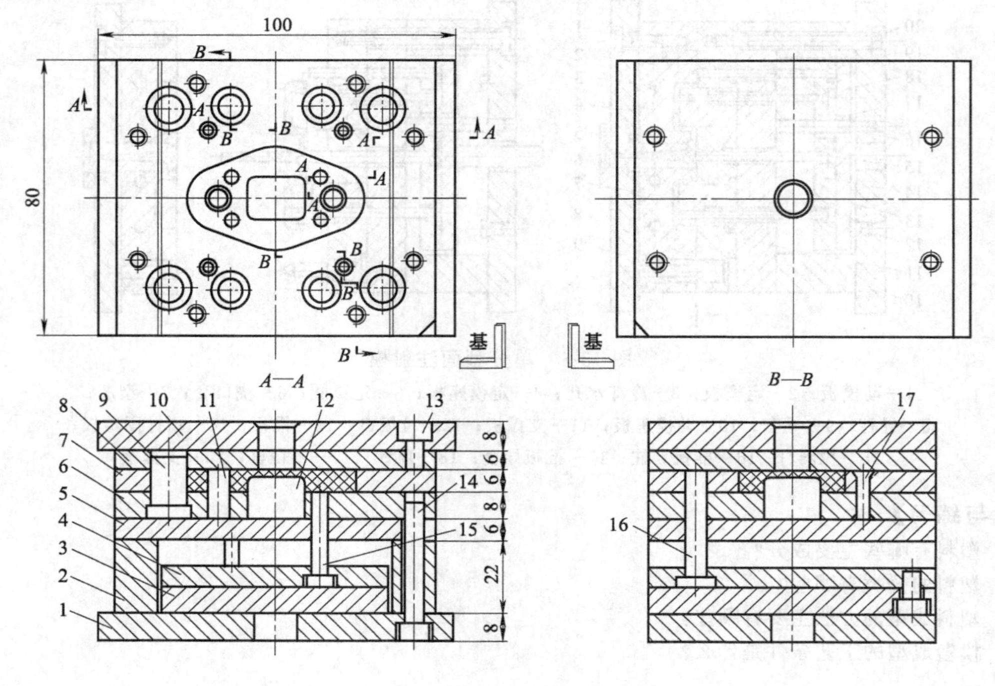

13.2.1　操作一　成型零件制作

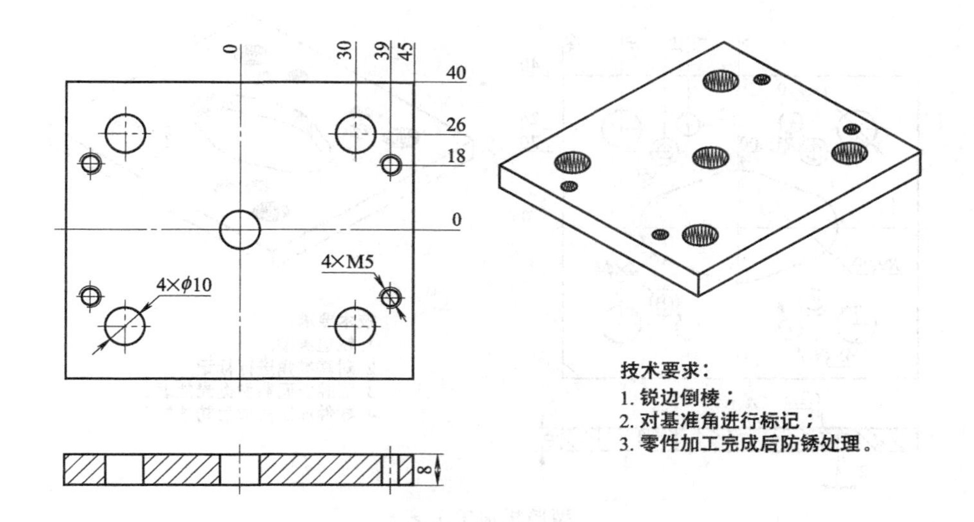

定模板加工工艺

序号	工序名称	设备	工具	量具	工 序 内 容	备注
1	下料	钳台	锯弓、锯片	钢直尺	下料：95mm×85mm×8mm	
2	磨削	磨床	内六角扳手	千分尺	磨削：加工厚度 8 尺寸	
3	加工基准面	钳台	锉刀	刀口角尺	锉削：加工两垂直边，保证垂直度、平面度误差小于 0.02mm	
4	划线	划线平台	垂直靠块	高度划线尺	划线：划出外形、螺钉过孔加工位置	
5	加工外形	钳台	锉刀、锯弓	千分尺、游标卡尺	锯、锉削：加工长度 90、宽度 80 尺寸至公差值	
6	加工导套孔	钻床	钻头	游标卡尺	钻、铰削：加工 4×ϕ9.8 导套孔（与型腔板、型腔垫板配钻），铰削 4×ϕ10 导套孔，保证孔径尺寸、孔距尺寸	
7	倒角	钳台	锉刀		锐边倒角	

13.2.2　操作二　定位零件的制作

1. 型腔板

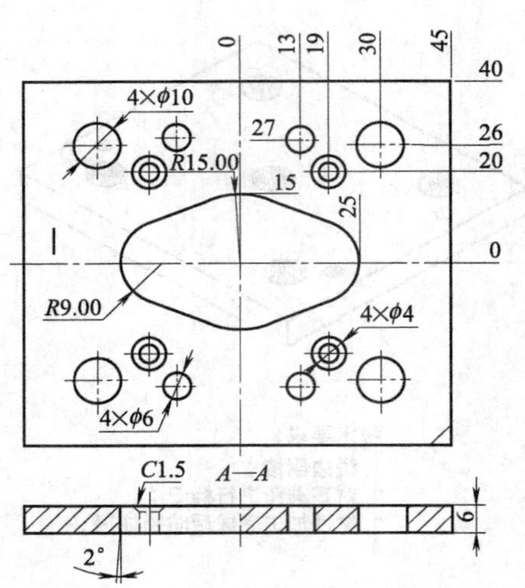

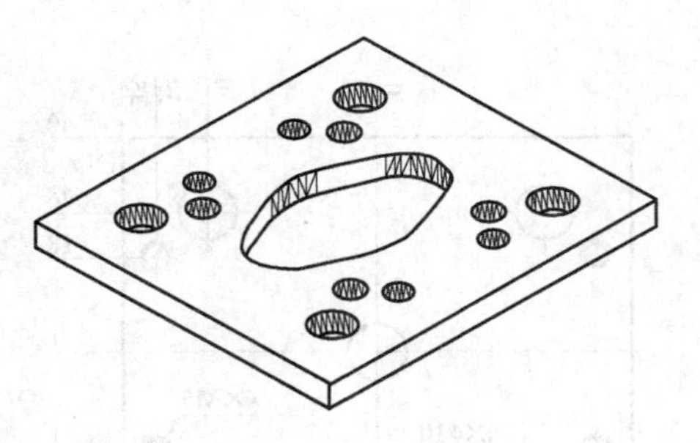

技术要求：
1. 锐边倒棱；
2. 对基准角进行标记；
3. 型腔表面需做抛光处理；
4. 零件加工完成后防锈处理。

型腔板加工工艺

序号	工序名称	设备	工具	量具	工 序 内 容	备注
1	下料	钳台	锯弓、锯片	钢直尺	下料：95mm×85mm×6mm	
2	磨削	磨床	内六角扳手	千分尺	磨削：加工厚度6尺寸	
3	加工基准面	钳台	锉刀	刀口角尺	锉削：加工两垂直边，保证垂直度、平面度误差小于0.02mm	
4	划线	划线平台	垂直靠块	高度划线尺	划线：划出外形、导套孔、铆钉孔、复位杆过孔、型腔孔加工位置	
5	加工外形	钳台	锉刀、锯弓	千分尺、游标卡尺	锯、锉削：加工长度85、宽度17.5尺寸至公差值	
6	加工型腔孔	钳台	锉刀	游标卡尺、万能角度尺	钻、锉削：钻排孔、去除型腔型孔余料；锉削型孔、保证型孔尺寸至公差值	
7	加工导柱孔	钻床	钻头	游标卡尺	钻、铰削：加工4×ϕ9.8导柱孔（与型腔垫板、定模板配钻），铰削4×ϕ10导柱孔，保证孔径尺寸、孔距尺寸	
8	加工铆钉孔	钳台	钻头	游标卡尺	钻削：钻4×ϕ4铆钉孔（与型腔垫板配钻），倒1.5斜角，保证孔径、孔距尺寸	
9	加工复位杆孔	钻床	钻头	游标卡尺	钻削：钻削4×ϕ6复位杆孔，保证孔距尺寸	
10	倒角	钳台	锉刀		锐边倒角	

2. 镶件

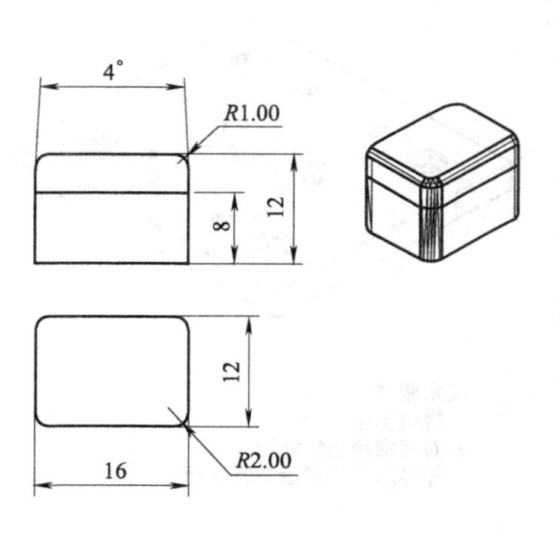

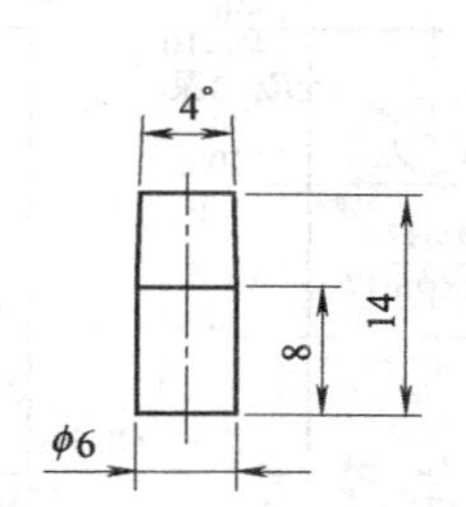

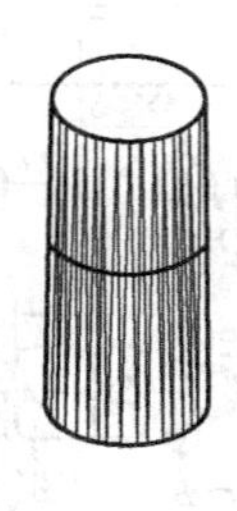

技术要求:
1. 锐边倒棱;
2. 对基准角进行标记;
3. 成型部分做抛光处理;
4. 零件加工完成后防锈处理。

四方镶件加工工艺

序号	工序名称	设备	工具	量具	工序内容	备注
1	下料	钳台	锯弓、锯片	钢直尺	下料:20mm×15mm×15mm	
2	加工基准面	钳台	锉刀	刀口角尺	锉削:加工三相互垂直边,保证垂直度、平面度误差小于0.02mm	
3	划线	划线平台	垂直靠块	高度划线尺	划线:划出外形、加工位置	
4	加工外形	钳台	锉刀、锯弓	千分尺、游标卡尺	锯、锉削:加工长度16、宽度12、高度12尺寸至公差值	
5	加工拔模斜度	钳台	锉刀	万能角度尺	锉削:加工4°拔模斜度,保证高度尺寸公差值	

镶针加工工艺

序号	工序名称	设备	工具	量具	工序内容	备注
1	下料	钳台	锯弓、锯片	钢直尺	下料:ϕ10mm×30mm	
2	车削	车床	90°车刀	千分尺	车削:粗、精车ϕ10锥台轴至公差值	
3	车削	车床	90°车	万能角度尺	车削:车4°拔模斜度,保证8尺寸公差值	
4	车削	车床	切断刀	游标卡尺	车削:切断,保证14尺寸	

3. 型腔垫板

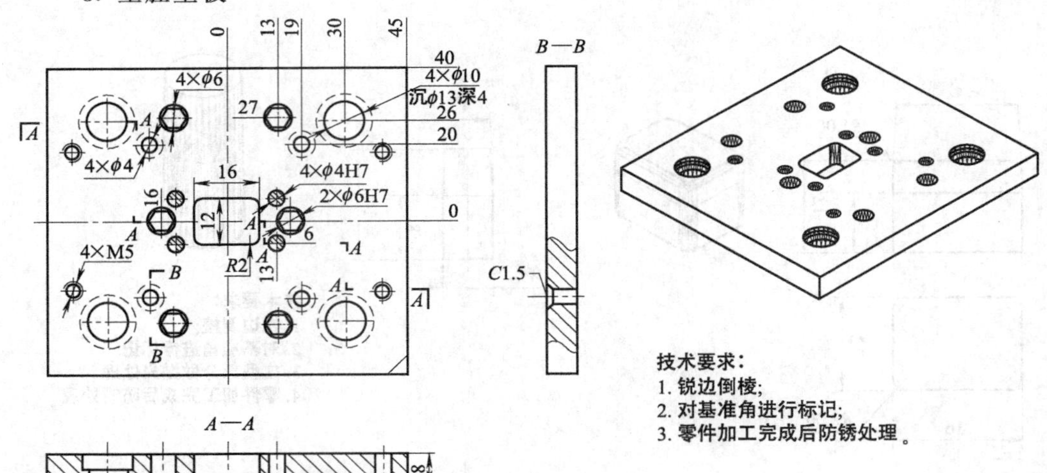

型腔垫板加工工艺

序号	工序名称	设备	工具	量具	工序内容	备注
1	下料	钳台	锯弓、锯片	钢直尺	下料:95mm×85mm×8mm	
2	磨削	磨床	内六角扳手	千分尺	磨削:加工厚度 8 尺寸	
3	加工基准面	钳台	锉刀	刀口角尺	锉削:加工两垂直边,保证垂直度、平面度误差小于 0.02mm	
4	划线	划线平台	垂直靠块	高度划线尺	划线:划出外形、镶件型孔、导柱孔、铆钉孔、复位杆孔、螺钉孔、顶针孔加工位置	
5	加工外形	钳台	锉刀、锯弓	千分尺、游标卡尺	锯、锉削:加工长度 90、宽度 80 尺寸至公差值	
6	加工镶件型孔	钳台	锉刀	千分尺、游标卡尺	钻、锉削:钻排孔、去除镶件型孔余料;锉削型孔、保证型孔尺寸至公差值	
7	加工镶针孔	钻床	钻头	游标卡尺	钻削:钻削 2×ϕ5.8 镶针底孔,铰削 2×ϕ6 镶针孔保证孔径、孔距尺寸	
8	加工导柱孔	钳台	钻头	游标卡尺	钻、铰削:钻 4×ϕ9.8 导柱孔(与型腔板、定模板配钻),铰削 4×ϕ10 导柱孔,钻沉头孔,保证孔径、孔距尺寸	
9	加工铆钉孔	钳台	钻头	游标卡尺	钻削:钻 4×ϕ4 铆钉孔(与型腔板配钻),倒 1.5 斜角,保证孔径、孔距尺寸	
10	加工复位杆孔	钻床	钻头	游标卡尺	钻削:钻削 4×ϕ6 复位杆孔,保证孔距尺寸	
11	加工螺纹孔	钳台	丝锥	刀口角尺	攻螺纹:钻 4×ϕ4.3 底孔,加工 4×M5 螺纹	
12	加工顶针孔	钻床	钻头	游标卡尺	钻、铰削:钻 4×ϕ3.8 底孔,铰削 4×ϕ4 顶针孔,保证尺寸	
13	倒角	钳台	锉刀		锐边倒角	

13.2.3 操作三 顶出系统零件制作

1. 推板

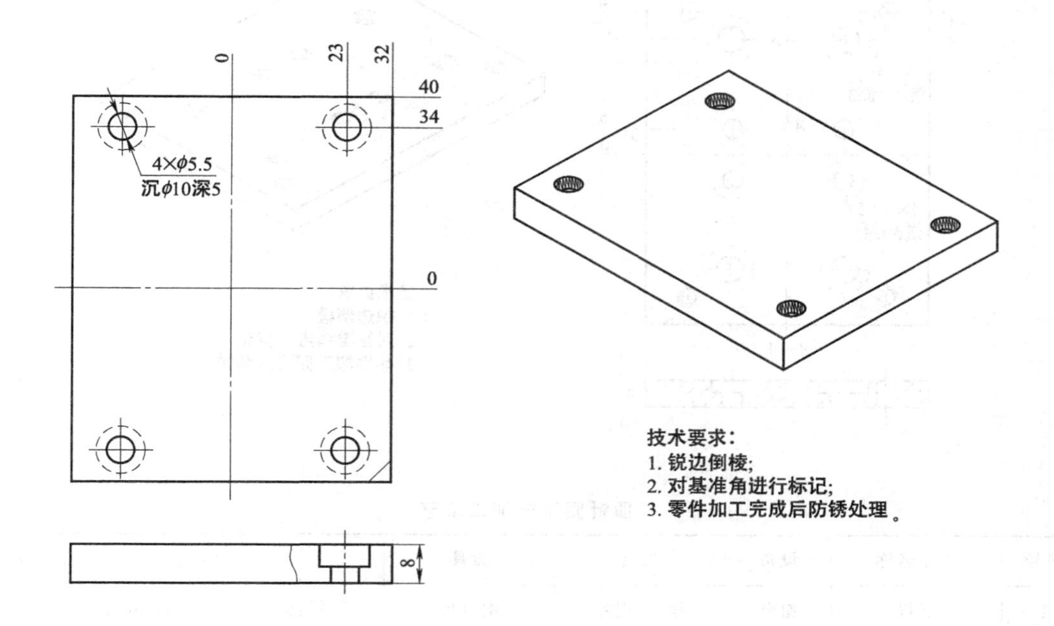

推板加工工艺

序号	工序名称	设备	工具	量具	工序内容	备注
1	下料	钳台	锯弓、锯片	钢直尺	下料:85mm×70mm×8mm	
2	磨削	磨床	内六角扳手、	千分尺	磨削:加工厚度 10 尺寸	
3	加工基准面	钳台	锉刀	刀口角尺	锉削:加工两垂直边,保证垂直度、平面度误差小于 0.02mm	
4	划线	划线平台	垂直靠块	高度划线尺	划线:划出外形、沉头孔加工位置	
5	加工外形	钳台	锉刀、锯弓	千分尺、游标卡尺	锯、锉削:加工长度 80、宽度 64 尺寸至公差值	
6	加工沉头孔	钻床	钻头	游标卡尺	钻削:加工 4×φ5.5 沉 φ10 深 5 沉头孔,保证孔距、沉头孔深度尺寸	
7	倒角	钳台	锉刀		锐边倒角	

2. 顶针固定板

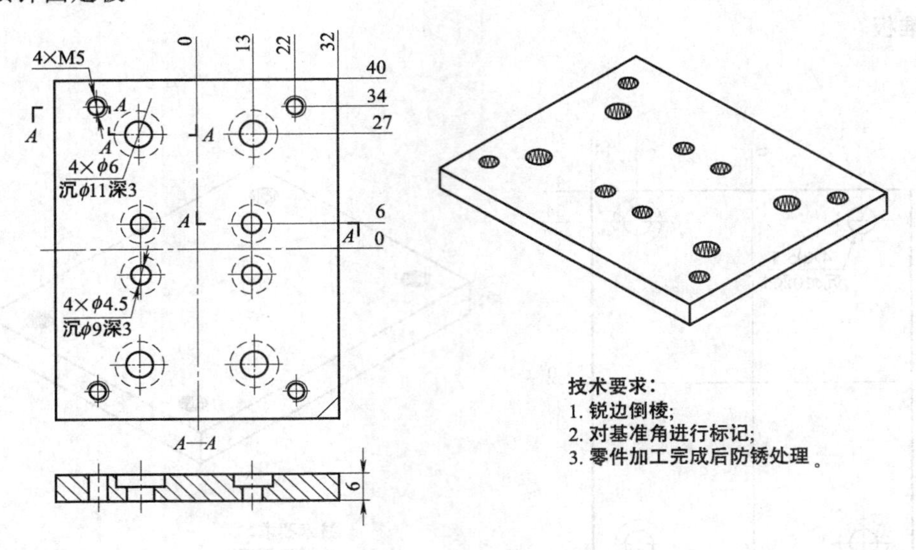

顶针固定板加工工艺

序号	工序名称	设备	工具	量具	工序内容	备注
1	下料	钳台	锯弓、锯片	钢直尺	下料：85mm×70mm×6mm	
2	磨削	磨床	内六角扳手	千分尺	磨削：加工厚度6尺寸	
3	加工基准面	钳台	锉刀	刀口角尺	锉削：加工两垂直边，保证垂直度、平面度误差小于0.02mm	
4	划线	划线平台	垂直靠块	高度划线尺	划线：划出外形、顶针沉头孔、复位杆沉头孔、螺纹孔加工位置	
5	加工外形	钳台	锉刀、锯弓	千分尺、游标卡尺	锯、锉削：加工长度80、宽度64尺寸至公差值	
6	加工顶针沉头孔	钻床	钻头	游标卡尺	钻削：钻4×ϕ5沉ϕ9深3顶针沉头孔，保证孔距、沉头孔深度尺寸	
7	加工复位杆沉头孔	钻床	钻头	游标卡尺	钻削：钻4×ϕ6沉ϕ11深3复位杆沉头孔，保证孔距、沉头孔深度尺寸	
8	加工螺纹孔	钳台	丝锥	刀口角尺	攻螺纹：钻4×ϕ4.3底孔，加工4×M5螺纹	
9	倒角	钳台	锉刀		锐边倒角	

13.2.4 操作四 结构零件制作

1. 定模座板

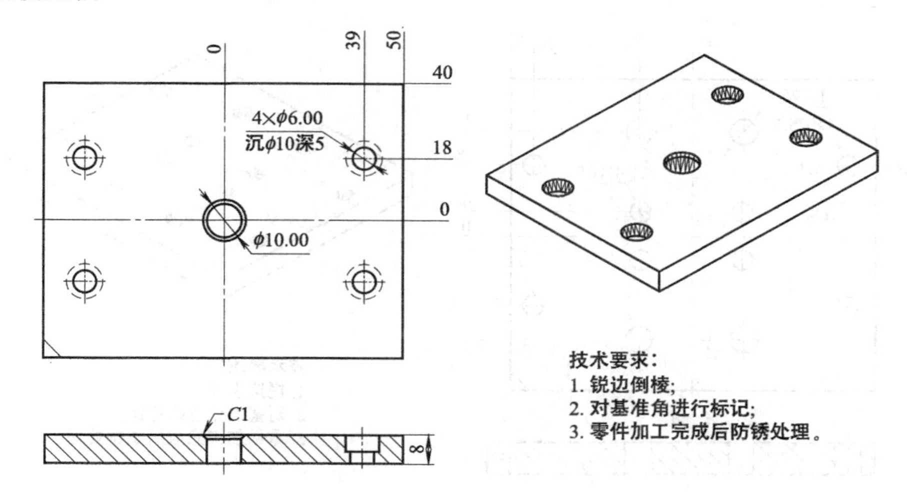

定模座板加工工艺

序号	工序名称	设备	工具	量具	工 序 内 容	备注
1	下料	钳台	锯弓、锯片	钢直尺	下料：85mm×105mm×8mm	
2	磨削	磨床	内六角扳手、	千分尺	磨削：加工厚度 8mm 尺寸至公差值	
3	加工基准	钳台	锉刀	刀口角尺	锉削：加工两垂直边，保证垂直度、平面度误差小于 0.02mm	
4	划线	划线平台	垂直靠块	高度划线尺	划线：划出外形、沉头孔、进料孔加工位置	
5	加工外形	钳台	锉刀、锯弓	游标卡尺、千分尺	锯、锉削：加工长度 100、宽度 80 尺寸至公差值	
6	加工沉头孔	钻床	钻头	游标卡尺	钻削：加工 4×ϕ6 沉 ϕ10 深 5 沉头孔，保证孔距、沉头孔深尺寸	
7	加工进料孔	钻床	钻头	游标卡尺	钻削：加工 ϕ10 进料孔，倒 1.5 斜角。保证孔距尺寸	
8	倒角	钳台	锉刀		锐边倒角	

2. 动模垫板

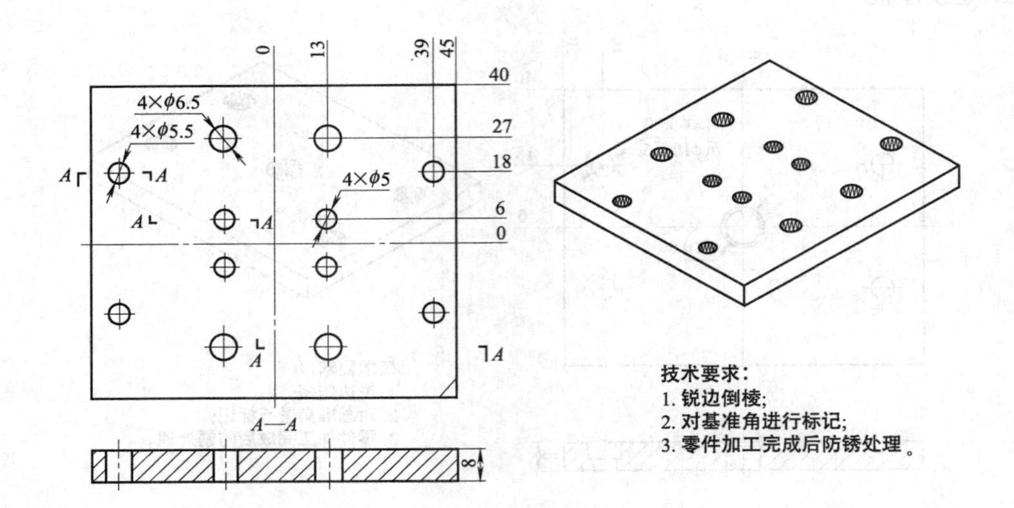

动模垫板加工工艺

序号	工序名称	设备	工具	量具	工序内容	备注
1	下料	钳台	锯弓、锯片	钢直尺	下料：95mm×85mm×8mm	
2	磨削	磨床	内六角扳手	千分尺	磨削：加工厚度8尺寸	
3	加工基准面	钳台	锉刀	刀口角尺	锉削：加工两垂直边，保证垂直度、平面度误差小于0.02mm	
4	划线	划线平台	垂直靠块	高度划线尺	划线：划出外形、顶针过孔、螺钉过孔、复位杆过孔加工位置	
5	加工外形	钳台	锉刀、锯弓	千分尺、游标卡尺	锯、锉削：加工长度90、宽度80尺寸至公差值	
6	加工复位杆过孔	钻床	钻头	游标卡尺	钻削：加工4×φ6.5复位杆过孔，保证孔距尺寸	
7	加工顶针过孔	钻床	钻头	游标卡尺	钻削：加工4×φ5复位杆过孔，保证孔距尺寸	
8	加工螺钉过孔	钻床	钻头	游标卡尺	钻削：加工4×φ5.5复位杆过孔，保证孔距尺寸	
9	倒角	钳台	锉刀		锐边倒角	

3．支撑板

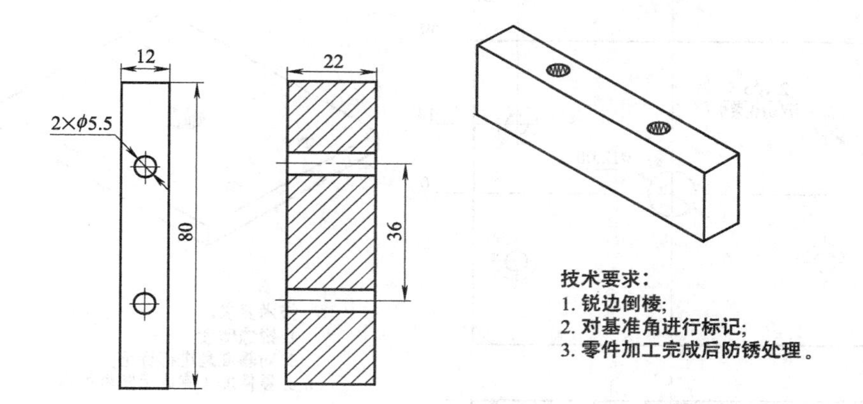

支撑板加工工艺

序号	工序名称	设备	工具	量具	工 序 内 容	备注
1	下料	钳台	锯弓、锯片	钢直尺	下料：85mm×25mm×12mm	
2	磨削	磨床	内六角扳手	千分尺	磨削：加工厚度12尺寸	
3	加工基准面	钳台	锉刀	刀口角尺	锉削：加工两垂直边，保证垂直度、平面度误差小于0.02mm	
4	划线	划线平台	垂直靠块	高度划线尺	划线：划出外形、螺钉过孔加工位置	
5	加工外形	钳台	锉刀、锯弓	千分尺、游标卡尺	锯、锉削：加工长度80、宽度22尺寸至公差值	
6	加工螺钉过孔	钻床	钻头	游标卡尺	钻削：钻削2×ϕ5.5螺钉过孔，保证孔距尺寸	
7	倒角	钳台	锉刀		锐边倒角	

4. 动模座板

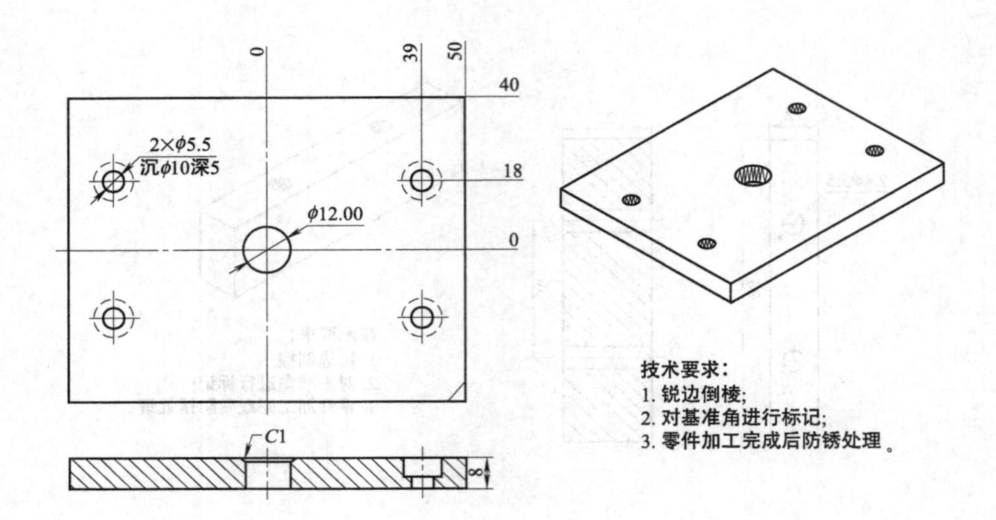

动模座板加工工艺

序号	工序名称	设备	工具	量具	工序内容	备注
1	下料	钳台	锯弓、锯片	钢直尺	下料：105mm×85mm×8mm	
2	磨削	磨床	内六角扳手	千分尺	磨削：加工厚度8尺寸	
3	加工基准面	钳台	锉刀	刀口角尺	锉削：加工两垂直边，保证垂直度、平面度误差小于0.02mm	
4	划线	划线平台	垂直靠块	高度划线尺	划线：划出外形、沉头孔、顶棍孔加工位置	
5	加工外形	钳台	锉刀、锯弓	千分尺、游标卡尺	锯、锉削：加工长度100、宽度80尺寸至公差值	
6	加工沉头孔	钻床	钻头	游标卡尺	钻削：加工4×ϕ5.5沉ϕ10深5沉头孔，保证孔距、沉头孔深尺寸	
7	加工顶棍孔	钻床	钻头	游标卡尺	钻削：钻削ϕ12顶棍孔，保证孔距尺寸	
8	倒角	钳台	锉刀		锐边倒角	

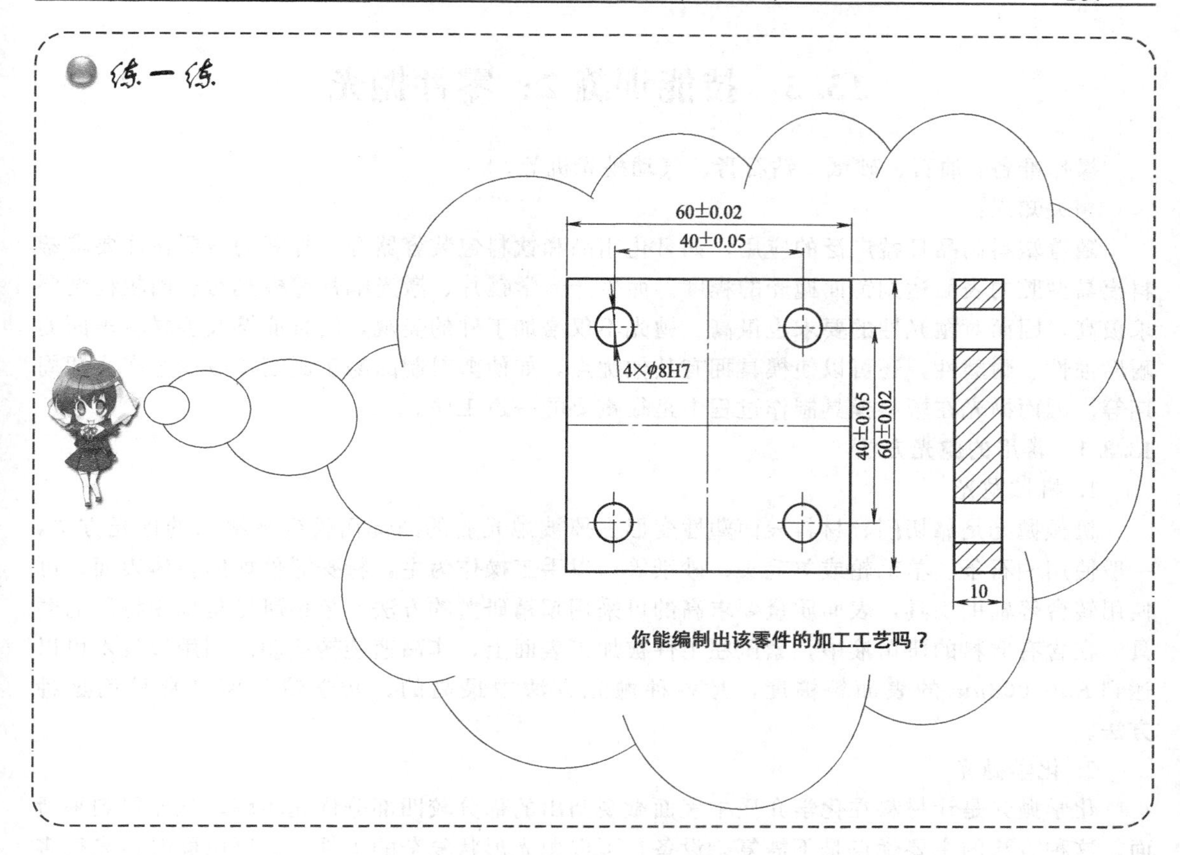

操作步骤提示：

(1) 分组，以三人为一小组，完成微型注塑模零件的加工；

(2) 以小组为单位，讨论微型注塑模零件的加工工艺；

(3) 编制微型注塑模零件加工工艺；

(4) 分工，填写模具进度表（见附录附表 3)；

(5) 下料，检查下料毛坯尺寸是否合格；

(6) 根据图纸、加工工艺完成微型注塑模零件的制作；

(7) 检查各零件精度。

注意事项：

(1) 制作时应注意各零件的基准统一；

(2) 制作工艺零件时，刃口不允许倒角；

(3) 各零件基准边应做上标记；

(4) 钻孔时必须带上眼镜操作；

(5) 量具应进行校正后再使用；

(6) 工作时工量具应摆放整齐；

(7) 加工过程中小组成员应经常讨论，了解模具制作的进度以及需要配钻、配做的位置，再进行相应的操作。

13.3　技能训练2：零件抛光

操作准备：油石、砂纸、钻石膏、气动抛光机等。

相关知识：

随着塑料制品日益广泛的应用，如日化用品和饮料包装容器等，外观的需要往往要求塑料模具型腔的表面达到镜面抛光的程度。而生产光学镜片、激光唱片等模具对表面粗糙度要求极高，因而对抛光性的要求也极高。抛光不仅增加工件的美观，而且能够改善材料表面的耐腐蚀性、耐磨性，还可以使模具拥有其他优点，如使塑料制品易于脱模，减少生产注塑周期等。因而抛光在塑料模具制作过程中是很重要的一道工序。

13.3.1　常用的抛光方法

1. 机械抛光

机械抛光是靠切削、材料表面塑性变形去掉被抛光后的凸部而得到平滑面的抛光方法，一般使用油石条、羊毛轮或羊毛头、砂纸等，以手工操作为主，特殊零件如回转体表面，可使用转台等辅助工具，表面质量要求高的可采用超精研抛的方法。超精研抛是采用特制的磨具，在含有磨料的研抛液中，紧压在工件被加工表面上，作高速旋转运动。利用该技术可以达到 $Ra0.008\mu m$ 的表面粗糙度，是各种抛光方法中最高的。光学镜片模具常采用这种方法。

2. 化学抛光

化学抛光是让材料在化学介质中表面微观凸出的部分较凹部分优先溶解，从而得到平滑面。这种方法的主要优点是不需复杂设备，可以抛光形状复杂的工件，还可以同时抛光很多工件，效率高。化学抛光的核心问题是抛光液的配制。化学抛光得到的表面粗糙度一般为 $Ra10\mu m$。

3. 电解抛光

电解抛光基本原理与化学抛光相同，即靠选择性地溶解材料表面微小凸出部分，使表面光滑。与化学抛光相比，可以消除阴极反应的影响，效果较好。电化学抛光过程分为两步：

(1) 宏观整平　溶解产物向电解液中扩散，材料表面几何粗糙下降，$Ra>1\mu m$。

(2) 微光平整　阳极极化，表面光亮度提高，$Ra<1\mu m$。

4. 超声波抛光

将工件放入磨料悬浮液中并一起置于超声波场中，依靠超声波的振荡作用，使磨料在工件表面磨削抛光。超声波加工宏观力小，不会引起工件变形，但工装制作和安装较困难。超声波加工可以与化学或电化学方法结合。在溶液腐蚀、电解的基础上，再施加超声波振动搅拌溶液，使工件表面溶解产物脱离，表面附近的腐蚀或电解质均匀；超声波在液体中的空化作用还能够抑制腐蚀过程，利于表面光亮化。

5. 流体抛光

流体抛光是依靠高速流动的液体及其携带的磨粒冲刷工件表面达到抛光的目的。常用方法有：磨料喷射加工、液体喷射加工、流体动力研磨等。流体动力研磨是由液压驱动，使携带磨粒的液体介质高速往复流过工件表面。介质主要采用在较低压力下流过性好的特殊化合物（聚合物状物质）并掺上磨料制成，磨料可采用碳化硅粉末。

6. 磁研磨抛光

磁研磨抛光是利用磁性磨料在磁场作用下形成磨料刷，对工件磨削加工。这种方法加工效率高，质量好，加工条件容易控制，工作条件好。采用合适的磨料，表面粗糙度可以达到 $Ra0.1\mu m$。

13.3.2　机械抛光基本程序

要想获得高质量的抛光效果，最重要的是要具备高质量的油石、砂纸和钻石研磨膏等抛光工具和辅助品。而抛光程序的选择取决于前期加工后的表面状况，如机械加工、电火花加工、磨加工等等。机械抛光的一般过程如下：

1. 粗抛

经铣削、电火花、磨等工艺后的表面可以选择转速在 35000～40000r/min 的旋转表面抛光机或超声波研磨机进行抛光。常用的方法有利用直径 ϕ3mm、WA ＃400 的轮子去除白色电火花层。然后是手工油石研磨，条状油石加煤油作为润滑剂或冷却剂。一般的使用顺序为＃180～＃240～＃320～＃400～＃600～＃800～＃1000。许多模具制造商为了节约时间而选择从＃400 开始。

2. 半精抛

半精抛主要使用砂纸和煤油。砂纸的号数依次为：＃400～＃600～＃800～＃1000～＃1200～＃1500。实际上＃1500 砂纸只用适于淬硬的模具钢（52HRC 以上），而不适用于预硬钢，因为这样可能会导致预硬钢件表面烧伤。

3. 精抛

精抛主要使用钻石研磨膏。若用抛光布轮混合钻石研磨粉或研磨膏进行研磨的话，则通常的研磨顺序是 $9\mu m$（＃1800）～ $6\mu m$（＃3000）～$3\mu m$（＃8000）。$9\mu m$ 的钻石研磨膏和抛光布轮可用来去除＃1200 和＃1500 号砂纸留下的发状磨痕。接着用粘毡和钻石研磨膏进行抛光，顺序为 $1\mu m$（＃14000）～$1/2\mu m$（＃60000）～$1/4\mu m$（＃100000）。

温馨提示

精度要求在 $1\mu m$ 以上（包括 $1\mu m$）的抛光工艺在模具加工车间中一个清洁的抛光室内即可进行。若进行更加精密的抛光则必需一个绝对洁净的空间。灰尘、烟雾、头皮屑和口水沫都有可能报废数个小时工作后得到的高精密抛光表面。

13.3.3　机械抛光中要注意的问题

1. 用砂纸抛光应注意问题

（1）用砂纸抛光需要利用软的木棒或竹棒。在抛光圆面或球面时，使用软木棒可更好地配合圆面和球面的弧度。而较硬的木条像樱桃木，则更适用于平整表面的抛光。修整木条的末端使其能与钢件表面形状保持吻合，这样可以避免木条（或竹条）的锐角接触钢件表面而造成较深的划痕。

（2）当换用不同型号的砂纸时，抛光方向应变换 45°～ 90°，这样前一种型号砂纸抛光后留下的条纹阴影即可分辨出来。在换不同型号砂纸之前，必须用 100％纯棉花蘸取酒精之类的清洁液对抛光表面进行仔细擦拭，因为一颗很小的沙砾留在表面都会毁坏接下去的整个抛光工作。从砂纸抛光换成钻石研磨膏抛光时，这个清洁过程同样重要。在抛光继续进行之前，所有颗粒和煤油都必须被完全清洁干净。

（3）为了避免擦伤和烧伤工件表面，在用＃1200 和＃1500 砂纸进行抛光时必须特别小心。因而有必要加载一个轻载荷以及采用两步抛光法对表面进行抛光。用每一种型号的砂纸进行抛光时都应沿两个不同方向进行两次抛光，两个方向之间每次转动45°～90°。

2. 钻石研磨抛光应注意问题

(1) 这种抛光必须尽量在较轻的压力下进行，特别是抛光预硬钢件和用细研磨膏抛光时，在用＃8000研磨膏抛光时，常用载荷为100～200g/cm^2，但要保持此载荷的精准度很难做到。为了更容易做到这一点，可以在木条上做一个薄且窄的手柄，比如加一铜片；或者在竹条上切去一部分而使其更加柔软。这样可以帮助控制抛光压力，以确保模具表面压力不会过高。

(2) 当使用钻石研磨抛光时，不仅是工作表面要求洁净，工作者的双手也必须仔细清洁。

(3) 每次抛光时间不应过长，时间越短，效果越好。如果抛光过程进行得过长将会造成“橘皮”和“点蚀”。

(4) 为获得高质量的抛光效果，容易发热的抛光方法和工具都应避免。比如：抛光轮抛光，抛光轮产生的热量会很容易造成“橘皮”。

(5) 当抛光过程停止时，保证工件表面洁净和仔细去除所有研磨剂和润滑剂非常重要，随后应在表面喷淋一层模具防锈涂层。

由于机械抛光主要还是靠人工完成，所以抛光技术目前还是影响抛光质量的主要原因。除此之外，还与模具材料、抛光前的表面状况、热处理工艺等有关。优质的钢材是获得良好抛光质量的前提条件，如果钢材表面硬度不均或特性上有差异，往往会产生抛光困难。钢材中的各种夹杂物和气孔都不利于抛光。

13.3.4 不同硬度对抛光工艺的影响

硬度增高使研磨的困难增大，但抛光后的粗糙度减小。由于硬度的增高，要达到较低的粗糙度所需的抛光时间相应增长。同时硬度增高，抛光过度的可能性相应减少。

13.3.5 工件表面状况对抛光工艺的影响

钢材在切削机械加工的破碎过程中，表层会因热量、内应力或其他因素而损坏，切削参数不当会影响抛光效果。电火花加工后的表面比普通机械加工或热处理后的表面更难研磨，因此电火花加工结束前应采用精规准电火花修整，否则表面会形成硬化薄层。如果电火花精修规准选择不当，热影响层的深度最大可达0.4mm。硬化薄层的硬度比基体硬度高，必须去除。因此最好增加一道粗磨加工，彻底清除损坏表面层，构成一片平均粗糙的金属面，为抛光加工提供一个良好基础。

温馨提示

在塑料模具加工中所说的抛光与其他行业中所要求的表面抛光有很大的不同，严格来说，模具的抛光应该称为镜面加工。它不仅对抛光本身有很高的要求并且对表面平整度、光滑度以及几何精确度也有很高的标准。表面抛光一般只要求获得光亮的表面即可。镜面加工的标准分为四级：A0＝Ra0.008μm，A1＝Ra0.016μm，A3＝Ra0.032μm，A4＝Ra0.063μm，由于电解抛光、流体抛光等方法很难精确控制零件的几何精确度，而化学抛光、超声波抛光、磁研磨抛光等方法的表面质量又达不到要求，所以精密模具的镜面加工还是以机械抛光为主。

操作步骤提示：

(1) 将型腔板固定于虎钳上，放置好需要抛光的表面；

(2) 用油石进行粗抛，使用顺序为＃240～＃400～＃600～＃800～＃1000；

(3) 用砂纸进行半精抛，使用顺序为＃400～＃600～＃800～＃1000；

(4) 用气动风磨机、钻石膏配合精抛。

注意事项：

(1) 装夹时应该注意不损坏其他表面，且便于操作；

(2) 油石进行粗抛时应用煤油配合使用，以便观察及清洗；

(3) 砂纸抛光时应将前面油石的粉末清理干净，特别是进行到高号数的砂纸时更应该注意抛光面的清洁；

(4) 用较软的工具夹持砂纸进行抛光，例如木块。

13.4 技能训练3：微型注塑模装配

操作准备：锉刀、内六角扳手、直角尺、毛刷、铜棒等。

相关知识：本节主要以单落料模为例，介绍微型注塑模的装配要点。

塑料模的装配与冲压模有很多相似之处，但塑料模制件是在高温、高压和黏流状态下成型，所以各相对配合零件制件的配合要求更为严格。因此，塑料模的装配工作更为重要。其装配技术要求涉及外观、成型零件和浇注系统、活动零件、紧固件、顶出机构、导向机构、温度调节系统等。

1. 外观

(1) 模具非工作部分的棱边应倒角。

(2) 装配后的闭合高度安装部位的配合尺寸、顶出形式、开模距离等均应符合设计及使用设备的技术条件。

(3) 模具装配后各分型面要配合严密。

(4) 各零件制件的支撑面要相互平行，平行度允差200mm内不大于0.05mm。

(5) 大、中型模具应设有吊钩、吊环，以便模具安装使用。

(6) 模具装配后需打刻度、定模方向记号、编号、图号及使用设备型号等。

2. 成型零件及浇注系统

(1) 成型零件的尺寸精度应符合设计要求。

(2) 成型零件及浇注系统的表面应光洁，无死角、塌坑、划伤等缺陷。

(3) 型腔分型面、浇道系统、进料口等部位，应保持锐边，不得修为圆角。

(4) 装配后，相互配合的成型零件相对位置精度应达到设计要求，以保证成型制品尺寸、形状精度。

(5) 拼块、镶嵌式的型腔或型芯，应保证拼接面配合严密、牢固、表面光洁、无明显接缝。

3. 活动零件

(1) 各滑动零件的配合间隙要适当，起、止位置定位要准确可靠。

(2) 活动零件导向部位运动要平稳、灵活、相互协调一致，不得有卡紧及阻滞现象。

4. 锁紧及紧固零件

(1) 锁紧零件要紧固有力、准确、可靠。

(2) 紧固零件要紧固有力，不得松动。

(3) 定位零件要配合松紧要合适，不得有松动现象。

5. 顶出机构

(1) 各顶出零件动作协调一致、平稳、无阻止现象。

(2) 有足够的强度和刚度，良好的稳定性，工作时受力均匀。

(3) 开模时应保证制件和浇注系统顺利脱模及取出，合模时应准确退回原始位置。

6. 导向机构

(1) 导柱、导套装配后，应垂直于模座，滑动灵活、平稳，无阻止现象。

(2) 导向精度要达到设计要求，对动、定模有良好的导向、定位作用。

(3) 斜导柱应具有足够的强度、刚度及耐磨性，与滑块的配合适当，导向正确。

(4) 滑块和滑槽配合松、紧适度，动作灵活，无阻止现象。

7. 加热冷却系统

(1) 冷却装置要安装牢固，密封可靠，不得有渗漏现象。

(2) 加热装置安装后要保证绝缘，不得有漏电现象。

(3) 各控制装置安装后，动作要准确、灵活、转换及时、协调一致。

装配步骤：

图 13-4 所示为微型注塑模展开图。

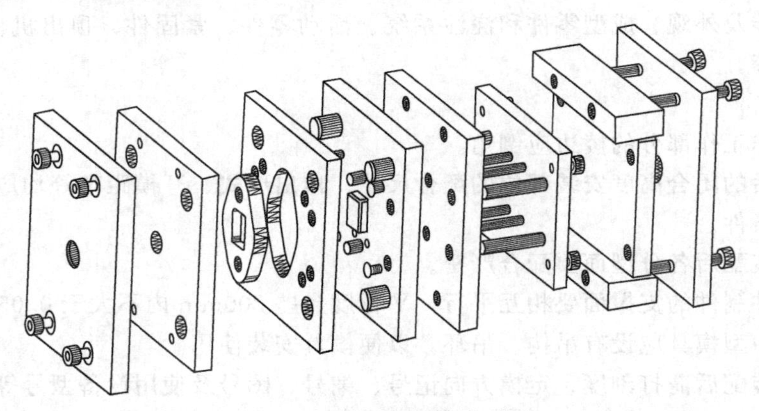

图 13-4 微型注塑模展开图

1. 装配导柱、镶件（见图 13-5 所示）

(1) 将导柱压入动模板上，装配时应注意导柱与动模板的垂直度，(可用刀口角尺辅助测量) 导柱应能很好地固定于动模板上，不存在晃动现象。

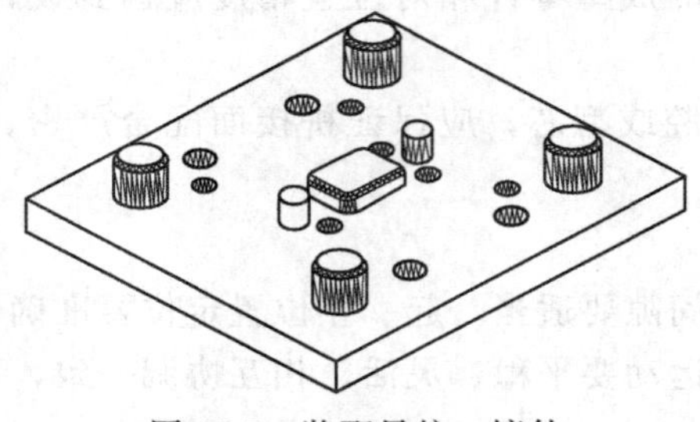

图 13-5 装配导柱、镶件

（2）将镶件装入动模板上，装配时应注意镶件与镶件孔的配合，间隙不允许大于0.03mm，否则会出现漏胶现象，并用环氧树脂AB胶固定镶件。

（3）测量型腔板的厚度，确定镶件的高度，并将镶件加工至计算的高度。

2. 装配型腔板（图13-6、图13-7所示）

（1）将型腔板装配至动模板上，装配时应注意导套孔口倒角，并且加润滑油装配。

（2）检查镶件高度是否准确（可以用刀口直尺以及深度千分尺辅助检测）。

（3）打上铆钉，将动模板与型腔板固定，装配时应注意各孔口及锐边的毛刺，应保证动模板上表面与型腔板下表面很好地接触，否则会出现漏胶现象。可以在打铆钉之前用红丹粉涂于动模板上表面，盖上型腔板检查接触情况。

3. 装配动模垫板（见图13-8所示）

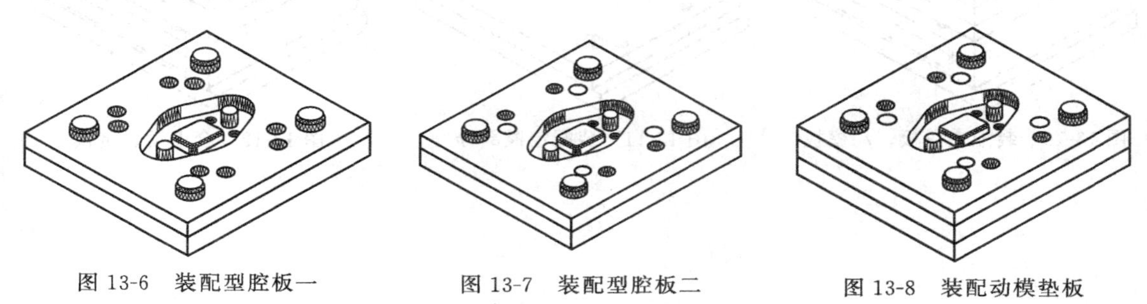

图13-6　装配型腔板一　　图13-7　装配型腔板二　　图13-8　装配动模垫板

4. 装配复位杆、顶针、顶针固定板、推板垫板（见图13-9所示）

（1）装上顶针固定板。

（2）计算顶针长度。顶针长度＝支撑板高度＋动模垫板厚度＋动模板厚度－推板厚度。

（3）计算复位杆长度。复位杆长度＝支撑板高度＋动模垫板厚度＋动模板厚度＋型腔板厚度－推板厚度。

（4）装上顶针、复位杆，装配时应加润滑油。

（5）装上推板，装配后顶出机构活动应顺畅无阻滞现象。

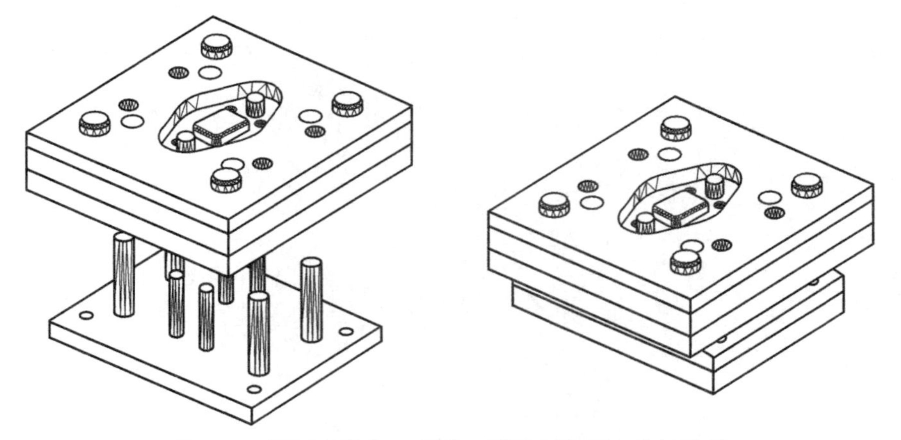

图13-9　装配复位杆、顶针、顶针固定板、推板垫板

5. 装配支撑板、动模板（见图13-10所示）

6. 装配定模部分（见图13-11所示）

7. 合上动、定模（见图13-12所示）

（1）飞模，分模面应该完全接触，保证注射进型腔的塑料不会漏出来。可以用红丹粉均匀涂于定模板下表面上，合模，并施加一定压力，检测定模板与型腔板分模面以及碰穿位的接触位置，再进行相应的修整。

（2）加工排气系统。

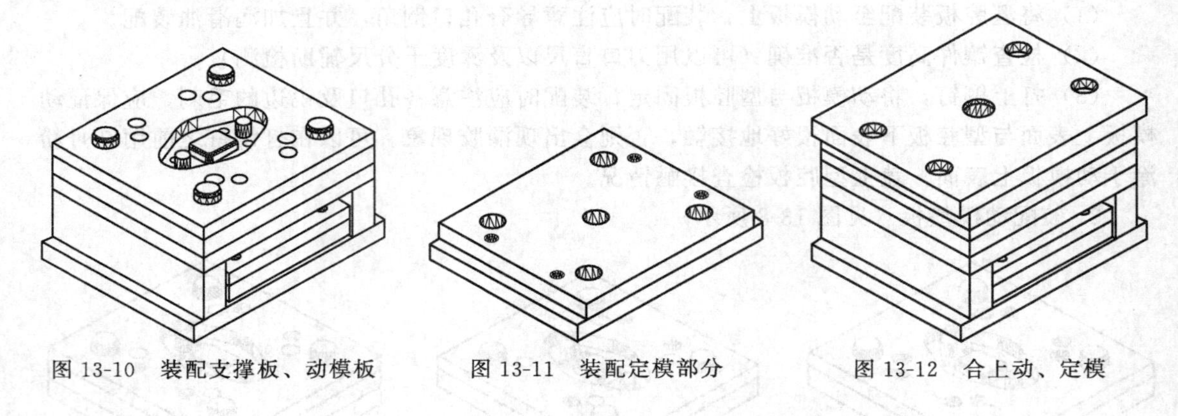

图 13-10 装配支撑板、动模板　　图 13-11 装配定模部分　　图 13-12 合上动、定模

附　　录

附表 1　普通螺纹攻螺纹前钻孔的钻头直径　　　单位：mm

螺纹直径 D	螺距 P	钻头直径 d_0	
		铸铁、青铜、黄铜	钢、可锻铸铁、紫铜、层压板
2	0.4	1.6	1.6
	0.25	1.75	1.75
2.5	0.45	2.05	2.05
	0.35	2.15	2.15
3	0.5	2.5	2.5
	0.35	2.65	2.65
4	0.7	3.3	3.3
	0.5	3.5	3.5
5	0.8	4.1	4.2
	0.5	4.5	4.5
6	1	4.9	5
	0.75	5.2	5.2
8	1.25	6.6	6.7
	1	6.9	7
	0.75	7.1	7.2
10	1.5	8.4	8.5
	1.25	8.6	8.7
	1	8.9	9
	0.75	9.1	9.2
12	1.75	10.1	10.2
	1.5	10.4	10.5
	1.25	10.6	10.7
	1	10.9	11
14	2	11.8	12
	1.5	12.4	12.5
	1	12.9	13
16	2	13.8	14
	1.5	14.4	14.5
	1	14.9	15
18	2.5	15.3	15.5
	2	15.8	16
	1.5	16.4	16.5
	1	16.9	17
20	2.5	17.3	17.5
	2	17.8	18
	1.5	18.4	18.5
	1	18.9	19
22	2.5	19.3	19.5
	2	19.8	20
	1.5	20.4	20.5
	1	20.9	21
24	3	20.7	21
	2	21.8	22
	1.5	22.4	22.5
	1	22.9	23

附表2 板牙套螺纹时的圆杆直径

粗牙普通螺纹				英制螺纹			圆柱管螺纹		
螺纹直径/mm	螺距/in	螺杆直径/in		螺纹直径/in	螺杆直径/mm		螺纹直径/in	管子外径/mm	
		最小直径	最大直径		最小直径	最大直径		最小直径	最大直径
M6	1	5.8	5.9	1/4	5.9	6	1/8	9.4	9.5
M8	1.25	7.8	7.9	5/16	7.4	7.6	1/4	12.7	13
M10	1.5	9.75	9.85	3/8	9	9.2	3/8	16.2	16.5
M12	1.75	11.75	11.9	1/2	12	12.2	1/2	20.5	20.8
M14	2	13.7	13.85	—	—	—	5/8	22.5	22.8
M16	2	15.7	15.85	5/8	15.2	15.4	3/4	26	26.3
M18	2.5	17.7	17.85	—	—	—	7/8	29.8	30.1
M20	2.5	19.7	19.85	3/4	18.3	18.5	1	32.8	33.1
M22	2.5	21.7	21.85	7/8	21.4	21.6	$1\frac{1}{8}$	37.4	37.7
M24	3	23.65	23.8	1	24.5	24.8	$1\frac{1}{4}$	41.4	41.7
M27	3	26.65	26.8	$1\frac{1}{4}$	30.7	31	$1\frac{3}{8}$	43.8	44.1
M30	3.5	29.6	29.8	—	—	—	$1\frac{1}{2}$	47.3	47.6
M36	4	35.6	35.8	$1\frac{1}{2}$	37	37.3	—	—	—
M42	4.5	41.55	41.75	—	—	—	—	—	—
M48	5	47.5	47.7	—	—	—	—	—	—
M52	5	51.5	51.7	—	—	—	—	—	—
M60	5.5	59.45	59.7	—	—	—	—	—	—
M64	6	63.4	63.7	—	—	—	—	—	—
M68	6	67.4	67.7	—	—	—	—	—	—

附表3　模具制作进度表

模具编号：　　　　组别：　　　　开始制作日期：　　　　计划试模日期：

零件	责任人	项目	零件加工																					装配					调试及修模							
		日期																																		
		计划																																		
		实际																																		
		计划																																		
		实际																																		
		计划																																		
		实际																																		
		计划																																		
		实际																																		
		计划																																		
		实际																																		
		计划																																		
		实际																																		
		计划																																		
		实际																																		
		计划																																		
		实际																																		
		计划																																		
		实际																																		
		计划																																		
		实际																																		
		计划																																		
		实际																																		

备注：

参 考 文 献

[1] 姜波．钳工工艺学．北京：中国劳动社会保障出版社，2005．
[2] 谢增明．钳工技能训练．北京：中国劳动社会保障出版社，2005．
[3] 高永伟．钳工工艺与技能训练．北京：人民邮电出版社，2009．